2024年度版

みんなが欲しかった！

第二種
電気工事士
学科試験の
過去問題集

TAC出版開発グループ 編著

JN015293

TAC
TAC PUBLIS

本書の特長と使い方

1 学習しやすい問題と解答解説の見開き完結スタイル！

本書は，第二種電気工事士試験の 10 年分（平成 26 年度〜令和 5 年度）の本試験問題を，内容別に整理しています。問題と解答解説を見開きで構成し，出題数が多く，比較的理解しやすい順番に配列しているので，短期間で効率よく，インプットから総仕上げまで活用できます。

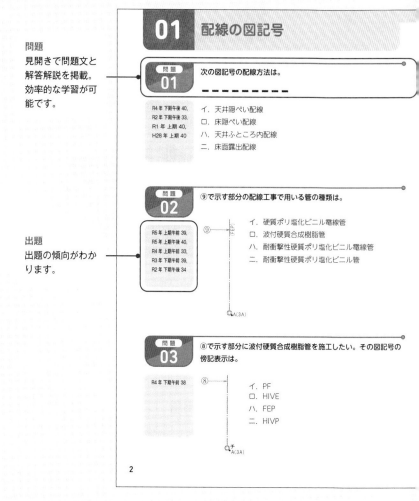

問題
見開きで問題文と解答解説を掲載。効率的な学習が可能です。

出題
出題の傾向がわかります。

01 配線の図記号

問題 01

次の図記号の配線方法は。

－－－－－－－－－－

R4 年 下期午後 40，
R2 年 下期午後 33，
R1 年 上期 40，
H28 年 上期 40

イ．天井隠ぺい配線
ロ．床隠ぺい配線
ハ．天井ふところ内配線
ニ．床面露出配線

問題 02

⑨で示す部分の配線工事で用いる管の種類は。

R5 年 上期午前 39，
R5 年 上期午前 40，
R4 年 上期午前 33，
R3 年 下期午前 39，
R2 年 下期午後 34

⑨ ─── FEP

イ．硬質ポリ塩化ビニル電線管
ロ．波付硬質合成樹脂管
ハ．耐衝撃性硬質ポリ塩化ビニル電線管
ニ．耐衝撃性硬質ポリ塩化ビニル管

A(3A)

問題 03

⑧で示す部分に波付硬質合成樹脂管を施工したい。その図記号の傍記表示は。

R4 年 下期午前 38

⑧ ───

イ．PF
ロ．HIVE
ハ．FEP
ニ．HIVP

チ
A(3A)

2

2 覚えやすくて点数が稼げる問題から優先して学習できる！

本書は姉妹編の「みんなが欲しかった！第二種電気工事士 学科試験の教科書＆問題集」の配列に準拠し，覚えやすいところ，よく出題される内容から学習できます。

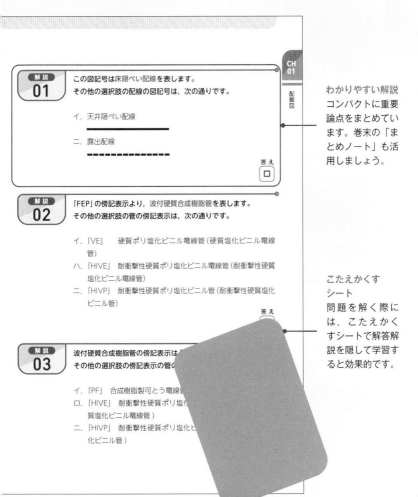

解説 01

この図記号は床隠ぺい配線を表します。
その他の選択肢の配線の図記号は，次の通りです。

イ．天井隠ぺい配線

ニ．露出配線

答え
ロ

わかりやすい解説
コンパクトに重要
論点をまとめてい
ます。巻末の「ま
とめノート」も活
用しましょう。

解説 02

「FEP」の傍記表示より，波付硬質合成樹脂管を表します。
その他の選択肢の管の傍記表示は，次の通りです。

イ．「VE」 硬質ポリ塩化ビニル電線管（硬質塩化ビニル電線管）

ハ．「HIVE」 耐衝撃性硬質ポリ塩化ビニル電線管（耐衝撃性硬質塩化ビニル電線管）

ニ．「HIVP」 耐衝撃性硬質ポリ塩化ビニル管（耐衝撃性硬質塩化ビニル管）

答え

こたえかくす
シート
問題を解く際に
は，こたえかく
すシートで解答解
説を隠して学習す
ると効果的です。

解説 03

波付硬質合成樹脂管の傍記表示は
その他の選択肢の傍記表示の管の

イ．「PF」 合成樹脂製可とう電線管

ロ．「HIVE」 耐衝撃性硬質ポリ塩化
質塩化ビニル電線管）

ニ．「HIVP」 耐衝撃性硬質ポリ塩化ビ
化ビニル管）

3 巻末に「まとめノート」つき！

巻末に重要事項や公式などをまとめています。直前期は「問題を解く」→「解答解説を読む」→「不安なところは重要事項を覚える」を繰り返すだけでも大丈夫です。

効果的な学習方法

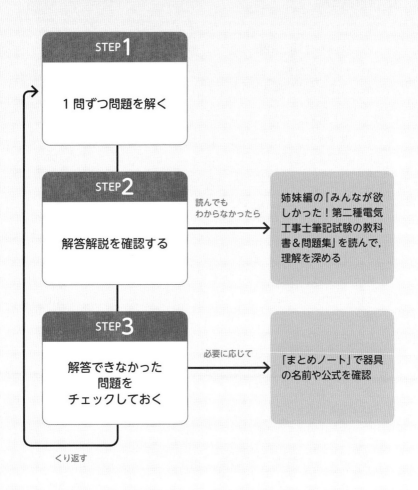

STEP 1

1 問ずつ問題を解く

STEP 2

解答解説を確認する

読んでも
わからなかったら

姉妹編の「みんなが欲
しかった！第二種電気
工事士筆記試験の教科
書＆問題集」を読んで,
理解を深める

STEP 3

解答できなかった
問題を
チェックしておく

必要に応じて

「まとめノート」で器具
の名前や公式を確認

くり返す

INDEX

01

配線図

01 配線の図記号

問題 01

次の図記号の配線方法は。

R4年 下期午後 40,
R2年 下期午後 33,
R1年 上期 40,
H28年 上期 40

－－－－－－－－

イ．天井隠ぺい配線

ロ．床隠ぺい配線

ハ．天井ふところ内配線

二．床面露出配線

問題 02

⑨で示す部分の配線工事で用いる管の種類は。

R5年 上期午前 39,
R5年 上期午後 40,
R4年 上期午前 33,
R3年 下期午前 39,
R2年 下期午後 34

イ．硬質ポリ塩化ビニル電線管

ロ．波付硬質合成樹脂管

ハ．耐衝撃性硬質ポリ塩化ビニル電線管

二．耐衝撃性硬質ポリ塩化ビニル管

問題 03

⑧で示す部分に波付硬質合成樹脂管を施工したい。その図記号の傍記表示は。

R4年 下期午前 38

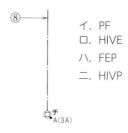

イ．PF

ロ．HIVE

ハ．FEP

二．HIVP

解説 01

この図記号は床隠ぺい配線を表します。
その他の選択肢の配線の図記号は，次の通りです。

イ．天井隠ぺい配線

二．露出配線

答え

解説 02

「FEP」の傍記表示より，波付硬質合成樹脂管を表します。
その他の選択肢の管の傍記表示は，次の通りです。

イ．「VE」 硬質ポリ塩化ビニル電線管（硬質塩化ビニル電線管）
ハ．「HIVE」 耐衝撃性硬質ポリ塩化ビニル電線管（耐衝撃性硬質塩化ビニル電線管）
二．「HIVP」 耐衝撃性硬質ポリ塩化ビニル管（耐衝撃性硬質塩化ビニル管）

答え

解説 03

波付硬質合成樹脂管の傍記表示は「FEP」です。
その他の選択肢の傍記表示の管の名称は，次の通りです。

イ．「PF」 合成樹脂製可とう電線管
ロ．「HIVE」 耐衝撃性硬質ポリ塩化ビニル電線管（耐衝撃性硬質塩化ビニル電線管）
二．「HIVP」 耐衝撃性硬質ポリ塩化ビニル管（耐衝撃性硬質塩化ビニル管）

答え
ハ

R2年 下期午前 39,
H29年 上期 32

問題 04

次に示す部分の配線工事で用いる管の種類は。

B ── ─ ── ─ ^(PF22) ── ─ ── ─ ── ─ ⏚WP

イ．耐衝撃性硬質塩化ビニル電線管

ロ．波付硬質合成樹脂管

ハ．硬質塩化ビニル電線管

ニ．合成樹脂製可とう電線管

問題 05

次に示す部分の配線で (PF22) とあるのは。

───── ─ ─────
　　　(PF22)

R4年 下期午後 38,
R4年 上期午後 35

イ．外径 22 mm の硬質ポリ塩化ビニル電線管である。

ロ．外径 22 mm の合成樹脂製可とう電線管である。

ハ．内径 22 mm の硬質ポリ塩化ビニル電線管である。

ニ．内径 22 mm の合成樹脂製可とう電線管である。

問題 06

次に示す配線工事で耐衝撃性硬質塩化ビニル電線管を使用した。
その傍記表示は。

R5年 下期午後 40,
H27年 上期 40

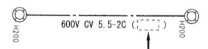

イ．FEP

ロ．HIVE

ハ．VE

ニ．CD

**解説
04**

「(PF22)」の「PF」は，合成樹脂製可とう電線管を表します。
その他の選択肢の管の傍記表示は，次の通りです。

イ．「HIVE」　耐衝撃性硬質塩化ビニル電線管
ロ．「FEP」　　波付硬質合成樹脂管
ハ．「VE」　　硬質塩化ビニル電線管

答え

**解説
05**

「(PF22)」は，**内径 22 mm の合成樹脂製可とう電線管**を表します。一般に，電線管の太さの数字は偶数が内径，奇数が外径を表します。
なお，硬質ポリ塩化ビニル電線管を表す傍記表示は「VE」です。

答え

**解説
06**

耐衝撃性硬質塩化ビニル電線管の傍記表示は「HIVE」です。
その他の選択肢の傍記表示の管の名称は，次の通りです。

イ．「FEP」　波付硬質合成樹脂管
ハ．「VE」　　硬質塩化ビニル電線管
ニ．「CD」　　合成樹脂製可とう電線管

答え
□

問題 07

次の配線で (VE28) とあるのは。

600V CV 5.5−2C(VE28) ─ ─ ─ ─ ─ ─

H30 年 下期 35

イ．外径 28 mm の硬質塩化ビニル電線管である。

ロ．外径 28 mm の合成樹脂製可とう電線管である。

ハ．内径 28 mm の硬質塩化ビニル電線管である。

ニ．内径 28 mm の合成樹脂製可とう電線管である。

問題 08

低圧屋内配線の図記号と，それに対する施工方法の組合せとして，正しいものは。

R5 年 下期午前 21，
R4 年 上期午前 21，
H28 年 下期 22

イ．　──────╱╱╱──────　厚鋼電線管で天井隠ぺい配線。
　　　　　IV1.6(E19)

ロ．　──────╱╱╱──────　硬質ポリ塩化ビニル電線管で露出配線。
　　　　　IV1.6(PF16)

ハ．　──────╱╱╱──────　合成樹脂製可とう電線管で天井隠ぺい配線。
　　　　　IV1.6(16)

ニ．　──────╱╱╱──────　2 種金属製可とう電線管で露出配線。
　　　　　IV1.6(F2 17)

問題 09

低圧屋内配線の図記号と，それに対する施工方法の組合せとして，誤っているものは。

H29 年 下期 19

イ．　──────╱╱╱──────　厚鋼電線管で天井隠ぺい配線工事。
　　　　　IV1.6(16)

ロ．　──────╱╱╱──────　硬質塩化ビニル電線管で露出配線工事。
　　　　　IV1.6(E19)

ハ．　──────╱╱╱──────　合成樹脂製可とう電線管で天井隠ぺい配線
　　　　　IV1.6(PF16)　工事。

ニ．　──────╱╱╱──────　2 種金属製可とう電線管で露出配線工事。
　　　　　IV1.6(F 2 17)

解説 07

「(VE28)」は，内径 28 mm の硬質塩化ビニル電線管を表します。

答え
ハ

解説 08

イ．ねじなし電線管 (E) で露出配線であるため，誤り。

ロ．合成樹脂製可とう電線管 (PF) で，天井隠ぺい配線であるため，誤り。

ハ．天井隠ぺい配線は正しいですが，薄鋼電線管もしくは厚鋼電線管 (傍記表示なし) であるため，誤り。

ニ．2 種金属製可とう電線管 (F2) で露出配線であるため，正しい。

答え
ニ

解説 09

ロ．天井隠ぺい配線であるのは正しいですが，(E) はねじなし電線管であるため誤り。なお，硬質塩化ビニル電線管の傍記表示は (VE) になります。

答え
ロ

問題 10

R4年 下期午前 36

次の図記号の名称は。

イ．ジョイントボックス
ロ．VVF用ジョイントボックス
ハ．プルボックス
ニ．ジャンクションボックス

問題 11

H29年 上期 45

次の図記号のものは。

イ． ロ． ハ． ニ．

問題 12

R5年 下期午前 11,
R5年 下期午後 11,
R4年 下期午後 11,
H27年 上期 11

プルボックスの主な使用目的は。

イ．多数の金属管が集合する場所等で，電線の引き入れを容易にするために用いる。
ロ．多数の開閉器類を集合して設置するために用いる。
ハ．埋込みの金属管工事で，スイッチやコンセントを取り付けるために用いる。
ニ．天井に比較的重い照明器具を取り付けるために用いる。

解説 10

この図記号はプルボックスを表します。
その他の選択肢の器具の図記号は，次の通りです。

イ．ジョイントボックス ▢

ロ．VVF用ジョイントボックス

ニ．ジャンクションボックス ---◎---

答え
ハ

解説 11

この図記号はプルボックスを表します。
その他の選択肢の器具の名称は，次の通りです。

イ．アウトレットボックス（ジョイントボックス） ▢

ハ．ねじなし丸形露出ボックス（3方出）

ニ．コンクリートボックス ▢

答え
ロ

解説 12

プルボックスは**多数の金属管が集合する場所等で，電線の引き入れを容易にする**ために使用します。

答え
イ

問題 13

多数の金属管が集合する場所等で，通線を容易にするために用いられるものは。

R5年 上期午前 11,
R2年 下期午後 11

イ．分電盤
ロ．プルボックス
ハ．フィクスチュアスタッド
ニ．スイッチボックス

問題 14

次の図記号の名称は。

R4年 上期午後 37,
H27年 下期 36

イ．ジョイントボックス
ロ．VVF用ジョイントボックス
ハ．プルボックス
ニ．ジャンクションボックス

問題 15

次の図記号のものは。

R1年 下期 48

イ． 　ロ． 　ハ． 　ニ．

解説 13

プルボックスは多数の金属管が集合する場所等で，電線の引き入れを容易にするために使用します。

答え
□

解説 14

この図記号は VVF 用ジョイントボックスを表します。
その他の選択肢の器具の図記号は，次の通りです。

イ．ジョイントボックス ☐

ハ．プルボックス ☒

ニ．ジャンクションボックス ---◯---

答え
□

解説 15

この図記号は VVF 用ジョイントボックスを表します。
その他の選択肢の器具の名称と図記号は，次の通りです。

ロ．アウトレットボックス（ジョイントボックス） ☐

ハ．プルボックス ☒

ニ．露出形スイッチボックス

答え
イ

問題
16

H28 年 上期 16

写真に示す材料の用途は。

イ．VVF ケーブルを接続する箇所に用いる。
ロ．スイッチやコンセントを取り付けるのに用いる。
ハ．合成樹脂管工事において，電線を接続する箇所に用いる。
ニ．天井からコードを吊り下げるときに用いる。

問題
17

R4 年 上期午後 41,
R1 年 上期 41,
H27 年 下期 41

次の図記号のものは。
□

イ．

ロ．

ハ．

ニ．

問題
18

R5 年 下期午後 31,
R5 年 上期午前 35,
R5 年 上期午後 31,
R3 年 下期午前 31

次の図記号の名称は。

イ．プルボックス
ロ．VVF 用ジョイントボックス
ハ．ジャンクションボックス
ニ．ジョイントボックス

解説
16

写真の材料は VVF 用ジョイントボックスです。内部で VVF ケーブル同士を接続するために使用されます。

答え
イ

解説
17

この図記号はアウトレットボックス (ジョイントボックス) を表します。
その他の選択肢の器具の名称および図記号は,次の通りです。

ロ. プルボックス

ハ. 省力化ジョイントボックス

ニ. VVF 用ジョイントボックス

答え
イ

解説
18

この図記号はジョイントボックス (アウトレットボックス) を表します。
その他の選択肢の器具の図記号は,次の通りです。

イ. プルボックス

ロ. VVF 用ジョイントボックス

ハ. ジャンクションボックス ---◯---

答え

⑪で示す図記号のものは。

R2年 下期午後 41,
H27年 上期 48

次の図記号の名称は。

H27年 下期 34

イ．金属線ぴ

ロ．フロアダクト

ハ．ライティングダクト

ニ．合成樹脂線ぴ

**解説
19**

⑪の図記号の「LD」はライティングダクトを表します。
その他の選択肢の器具の図記号は，次の通りです。

ロ．合成樹脂せんぴ　　_____　又は　------ PR

ハ．1種金属製せんぴ　**MM1**

ニ．2種金属製せんぴ　**MM2**

答え
イ

**解説
20**

この図記号の「LD」はライティングダクトを表します。
その他の選択肢の器具の図記号は，次の通りです。

イ．金属線ぴ　**MM1**

ロ．フロアダクト　**F**

ニ．合成樹脂線ぴ　_____　又は　------ PR

答え
ハ

下の配線図の図記号で，使用されているプルボックスとその個数
の組合せは。

R2年 下期午後 50

イ.
1個

ロ.
2個

ハ.
3個

ニ.
4個

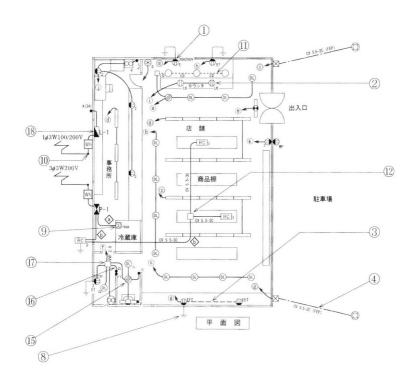

平 面 図

解説

21

プルボックスの写真はロとハです。また，プルボックスの図記号 ☒ は,駐車場側に 2 個使用されています。よってロが正解です。

02 受電点から分電盤までの機器

問題 22

H25年上期39

次の図記号の名称は。

イ. 立上り
ロ. 引下げ
ハ. 受電点
ニ. 支線

問題 23

H29年上期36

次の図記号の名称は。

(Wh)

イ. 電力計
ロ. タイムスイッチ
ハ. 配線用遮断器
ニ. 電力量計

問題 24

R1年下期31

次の図記号の計器の使用目的は。

(Wh)

イ. 負荷率を測定する。
ロ. 電力を測定する。
ハ. 電力量を測定する。
ニ. 最大電力を測定する。

解説 22

この図記号は受電点を表します。
その他の選択肢の図記号は，次の通りです。

イ. 立上り ♂

ロ. 引下げ ♂

ニ. 支線 ⟶

答え
ハ

解説 23

この図記号は電力量計を表します。各家庭の受電点に設置された
電力量計から消費電力量がわかります。
その他の選択肢の図記号は，次の通りです。

イ. 電力計 Ⓦ

ロ. タイムスイッチ TS

ハ. 配線用遮断器 B

答え
ニ

解説 24

この図記号は電力量計を表します。電力量を測定する際に使用し
ます。

答え
ハ

次の図記号の計器の使用目的は。

Wh

イ．電力を測定する。
ロ．力率を測定する。
ハ．負荷率を測定する。
ニ．電力量を測定する。

④で示す部分に取り付けられる計器の図記号は。

④

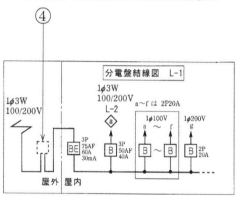

分電盤結線図　L-1

1φ3W
100/200V

1φ3W
100/200V
L-2

a~f は 2P20A

イ．CT　　　ロ．Ⓦ　　　ハ．S　　　ニ．Wh

分電盤の図記号は。

イ．　　　　　ロ．

ハ．　　　　　ニ．

解説 25

この図記号は箱入りまたはフード付きの電力量計を表します。電力量を測定する際に使用します。

答え

ロ

解説 26

④で示す部分には，選択肢ロの図記号で表される箱入りまたはフード付きの電力量計を取り付けます。各住宅の受電点に設置された電力量計から消費電力量がわかります。

その他の選択肢の図記号の名称は，次の通りです。

イ．変流器
ロ．電力計
ハ．開閉器

答え

ロ

解説 27

分電盤の図記号は選択肢ハになります。
その他の選択肢の図記号の名称は，次の通りです。

イ．配電盤
ロ．制御盤
ニ．実験盤

答え

ハ

⑤の部分で施設する配線用遮断器は。

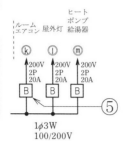

イ．2極1素子

ロ．2極2素子

ハ．3極2素子

ニ．3極3素子

問題
29

R5 年 上期午前 44,
R5 年 上期午後 46,
R3 年 下期午前 46,
R3 年 上期午前 45,
R1 年 上期 43,
H27 年 下期 44

⑭で示す図記号の機器は。

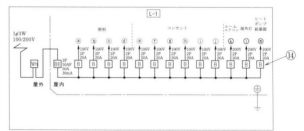

イ.

ロ.

ハ.

ニ.

解説 28	⑤の図記号は定格20A，200V用2極の配線用遮断器です。単相200Vの回路では，下表より2極2素子 (2P2E) の配線用遮断器を取り付ける必要があります。

100 Vの回路	2極1素子（2P1E）または2極2素子（2P2E）を使う
200 Vの回路	2極2素子（2P2E）を使う

答え
□

解説 29	⑭の図記号は 定格20A，200V用2極の配線用遮断器です。配線用遮断器を示すのは選択肢イとハですが，配線図の分岐回路は，単相200V (1φ200V) の回路なので，2極2素子 (2P2E) を使用しなければならず，写真のように「2P2E」と記載がある選択肢ハの器具が正解です。なお，ロとニは漏電遮断器です。

100 Vの回路	2極1素子（2P1E）または2極2素子（2P2E）を使う
200 Vの回路	2極2素子（2P2E）を使う

答え
ハ

R4 年 上期午前 36,
R3 年 下期午後 36,
H28 年 下期 37

問題 30

⑥で示す部分に施設してはならない過電流遮断装置は。

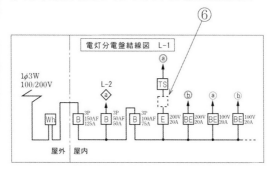

凡例
ⓐ ～ ⓓ は単相100V回路
ⓐ ～ ⓑ は単相200V回路
◇ⓐ は単相3線式100／200V回路

イ. 2極にヒューズを取り付けたカバー付ナイフスイッチ
ロ. 2極2素子の配線用遮断器
ハ. 2極にヒューズを取り付けたカットアウトスイッチ
ニ. 2極1素子の配線用遮断器

問題 31

単相3線式 100/200 V 屋内配線の住宅用分電盤の工事を施工した。不適切なものは。

H28 年 下期 20

イ. 電灯専用 (単相 100 V) の分岐回路に 2 極 1 素子の配線用遮断器を用い，素子のない極に中性線を結線した。
ロ. 電熱器 (単相 100 V) の分岐回路に 2 極 2 素子の配線用遮断器を取り付けた。
ハ. 主開閉器の中性極に銅バーを取り付けた。
ニ. ルームエアコン (単相 200 V) の分岐回路に 2 極 1 素子の配線用遮断器を取り付けた。

解説
30

単相200Vの分岐回路では，2極2素子(2P2E)の配線用遮断器を取り付ける必要があります。2極1素子(2P1E)の配線用遮断器は施設してはなりません。

100 Vの回路	2極1素子（2P1E）または2極2素子（2P2E）を使う
200 Vの回路	2極2素子（2P2E）を使う

答え

解説
31

ニ．単相200Vの分岐回路では，2極2素子(2P2E)の配線用遮断器を取り付ける必要があります。

100 Vの回路	2極1素子（2P1E）または2極2素子（2P2E）を使う
200 Vの回路	2極2素子（2P2E）を使う

答え

問題 32

R5年 上期午後21,
H29年 上期20

単相3線式100/200 V屋内配線の住宅用分電盤の工事を施工した。不適切なものは。

イ．ルームエアコン（単相200 V）の分岐回路に2極2素子の配線用遮断器を取り付けた。

ロ．電熱器（単相100 V）の分岐回路に2極2素子の配線用遮断器を取り付けた。

ハ．主開閉器の中性極に銅バーを取り付けた。

ニ．電灯専用（単相100 V）の分岐回路に2極1素子の配線用遮断器を取り付け，素子のある極に中性線を結線した。

問題 33

R2年 下期午後15,
H27年 上期12

漏電遮断器に内蔵されている零相変流器の役割は。

イ．不足電圧の検出

ロ．短絡電流の検出

ハ．過電圧の検出

ニ．地絡電流の検出

問題 34

H26年 上期38

次で示す図記号の名称は。

イ．小型変圧器

ロ．タンブラスイッチ

ハ．遅延スイッチ

ニ．タイムスイッチ

解説 32

二. 電灯専用 (単相 100 V) の分岐回路に 2 極 1 素子の配線用遮断器を取り付ける場合は，**素子のない極**に中性線を結線しなければなりません。

答え
二

解説 33

漏電遮断器に内蔵されている零相変流器 (ZCT) は，地絡事故時の**地絡電流 (零相電流) を検出**するための装置です。

答え
二

解説 34

この図記号はタイムスイッチを表します。
その他の選択肢の図記号の名称は，次の通りです。

イ. 小型変圧器

ロ. タンブラスイッチ (単極スイッチ) ●

ハ. 遅延スイッチ ●D ●DF

答え
二

写す器具の名称は。

イ. 電力量計
ロ. 調光器
ハ. 自動点滅器
ニ. タイムスイッチ

住宅（一般用電気工作物）に系統連系型の発電設備（出力 5.5 kW）を，図のように，太陽電池，パワーコンディショナ，漏電遮断器（分電盤内），商用電源側の順に接続する場合，取り付ける漏電遮断器の種類として，最も適切なものは。

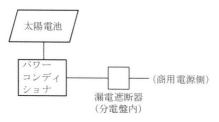

イ. 漏電遮断器（過負荷保護なし）
ロ. 漏電遮断器（過負荷保護付）
ハ. 漏電遮断器（過負荷保護付　高感度形）
ニ. 漏電遮断器（過負荷保護付　逆接続可能型）

解説
35

写真の器具は**タイムスイッチ**です。設定した時間に回路の開閉ができるスイッチです。

答え
ニ

解説
36

系統連系型の発電設備を商用電源側に接続する場合，太陽光発電量が多い場合は系統側に逆流し，発電量が少ない場合は系統側からの電力を消費するため負荷側へ流れます。
このように両方の向きに電流が流れるため，取り付ける漏電遮断器は**過負荷保護付　逆接続可能型**となります。

答え
ニ

03 照明器具

問題 37 H27年 下期 32

②で示す図記号の器具の取り付け位置は。

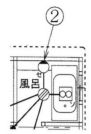

イ．天井付
ロ．壁付
ハ．床付
ニ．天井埋込

問題 38 R1年 上期 31

次に示す図記号の名称は。

( )

イ．引掛形コンセント
ロ．シーリング（天井直付）
ハ．引掛シーリング（角）
ニ．埋込器具

問題 39 R2年 下期午前 31, H26年 下期 33

次に示す図記号の器具の種類は。

CL

イ．シーリング（天井直付）
ロ．ペンダント
ハ．埋込器具
ニ．引掛シーリング（丸）

30

解説 37

②の図記号は壁付の白熱灯を表します。なお，黒塗りしている位置が壁に接触している部分を表します。

答え
ロ

解説 38

この図記号は引掛シーリング（角）を表します。
その他の選択肢の器具の図記号は，次の通りです。

イ．引掛形コンセント（壁付）

ロ．シーリング（天井直付） (CL)

ニ．埋込器具 (DL)

答え
ハ

解説 39

この図記号はシーリング（天井直付）を表します。
その他の選択肢の図記号は，次の通りです。

ロ．ペンダント ⊖

ハ．埋込器具 (DL)

ニ．引掛シーリング（丸） ◯

答え
イ

問題 40

R4年 上期午後 48

次に示す図記号の器具は。

(CL)

イ.

ロ.

ハ.

ニ.

問題 41

H29年 上期 34

次に示す図記号の名称は。

▭◉▭

イ．非常用照明

ロ．一般用照明

ハ．誘導灯

ニ．保安用照明

問題 42

R1年 下期 40,
H26年 上期 34

次に示す図記号の器具は。

(DL)

イ．シーリング (天井直付)

ロ．引掛シーリング (丸)

ハ．埋込器具

ニ．天井コンセント (引掛形)

解説
40

この図記号はシーリングライトを表します。
その他の選択肢の器具の名称と図記号は，次の通りです。

イ．ペンダント　⊖

ロ．シャンデリヤ　(CH)

ニ．ダウンライト（埋込器具）　(DL)

答え
ハ

解説
41

この図記号は誘導灯（蛍光灯形）を表します。
その他の選択肢の図記号は，次の通りです。なお，それぞれの左
側は蛍光灯形を表します。

　　　　　　　（蛍光灯形）（白熱灯）
イ．非常用照明　　●

ロ．一般用照明　　○

ニ．保安用照明　▨◯▨　⊘

答え
ハ

解説
42

この図記号は埋込器具（ダウンライト）を表します。
その他の選択肢の図記号は，次の通りです。

イ．シーリング（天井直付）　(CL)

ロ．引掛シーリング（丸）　(：)

ニ．天井コンセント（引掛形）　⊕T

答え
ハ

次に示す図記号の器具は。

H29 年 上期 49,
H27 年 下期 42

イ. ロ. ハ. ニ.

次に示す屋外灯の種類は。

H200

H27 年 上期 31

イ. 蛍光灯
ロ. 水銀灯
ハ. ナトリウム灯
ニ. メタルハライド灯

次に示す外灯は，100 W の水銀灯である。
その図記号の傍記表示として，正しいものは。

H29 年 上期 33

イ. N100
ロ. H100
ハ. M100
ニ. W100

配線図

解説 43

この図記号は，ダウンライト（埋込器具）を表します。
その他の選択肢の器具の名称および図記号は，次の通りです。

イ．シャンデリヤ

ハ．ペンダント

ニ．蛍光灯

答え
ロ

解説 44

この図記号は傍記表示「H」より，水銀灯を表します。
その他の選択肢の器具の傍記表示は，次の通りです。

イ．蛍光灯（なし）
ハ．ナトリウム灯（N）
ニ．メタルハライド灯（M）

答え
ロ

解説 45

100 Wの水銀灯の傍記表示は「H100」です。
その他の選択肢の傍記表示の器具は，次の通りです。

イ．「N」ナトリウム灯
ハ．「M」メタルハライド灯
ニ．「W」該当なし

答え
ロ

問題 46

H28年 上期 36

次に示す図記号の名称は。

(CH)

イ．シーリング（天井直付）
ロ．埋込器具
ハ．シャンデリヤ
ニ．ペンダント

問題 47

R3年 下期午後 35,
H29年 下期 36

次に示す屋外灯の種類は。

(⊗) N200

イ．水銀灯
ロ．メタルハライド灯
ハ．ナトリウム灯
ニ．蛍光灯

問題 48

R5年 上期午後 36,
R4年 下期午前 32,
R4年 下期午後 31,
R3年 下期午前 37,
R1年 下期 35

ペンダントの図記号は。

イ．(CL)　　　ロ．(CH)　　　ハ．(⊗)　　　ニ．⊖

解説
46

この図記号はシャンデリヤを表します。
その他の選択肢の器具の図記号は，次の通りです。

イ．シーリング（天井直付）　(CL)

ロ．埋込器具　(DL)

ニ．ペンダント　⊖

答え
ハ

解説
47

この図記号は容量 200W のナトリウム灯を表します。
その他の選択肢の器具の図記号は，次の通りです。

イ．水銀灯　◯H

ロ．メタルハライド灯　◯M

ニ．蛍光灯　⊏◯⊐　▭

答え
ハ

解説
48

ペンダントの図記号は選択肢ニになります。
その他の選択肢の図記号の器具の名称は，次の通りです。

イ．シーリングライト
ロ．シャンデリヤ
ハ．屋外灯

答え
ニ

49

次に示す図記号の器具は。

R5 年 下期午前 44,
R2 年 下期午前 45,
H28 年 上期 42

イ.

ロ.

ハ.

ニ.

この図記号はペンダントを表します。
その他の選択肢の器具の名称と図記号は，次の通りです。

ロ．シャンデリヤ　CH

ハ．引掛シーリング（丸）　◯

ニ．シーリングライト　CL

コンセント

問題 50

R1 年 下期 11,
H26 年 上期 15

住宅で使用する電気食器洗い機用のコンセントとして，最も適しているものは。

イ．引掛形コンセント

ロ．抜け止め形コンセント

ハ．接地端子付コンセント

二．接地極付接地端子付コンセント

問題 51

R5 年 下期午後 39,
R2 年 下期午後 32,
H30 年 下期 33,
H27 年 上期 39

次に示す図記号の器具の取り付け場所は。

①LK

イ．天井面

ロ．壁面

ハ．床面

二．二重床面

問題 52

H26 年 下期 34

次に示す図記号の器具は。

イ．天井に取り付けるコンセント

ロ．床面に取り付けるコンセント

ハ．二重床用のコンセント

二．非常用コンセント

解説 50

電気食器洗い機などの水気のある場所で使用する電気機器は漏電が発生しやすいので，感電防止ができる**接地極付接地端子付コンセント**が最も適しています。

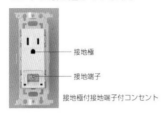

接地極

接地端子

接地極付接地端子付コンセント

答え

解説 51

この図記号は**抜け止め形コンセント**を表します。この図記号では取り付ける場所は**天井面**です。

答え
イ

解説 52

この図記号は 2 口の床面に取り付けるコンセント（フロアコンセント）を表します。
その他の選択肢の図記号は，次の通りです。

イ．天井に取り付けるコンセント　⬭

ハ．二重床用コンセント　⬚

ニ．非常用コンセント　▭ または ⬤

答え

問題
53

二重床用コンセントの図記号は。

イ. 　　ロ.　　　　　ハ.　　　　ニ.

問題
54

次に示す図記号は引掛形コンセントである。この図記号の傍記表示として，正しいものは。

R3 年 上期午後 40,
H30 年 上期 34,
H29 年 上期 39

イ. T

ロ. LK

ハ. EL

ニ. H

問題
55

次に示す図記号の名称は。

H29 年 下期 38

イ. 引掛形コンセント

ロ. 接地極付コンセント

ハ. 抜け止め形コンセント

ニ. 漏電遮断器付コンセント

二重床用コンセントの図記号を示すのは，選択肢イになります。
その他の選択肢のコンセントの名称は，次の通りです。

ロ．非常用コンセント
ハ．フロアコンセント
ニ．コンセント（天井付）

答え
イ

引掛形コンセントの傍記表示は「T」になります。
その他の選択肢の傍記表示のコンセントは，次の通りです。

ロ．「LK」抜け止め形コンセント
ハ．「EL」漏電遮断器付コンセント
ニ．「H」医用コンセント

答え
イ

この図記号は抜け止め形コンセントを表します。
その他の選択肢のコンセントの傍記表示は，次の通りです。

イ．引掛形コンセント「T」
ロ．接地極付コンセント「E」
ニ．漏電遮断器付コンセント「EL」

答え
ハ

問題 56

R4年 上期午後 34,
R3年 下期午前 40

④で示す図記号は抜け止め形の防雨形コンセントである。その図記号の傍記表示は。

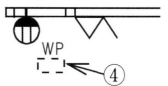

イ. L
ロ. T
ハ. K
ニ. LK

問題 57

R1年 上期 34,
H27年 下期 33

次に示す図記号の器具の種類は。

イ. 漏電遮断器付コンセント
ロ. 接地極付コンセント
ハ. 接地端子付コンセント
ニ. 接地極付接地端子付コンセント

問題 58

R1年 下期 34

次に示す図記号の器具の種類は。

イ. 接地端子付コンセント
ロ. 接地極付接地端子付コンセント
ハ. 接地極付コンセント
ニ. 接地極付接地端子付漏電遮断器付コンセント

解説 56

傍記表示「WP」は防雨形を表します。よって，**抜け止め形**の傍記表示「LK」が必要です。

なお，選択肢ロの傍記表示「T」は引掛形コンセントを表します。

答え
二

解説 57

この図記号は傍記表示の「EET」より，**接地極付接地端子付コンセント**です。

その他の選択肢のコンセントの傍記表示は，次の通りです。

イ．漏電遮断器付コンセント「EL」
ロ．接地極付コンセント「E」
ハ．接地端子付コンセント「ET」

答え
二

解説 58

この図記号は傍記表示の「EET」および「EL」より，**接地極付接地端子付漏電遮断器付コンセント**です。

その他の選択肢のコンセントの傍記表示は，次の通りです。

イ．接地端子付コンセント「ET」
ロ．接地極付接地端子付コンセント「EET」
ハ．接地極付コンセント「E」

答え
二

次に示す図記号の器具は。

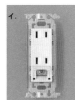  

イ. ロ. ハ. ニ.

次に示す図記号の器具は。

20A
EET

イ. ロ. ハ. ニ.

46

解説 59

この図記号は傍記表示の「2」より, 単相 100V (125V), 15A 用 2 口コンセントです。

その他の選択肢のコンセントの傍記表示は, 次の通りです。

イ. 単相 100V (125V), 15A 用接地端子付 2 口コンセント「2 ET」

ロ. 単相 100V (125V), 15A 用抜け止め形 2 口コンセント「2 LK」

ハ. 単相 100V (125V), 15A 用接地極付 2 口コンセント「2 E」

答え

解説 60

この図記号は傍記表示の「20A EET」より, 単相 100V (125V), 20 A 用の接地極付接地端子付コンセントです。

その他の選択肢のコンセントの名称と傍記表示は, 次の通りです。

イ. 単相 100V (125V), 15A 用接地極付接地端子付コンセント「EET」

ロ. 単相 100V (125V), 15A/20A 兼用接地極付コンセント「20A E」

ハ. 単相 200V (250V), 15A/20A 兼用接地極付コンセント「20A 250V E」

答え

次に示す図記号のコンセントは。

ET

R3年 下期午後 45

イ.	ロ.	ハ.	ニ.

次に示す図記号の器具は。

20A250V
E

R5年 上期午後 43,
R4年 上期午後 42,
R3年 下期午前 43,
H29年 上期 41,
H27年 下期 43

イ.	ロ.	ハ.	ニ.

解説 61

この図記号は傍記表示の「ET」より，単相 100V（125V），15A 用接地端子付コンセントです。

その他の選択肢のコンセントの名称と傍記表示は，次の通りです。

イ．単相 100V（125V），15A 用 2 口コンセント「2」

ロ．単相 100V（125V），15A 用接地極付 2 口コンセント「2 E」

ニ．単相 100V（125V），15A 用接地極付接地端子付 1 口コンセント「EET」

答え
ハ

解説 62

この図記号は傍記表示の「20A 250V E」より，単相 200V（250V），20A 用の接地極付コンセントです。

その他の選択肢のコンセントの名称と傍記表示は，次の通りです。

イ．単相 200V（250V），15A/20A 兼用接地極付接地端子付コンセント「20A 250V EET」

ハ．単相 200V（250V），15A 用接地極付コンセント「250V E」

ニ．三相 200V（250V），15A/20A 兼用接地極付コンセント「3P 250V E」

答え
ロ

問題 65

R3年 上期午前 35,
R2年 下期午後 31,
R1年 上期 33,
H28年 上期 32

次に示すコンセントの極配置 (刃受) は。

20A
250V
E

イ. 　ロ. 　ハ. 　ニ.

問題 66

R4年 上期午前 40,
R3年 下期午後 39,
H28年 下期 40

次に示すコンセントの極配置 (刃受) は。

3P 30A 250V
E

イ. 　ロ. 　ハ. 　ニ.

解説 65

この図記号は傍記表示「20A 250V E」より，**単相200V (250V)，20A 用の接地極付コンセント**です。

よって，下表より極配置 (刃受) は選択肢口が正解です。

	15A用		20A用		15A・20A兼用	
単相 100V	⊡	⊡ 接地極付き	⊡	⊡ 接地極付き	⊡	⊡ 接地極付き
単相 200V	⊝	⊝ 接地極付き		⊡	**⊡ 接地極付き**	
三相 200V			⊚	⊡ 接地極付き	⊚ 引掛形	⊚ 引掛形 接地極付き

答え
口

解説 66

この図記号は傍記表示「3P 30A 250V E」より，**三相200V (250V)，30A 用の接地極付コンセント**です。

よって，下表より極配置 (刃受) は選択肢口が正解です。

	15A用		20A用		15A・20A兼用	
単相 100V	⊡	⊡ 接地極付き	⊡	⊡ 接地極付き	⊡	⊡ 接地極付き
単相 200V	⊝	⊝ 接地極付き		⊡	⊡ 接地極付き	
三相 200V			⊚	**⊡ 接地極付き**	⊚ 引掛形	⊚ 引掛形 接地極付き

答え
口

問題 68

右ページの配線図で，使用されていないコンセントは。

R4 年 下期午前 48

解説 68

イ．単相 100V（125V），15A 用 接 地 極 付 2 口 コ ン セ ン ト（傍記表示「2E」）：台所にて使用されています。

ロ．単相 200V（250V），15A 用 接 地 極 付 1 口 コ ン セ ン ト（傍記表示「250V E」）：使用されていません。

ハ．単相 100V（125V），15A 用接地極付接地端子付 1 口コンセント（傍記表示「EET」）：台所にて使用されています。

ニ．単相 100V（125V），15A 用 1 口コンセント（傍記表示なし）：和室にて使用されています。

答 え
ロ

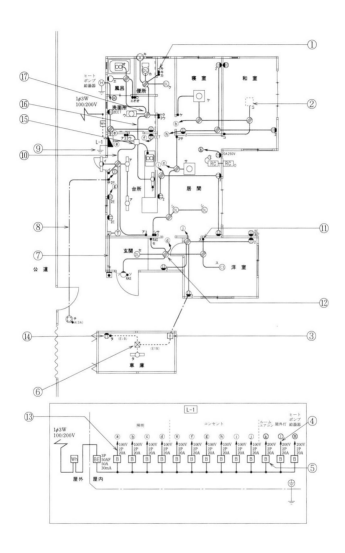

問題 69

右ページの配線図で，使用されているコンセントとその個数の組合せで，正しいものは。

R4年 下期午後 50

イ.	ロ.	ハ.	ニ.

1個	2個	1個	2個

解説 69

イ. 単相 200V (250V)，20A 用接地極付 1 口コンセント (傍記表示「20A 250V E」)：1 階の居間にて 1 個使用されています。

ロ. 単相 100V (125V)，15A 用接地極付接地端子付 1 口コンセント (傍記表示「EET」)：1 階の台所にて 1 個使用されています。

ハ. 単相 200V (250V)，15A 用接地極付 1 口コンセント (傍記表示「250V E」)：使用されていません。

ニ. 単相 100V (125V)，15A・20A 兼用接地極付 1 口コンセント (傍記表示「20A E」)：2 階の洋室にて 1 個使用されています。

答え
イ

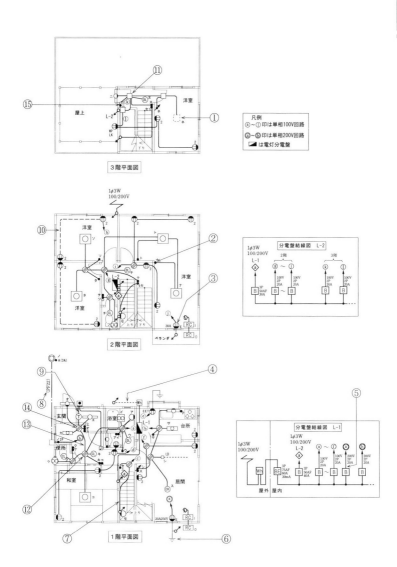

凡例
ⓐ〜①印は単相100V回路
ⓜ〜⑮印は単相200V回路
◣ は電灯分電盤

3 階平面図

1φ3W
100/200V

2 階平面図

1階平面図

分電盤結線図　L-2

1φ3W
100/200V

L-1

2階　　　　　　　　3階

分電盤結線図　L-1

1φ3W
100/200V

1φ3W
100/200V
L-2

屋外　屋内

問題 70

R5年 下期午後 50,
H27年 上期 50,
H26年 上期 48

右ページの配線図で，使用されているコンセントは。

イ. 　ロ. 　ハ. 　ニ.

解説 70

イ．単相100V（125V），15A用抜け止め形1口コンセント（傍記表示「LK」）：カウンタの天井面で使用されています。

ロ．単相100V（125V），15A用接地端子付2口コンセント「2 ET」：使用されていません。

ハ．単相100V（125V），15A用抜け止め形接地極付2口コンセント（傍記表示「2 E LK」）：使用されていません。

ニ．単相100V（125V），15A用防雨形抜け止め形接地端子付3口コンセント（傍記表示「3 ET LK WP」）：使用されていません。

答え
イ

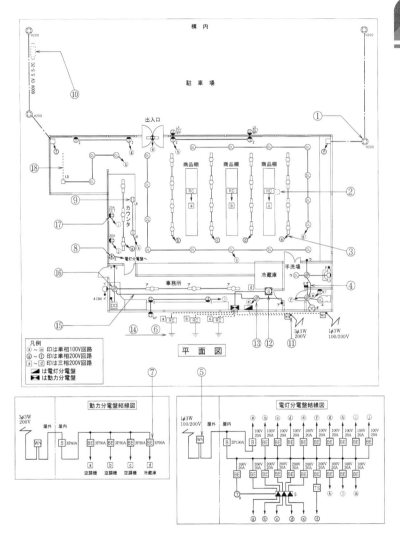

問題
71

右ページの配線図で，使用されていないコンセントは。

H30 年 下期 50,
H28 年 下期 50,
H28 年 上期 50

イ. ロ. ハ. ニ.

解説
71

イ．単相 100V（125V），15A 用接地極付 2 口コンセント（傍記
表示「2 E」）：手洗場や店舗にて使用されています。

ロ．単相 100V（125V），15A 用抜け止め形 1 口コンセント（傍
記表示「LK」）：カウンタにて使用されています。

ハ．単相 100V（125V），15A 用接地極付接地端子付 1 口コン
セント（傍記表示「EET」）：手洗場左上奥のトイレにて使用
されています。

ニ．三相 200V（250V）用接地極付 1 口コンセント（傍記表示
「3P 250V E」）：使用されていません。

答え
ニ

62

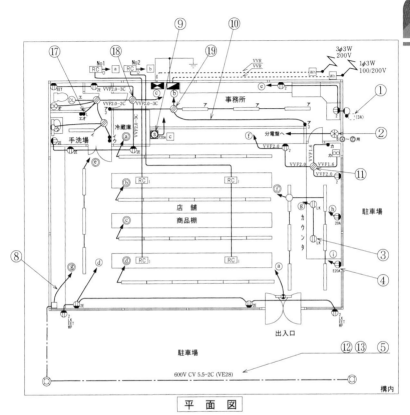

平　面　図

問題 72

右ページの配線図の図記号で，使用されていないコンセントは。

R5年 下期午前 49,
R2年 下期午後 49,
R2年 下期午前 49

イ. ロ. ハ. ニ.

解説 72

イ．単相100V（125V），15A用接地端子付1口コンセント（傍記表示「ET」）：カウンタにて使用されています。

ロ．単相100V（125V），15A用接地極付接地端子付1口コンセント（傍記表示「EET」）：店舗の下側にて使用されています。

ハ．単相200V（250V），20A用接地極付1口コンセント（傍記表示「20A 250V E」）：カウンタにて使用されています。

ニ．**単相100V（125V），15A用接地極付2口コンセント（傍記表示「2 E」）：使用されていません。**

答え
（ニ）

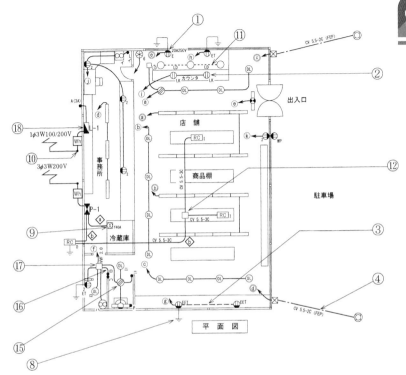

平 面 図

右ページの配線図で，使用しているコンセントは。

R5年 上期午前 48,
R3年 上期午後 49

イ.  ロ.  ハ.  ニ.

解説
73

イ. 単相100V(125V)，15A用接地極付1口コンセント(傍記表示「E」)：使用されていません。

ロ. 単相200V(250V)，15A用接地極付1口コンセント(傍記表示「250V E」)：使用されていません。

ハ. 単相100V(125V)，20A用1口コンセント(傍記表示「20A」)：使用されていません。

ニ. **単相100V(125V)，15A用接地極付接地端子付1口コンセント(傍記表示「EET」)：台所にて使用されています。**

答え

（ニ）

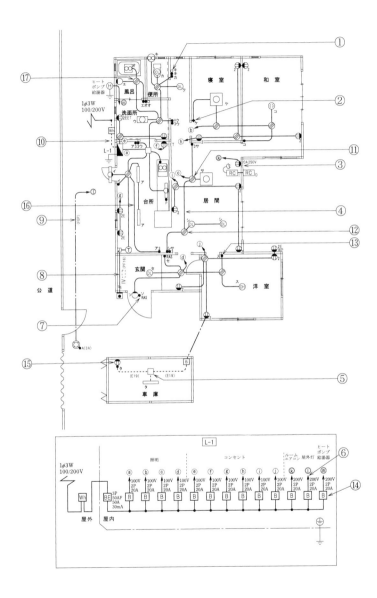

問題 74

右ページの配線図で，使用されていないコンセントは。

R4年 上期午前50,
R3年 上期午前49

イ.

ロ.

ハ.

ニ.

解説 74

イ．単相200V（250V），20A用防雨形接地極付1口コンセント（傍記表示「20A 250V E WP」）：駐車場で使用されています。

ロ．単相100V，15A用接地極付接地端子付1口コンセント（傍記表示「EET」）：洗面所で使用されています。

ハ．単相100V，15A用防雨形抜け止め形接地極付接地端子付2口コンセント（傍記表示「2 EET LK WP」）：駐車場で使用されています。

ニ．**単相100V，15A用接地端子付1口コンセント（傍記表示「ET」）：使用されていません。**

答え
（ニ）

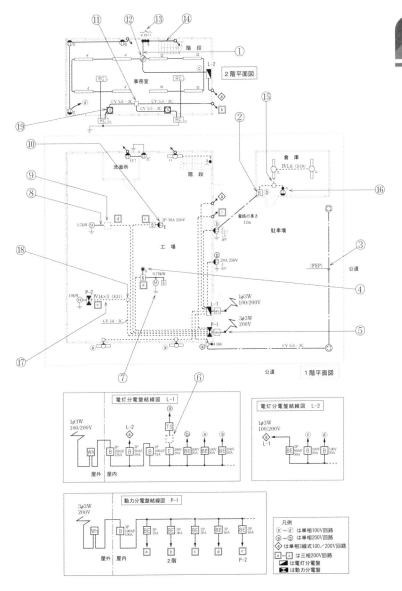

右ページの配線図で，使用されていないものは。

H30 年 上期 50,
H26 年 下期 49

イ.

ロ.

ハ.

ニ.

イ. プルボックス：ポンプ室や受水槽室にて使用されています。

ロ. VVF 用ジョイントボックス：管理室や集会室にて使用されています。⊘

ハ. 単相 100V（125V），15A 用防雨形抜け止め形 1 口コンセント：使用されていません。 LK WP

ニ. 単相 200V（250V），20A 用接地極付 1 口コンセント：集会室にて使用されています。 20A 250V E

答え
ハ

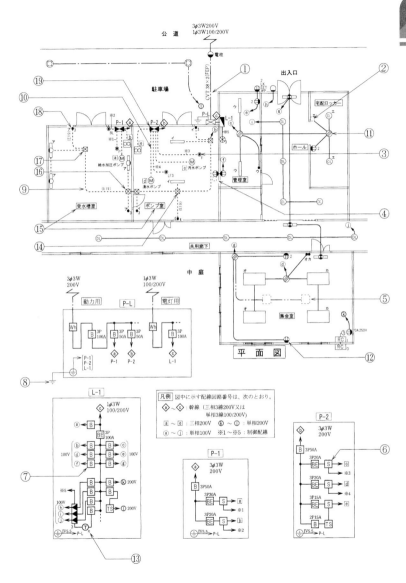

問題 76

R5年 上期午前 17

写真に示す器具の用途は。

イ．LED 電球の明るさを調節する
のに用いる。
ロ．人の接近による自動点滅に用
いる。
ハ．蛍光灯の力率改善に用いる。
ニ．周囲の明るさに応じて屋外灯
などを自動点滅させるのに用
いる。

問題 77

H28年 上期 39

次に示す図記号の名称は。

イ．自動点滅器
ロ．熱線式自動スイッチ
ハ．タイムスイッチ
ニ．防雨形スイッチ

問題 78

R2年 下期午後 43,
H29年 下期 48

次に示す図記号の器具は。

イ.
ロ.
ハ.
ニ.

解説
76

写真の器具は自動点滅器です。周囲の光に反応するセンサを内蔵し，明るさに応じて屋外灯などを点灯・消灯させるのに用います。

答え
ニ

解説
77

この図記号は傍記表示の「A」より，自動点滅器を表します。なお，「3A」は容量が 3A であることを表します。
その他の選択肢の器具の傍記表示は，次の通りです。

ロ．熱線式自動スイッチ「RAS」
ハ．タイムスイッチ「T」
ニ．防雨形スイッチ「WP」

答え
イ

解説
78

この図記号は傍記表示の「A」より，自動点滅器を表します。なお，「3A」は容量が 3A であることを表します。
その他の選択肢の器具の名称と図記号は，次の通りです。

ロ．防雨形スイッチ　●WP

ハ．電磁開閉器用押しボタン　⦿B

ニ．リモコンスイッチ　●R

答え
イ

問題 79

⑨で示す部分は屋外灯の自動点滅器である。その図記号の傍記表示として正しいものは。

R1 年 上期 39,
H30 年 下期 31

イ．A 　ロ．T 　ハ．P 　ニ．L

問題 80

①で示す図記号の名称は。

R5 年 上期午前 31,
R4 年 下期午前 31,
H26 年 上期 31

イ．白熱灯
ロ．通路誘導灯
ハ．確認表示灯
ニ．位置表示灯

問題 81

次に示す図記号の器具の種類は。

R4 年 上期午後 32,
R1 年 下期 33,
H29 年 下期 33

イ．位置表示灯を内蔵する点滅器
ロ．確認表示灯を内蔵する点滅器
ハ．遅延スイッチ
ニ．熱線式自動スイッチ

解説 79

自動点滅器の図記号における傍記表示は「A」です。

その他の選択肢ロの「T」はタイマ付スイッチ，ハの「P」はプルスイッチ，ニの「L」は確認表示灯内蔵スイッチを表します。

答え
イ

解説 80

①の図記号は確認表示灯 (パイロットランプ) を表します。

その他の選択肢の図記号の名称は，次の通りです。

イ．白熱灯 ◯

ロ．通路誘導灯　白熱灯 ⊗　蛍光灯 ▭⊗▭

ニ．位置表示灯 (内蔵スイッチ) ●H

答え
ハ

解説 81

この図記号は傍記表示「L」より，確認表示灯を内蔵する点滅器 (スイッチ) を表します。

その他の選択肢のスイッチの図記号は，次の通りです。

イ．位置表示灯を内蔵する点滅器 (スイッチ) ●H

ハ．遅延スイッチ ●D

ニ．熱線式自動スイッチ ●RAS

答え
ロ

問題 82

R1年 上期 49,
H30年 下期 47

次に示す図記号の器具は。ただし，写真下の図は，接点の構成を示す。

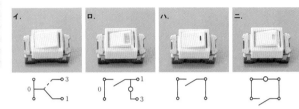

問題 83

R3年 上期午後 33,
R3年 上期午前 34

次に示す図記号の器具の種類は。

イ．熱線式自動スイッチ

ロ．遅延スイッチ

ハ．確認表示灯を内蔵する点滅器

ニ．位置表示灯を内蔵する点滅器

問題 84

R3年 上期午前 43,
R1年 下期 43

次に示す図記号の器具は。

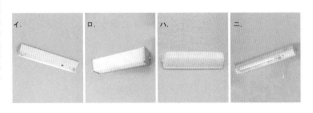

解説 82

この図記号は傍記表示「L」より，確認表示灯内蔵スイッチを表します。

その他の選択肢のスイッチの名称および図記号は，次の通りです。

イ．3路スイッチ　●₃

ハ．単極スイッチ　●

ニ．位置表示灯内蔵スイッチ　●ₕ

答え
ロ

解説 83

この図記号は傍記表示「H」より，位置表示灯を内蔵する点滅器（スイッチ）を表します。

その他の選択肢の器具の図記号は，次の通りです。

イ．熱線式自動スイッチ　●RAS

ロ．遅延スイッチ　●D

ハ．確認表示灯を内蔵する点滅器（スイッチ）　●L

答え
ニ

解説 84

この図記号はプルスイッチ付き蛍光灯（ボックスなし）を表します。

その他の選択肢の器具の図記号は，次の通りです。

イ．天井付蛍光灯　▭○▭

ロ・ハ．壁付蛍光灯　▭◯▭

答え
ニ

問題 85

R5年 上期午前 32,
R5年 上期午後 32,
R4年 下期午後 32,
R4年 上期午後 39,
R3年 下期午前 32,
H27年 下期 38

次に示す図記号の名称は。

イ．一般形点滅器

ロ．一般形調光器

ハ．ワイドハンドル形点滅器

ニ．ワイド形調光器

問題 86

H30年 上期 32

ワイドハンドル形点滅器の図記号は。

イ．◆　　ロ．●D　　ハ．●WP　　ニ．●R

問題 87

R2年 下期午前 44

次に示す図記号の器具は。ただし，写真下の図は，接点の構成を示す。

3

イ．

ロ．

ハ．

ニ．

解説 85

この図記号はワイドハンドル形点滅器を表します。
その他の選択肢の器具の図記号は，次の通りです。

イ．一般形点滅器　●

ロ．一般形調光器　●↗

ニ．ワイド形調光器　●↗

答え
ハ

解説 86

ワイドハンドル形点滅器の図記号を示すのは，選択肢イになります。
その他の選択肢の図記号の名称は，次の通りです。

ロ．遅延スイッチ
ハ．防雨形スイッチ
ニ．リモコンスイッチ

答え
イ

解説 87

この図記号は傍記表示「3」より，3 路スイッチを表します。
その他の選択肢のスイッチの名称および図記号は，次の通りです。

イ．確認表示灯内蔵スイッチ　●L

ロ．遅延スイッチ　●D

ニ．位置表示灯内蔵スイッチ　●H

答え
ハ

問題 88

H28年 上期 31,
H25年 上期 33

次に示す図記号の名称は。

イ. 調光器
ロ. 素通し
ハ. 遅延スイッチ
ニ. リモコンスイッチ

問題 89

R1年 下期 46

次に示す図記号の器具は。

問題 90

R5年 上期午前 37

次に示す図記号の名称は。

イ. タイマ付スイッチ

ロ. 遅延スイッチ

ハ. 自動点滅器

ニ. 熱線式自動スイッチ

解説 88

この図記号は調光器を表します。
その他の選択肢の器具の図記号は，次の通りです。

ロ．素通し

ハ．遅延スイッチ ●D

ニ．リモコンスイッチ ●R

答え
イ

解説 89

この図記号は調光器を表します。
その他の選択肢の器具の名称と図記号は，次の通りです。

イ．確認表示灯内蔵スイッチ ●L

ハ．コードスイッチ

ニ．位置表示灯内蔵スイッチ ●H

答え
ロ

解説 90

この図記号は傍記表示の「RAS」より，熱線式自動スイッチを表します。
その他の選択肢のスイッチの図記号は，次の通りです。

イ．タイマ付スイッチ ●T

ロ．遅延スイッチ ●D

ハ．自動点滅器 ●A

答え
ニ

問題
91

次に示す図記号の器具の名称は。

R3年 上期午後 36,
R2年 下期午後 37

イ．リモコンリレー
ロ．リモコンセレクタスイッチ
ハ．火災表示灯
ニ．漏電警報器

問題
92

写真に示す器具の用途は。

R5年 下期午後 17,
R1年 上期 17,
H30年 下期 17,
H26年 上期 18

イ．リモコン配線の操作電源変圧器として用いる。
ロ．リモコン配線のリレーとして用いる。
ハ．リモコンリレー操作用のセレクタスイッチとして用いる。
ニ．リモコン用調光スイッチとして用いる。

問題
93

写真に示す器具の用途は。

H26年 下期 18

イ．リモコンリレー操作用のスイッチとして用いる。
ロ．リモコン用調光スイッチとして用いる。
ハ．リモコン配線のリレーとして用いる。
ニ．リモコン配線の操作電源変圧器として用いる。

解説
91

この図記号はリモコンリレーを表します。傍記の数字はリレーの数です。

その他の選択肢の図記号は，次の通りです。

ロ．リモコンセレクタスイッチ

ハ．火災表示灯

ニ．漏電警報器

答え
イ

解説
92

写真の器具はリモコンリレーです。リモコン配線のリレーとして用います。

答え
ロ

解説
93

写真の器具はリモコントランスです。リモコン配線の操作電源変圧器として用います。

答え
ニ

⑮で示す図記号の部分に使用される機器は。

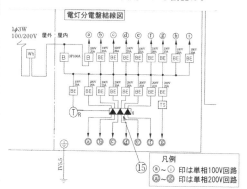

凡例
⑭~ⓘ 印は単相100V回路
ⓐ~ⓖ 印は単相200V回路

イ.

ロ.

ハ.

ニ.

次に示す図記号の機器は。

イ.

ロ.

ハ.

ニ.

解説 94

⑮の図記号は**リモコンリレー**を表します。なお，⑮は単相 200V 回路に接続されているため，**両切り (2 極)** のものを使用する必要があります。

以上に該当するのは，選択肢ニになります。

解説 95

この図記号はリモコントランスを表します。

その他の選択肢の器具の名称および図記号は，次の通りです。

イ．リモコンリレー　1 個　複数個
　　　　　　　　　　▲　▲▲▲

ロ．チャイムトランス (チャイム用変圧器)　Ⓣ

ハ．タイムスイッチ　TS

問題
96

H30 年 下期 37

⑦で示す箇所に設置する器具の図記号は。

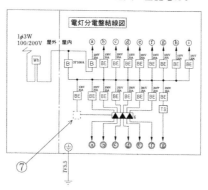

イ． Ⓣ B　ロ． Ⓣ R　ハ． ●D　ニ． ●R

問題
97

R5 年 下期午後 38,
H30 年 下期 32,
H27 年 上期 38,
H26 年 下期 32

次に示す図記号の名称は。

⊗5

イ．火災表示灯

ロ．漏電警報器

ハ．リモコンセレクタスイッチ

ニ．表示スイッチ

解説 96

⑦からたどっていくとリモコンリレーに接続されているため，リモコン配線の操作電源変圧器として用いるリモコントランスを配置するのが適しています。リモコントランスの図記号を示すのは選択肢ロです。

▲▲▲　リモコンリレー

(T)R　リモコントランス

答え
ロ

解説 97

この図記号はリモコンセレクタスイッチを表します。傍記の数字はリモコンスイッチの数です。
その他の選択肢の器具の図記号は，次の通りです。

ロ．漏電警報器　(⊘)G

ニ．表示スイッチ　

答え
ハ

右ページの配線図で，使用されていないスイッチは。ただし，写真下の図は，接点の構成を示す。

H29 年 下期 50,
H27 年 上期 49

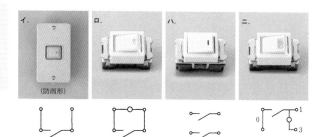

イ.
（防雨形）

ロ.

ハ.

ニ.
0
1
3

イ. 防雨形スイッチ（傍記表示「WP」）：工場の出入口付近にて使用されています。

ロ. 位置表示灯内蔵スイッチ（傍記表示「H」）：倉庫内にて使用されています。

ハ. 2 極スイッチ（傍記表示「2P」）：使用されていません。

ニ. 確認表示灯内蔵スイッチ（傍記表示「L」）：工場にて使用されています。

答え
ハ

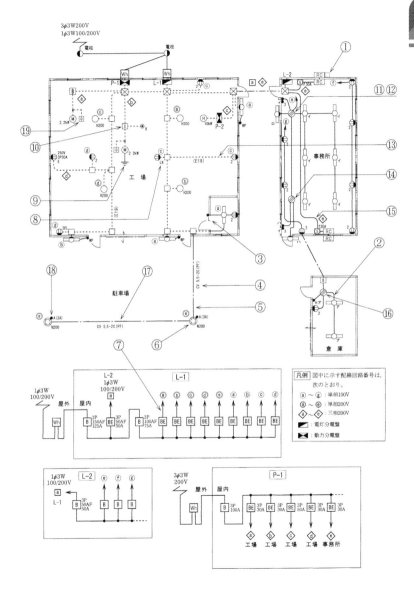

問題 99

右ページの配線図の図記号で使用されていないスイッチは。ただし，写真下の図は，接点の構成を示す。

R1 年 下期 50

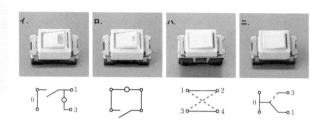

イ.　　　　ロ.　　　　ハ.　　　　ニ.

解説 99

イ. 確認表示灯内蔵スイッチ（傍記表示「L」）：洗面所にて使用されています。

ロ. 位置表示灯内蔵スイッチ（傍記表示「H」）：玄関にて使用されています。

ハ. **4 路スイッチ（傍記表示「4」）：使用されていません。**

ニ. 3 路スイッチ（傍記表示「3」）：玄関やリビング・ダイニングの入口付近にて使用されています。

答え
ハ

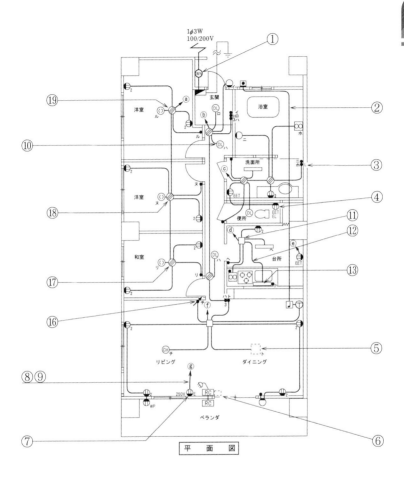

平　面　図

右ページの配線図の図記号からこの工事で使用されていないスイッチは。ただし，写真下の図は，接点の構成を示す。

R5年 上期午前 49,
R4年 下期午前 49,
R3年 上期午後 50,
H29年 上期 50,
H26年 上期 49

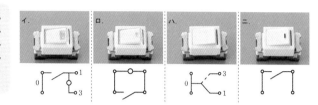

イ．確認表示灯内蔵スイッチ（傍記表示「L」）：使用されていません。

ロ．位置表示灯内蔵スイッチ（傍記表示「H」）：洗面所の近くにて使用されています。

ハ．3路スイッチ（傍記表示「3」）：洗面所などにて使用されています。

ニ．単極スイッチ（傍記表示なし）：和室などにて使用されています。

答え
イ

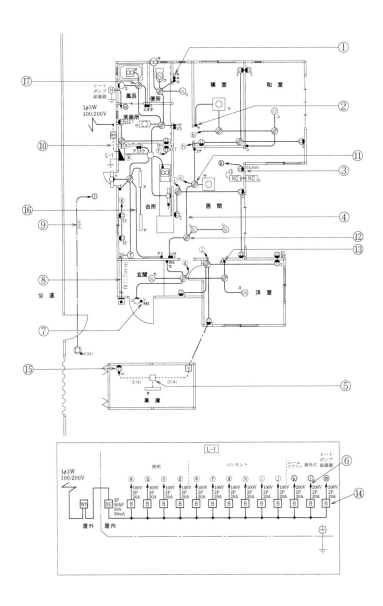

問題 101

右ページの配線図の図記号からこの工事で使用されていないスイッチは。ただし，写真下の図は，接点の構成を示す。

R3 年 上期午前 50

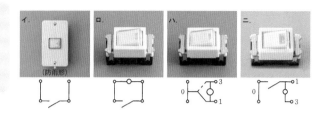

イ.
（防雨形）

ロ.

ハ.

ニ.

解説 101

イ．防雨形スイッチ（傍記表示「WP」）：ベランダにて使用されています。

ロ．位置表示灯内蔵スイッチ（傍記表示「H」）：玄関やリビング・ダイニングルーム入口付近にて使用されています。

ハ．**位置表示灯内蔵 3 路スイッチ（傍記表示「3H」）：使用されていません。**

ニ．確認表示灯内蔵スイッチ（傍記表示「L」）：脱衣室や台所にて使用されています。

答え
ハ

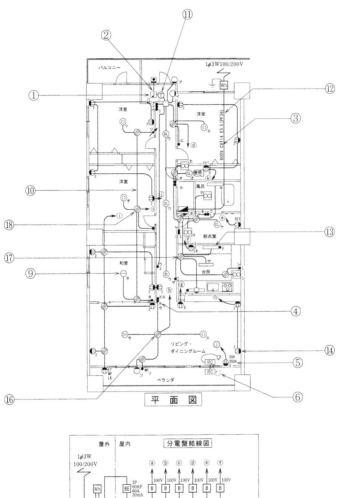

平　面　図

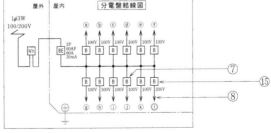

問題 102

右ページの配線図の図記号から，この工事で使用されていないスイッチは。ただし，写真下の図は，接点の構成を示す。

R5年 上期午後 48,
R4年 下期午後 48,
R3年 下期午前 48,
H28年 上期 48,
H27年 下期 48

イ. ロ. ハ. ニ.

解説 102

イ. 調光器 ：1階の居間にて使用されています。

ロ. **位置表示灯内蔵スイッチ（傍記表示「H」）：使用されていません。**

ハ. 熱線式自動スイッチ（傍記表示「RAS」）：1階の玄関横にて使用されています。

ニ. 確認表示灯内蔵スイッチ（傍記表示「L」）：1階の便所や浴室にて使用されています。

答え
ロ

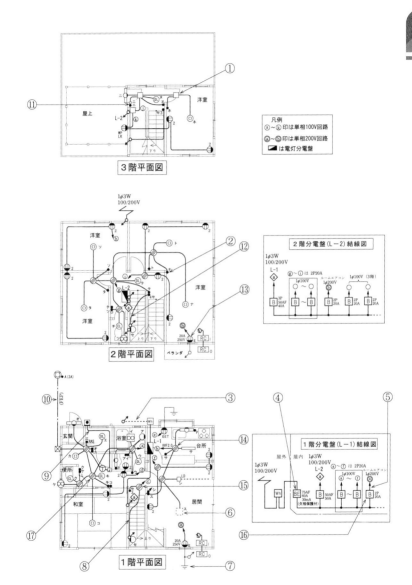

問題 103

右ページの配線図の図記号で使用されていないスイッチは。ただし，写真下の図は，接点の構成を示す。

R4年 上期午後 49

イ． ロ． ハ． ニ．

解説 103

イ． 確認表示灯内蔵スイッチ（傍記表示「L」）：各階のトイレや風呂にて使用されています。

ロ． **遅延スイッチ（傍記表示「D」）：使用されていません。**

ハ． 3路スイッチ（傍記表示「3」）：階段にて使用されています。

ニ． 位置表示灯内蔵スイッチ（傍記表示「H」）：玄関にて使用されています。

答え
ロ

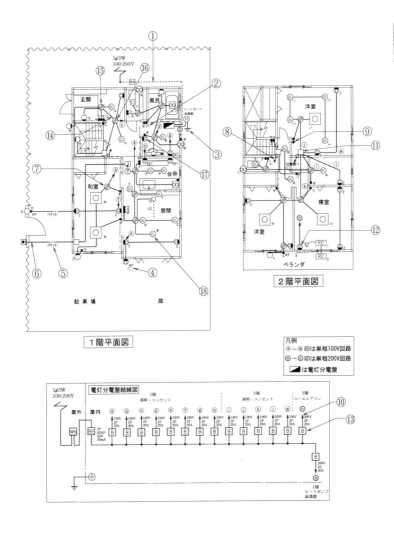

凡例
ⓐ～ⓜ印は単相100V回路
ⓝ～ⓞ印は単相200V回路
━▇ は電灯分電盤

1階平面図

2階平面図

電灯分電盤結線図

⑬で示す地下1階のポンプ室内で使用されていないものは。

R3年 上期午後 43,
H30年 上期 45

⑬

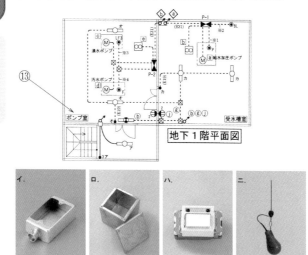

地下1階平面図

イ.　ロ.　ハ.　ニ.

解説
104

イ．露出形スイッチボックス：露出配線（点線の配線）にて使用
されています。**-----**

ロ．プルボックス：室内中央にて2箇所使用されています。☒

ハ．**リモコンスイッチ（傍記表示「R」）：使用されていません。**

ニ．フロートスイッチ（傍記表示「F」）：汚水ポンプにて使用され
ています。

問題
105

R5 年 下期午前 17,
R4 年 下期午前 17,
R4 年 上期午前 17,
H30 年 上期 18,
H27 年 上期 16

写真に示す機器の名称は。

イ．水銀灯用安定器

ロ．変流器

ハ．ネオン変圧器

ニ．低圧進相コンデンサ

問題
106

R2 年 下期午後 17

写真に示す機器の用途は。

イ．回路の力率を改善する。

ロ．地絡電流を検出する。

ハ．ネオン放電灯を点灯させる。

ニ．水銀灯の放電を安定させる。

解説 105

写真の機器は**低圧進相コンデンサ**です。電動機と並列に接続することで，回路の力率を改善することができます。ラベルに書いてある「40 μF」はコンデンサの容量を示します。

答え

解説 106

写真の機器は低圧進相コンデンサです。電動機と並列に接続することで，**回路の力率を改善する**ことができます。ラベルに書いてある「40 μF」はコンデンサの容量を示します。

答え

イ

問題
107

R3年 下期午後 48,
H29 年 下期 49

次に示す図記号の機器は。

イ.

ロ.

ハ.

ニ.

問題
108

R4年 上期午前 49,
H28 年 下期 49,
H27 年 上期 42

次に示す図記号の器具は。

⒮

イ.

ロ.

ハ.

ニ.

解説 107

この図記号は低圧進相コンデンサを表します。表面の「μF」の表記が特徴です。
その他の選択肢の器具の名称と図記号は，次の通りです。

ロ. ネオン変圧器　$(T)_N$

ハ. 配線用遮断器　$\boxed{B}$

ニ. 電磁開閉器　$\boxed{S}$

答え
$\boxed{イ}$

解説 108

この図記号は電流計付箱開閉器を表します。
その他の選択肢の器具の名称と図記号は，次の通りです。

ロ. カバー付ナイフスイッチ　$\boxed{S}$

ハ. 配線用遮断器　$\boxed{B}$

ニ. 電磁開閉器　$\boxed{S}$

答え
$\boxed{イ}$

次に示す図記号の器具を用いる目的は。

 f40A

イ．不平衡電流を遮断する。

ロ．地絡電流のみを遮断する。

ハ．過電流と地絡電流を遮断する。

ニ．過電流のみを遮断する。

次に示す図記号の名称は。

イ．フロートスイッチ

ロ．圧力スイッチ

ハ．電磁開閉器用押しボタン

ニ．握り押しボタン

次に示す図記号の器具は。

イ．過負荷警報を知らせるブザー

ロ．確認表示灯付の電磁開閉器用押しボタン

ハ．運転時に点灯する青色のパイロットランプ

ニ．負荷を運転させるためのフロートスイッチ

解説 109

この図記号は電流計付箱開閉器を表します。ナイフスイッチと
ヒューズを内蔵し，**過電流のみを遮断**します。なお，「f40A」は
40A のヒューズを表します。

答 え

解説 110

この図記号は傍記表示「B」より，電磁開閉器用押しボタンを表し
ます。
その他の選択肢の図記号は，次の通りです。

イ．フロートスイッチ

ロ．圧力スイッチ

ニ．握り押しボタン

答 え

解説 111

この図記号は傍記表示「BL」より，確認表示灯付の電磁開閉器用
押しボタンを表します。
その他の選択肢の図記号は，次の通りです。

イ．ブザー

ハ．パイロットランプ

ニ．フロートスイッチ

答 え

問題 112
R3年 上期午後 34,
H30年 上期 36,
H29年 下期 40,
H26年 下期 35

④で示す図記号の機器は。

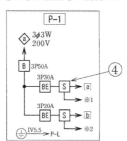

凡例 図中に示す配線回路番号は、次のとおり。

※1～※5：制御配線

ⓐ ～ ⓔ：三相200V　◇：幹線

イ．電流計付箱開閉器

ロ．電動機の力率を改善する低圧進相用コンデンサ

ハ．制御配線の信号により動作する開閉器（電磁開閉器）

ニ．電動機の始動装置

問題 113
R2年 下期午前 17,
H29年 下期 17

写真に示す器具の○で囲まれた部分の名称は。

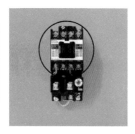

イ．熱動継電器

ロ．漏電遮断器

ハ．電磁接触器

ニ．漏電警報器

問題 114
H26年 下期 39

次に示す図記号の名称は。

イ．フロートスイッチ

ロ．電磁開閉器用押しボタン

ハ．フロートレススイッチ電極

ニ．圧力スイッチ

解説 112

④の図記号は開閉器を表しており，制御配線に接続されているので**制御配線の信号により動作する開閉器（電磁開閉器）**であることがわかります。

答え

解説 113

写真の器具は電磁開閉器で，○で囲まれた部分は**電磁接触器**です。下部に接続されているものは熱動継電器（サーマルリレー）で，電磁接触器と組み合わせて電磁開閉器として機能します。

答え

解説 114

この図記号は傍記表示「P」より，**圧力スイッチ**を表します。
その他の選択肢の図記号の傍記表示は，次の通りです。

イ．フロートスイッチ　⬤F

ロ．電磁開閉器用押しボタン　⬤B

ハ．フロートレススイッチ電極　⬤LF

答え

109

次に示す図記号の名称は。

イ．圧力スイッチ

ロ．電磁開閉器用押しボタン

ハ．フロートレススイッチ電極

ニ．フロートスイッチ

次に示す図記号の器具は。

イ．電磁開閉器用押しボタン

ロ．フロートスイッチ

ハ．圧力スイッチ

ニ．フロートレススイッチ電極

解説 115

この図記号は傍記表示「F」より，フロートスイッチを表します。
その他の選択肢の器具の図記号は，次の通りです。

イ．圧力スイッチ　⬤_P

ロ．電磁開閉器用押しボタン　⬤_B

ハ．フロートレススイッチ電極　⬤_{LF}

答え
(二)

解説 116

この図記号はフロートレススイッチ電極を表します。傍記の数字
は電極の数です。
その他の選択肢の図記号は，次の通りです。

イ．電磁開閉器用押しボタン　⬤_B

ロ．フロートスイッチ　⬤_F

ハ．圧力スイッチ　⬤_P

答え
(二)

問題 117

R4年 上期午後 17,
H28年 上期 17

写真に示す器具の名称は。

イ. 配線用遮断器
ロ. 漏電遮断器
ハ. 電磁接触器
ニ. 漏電警報器

問題 118

R5年 下期午前 45,
R2年 下期午前 46

次に示す図記号の機器は。

$$\boxed{BE} \begin{array}{l} 3P \\ 50AF \\ 50A \\ 30mA \end{array}$$

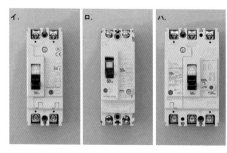

イ.　　　ロ.　　　ハ.　　　ニ.

解説
117

写真の器具は過負荷保護付の**漏電遮断器**です。漏電遮断器は配線用遮断器と見た目が似ていますが，写真の中央にあるようなテストボタンの有無で判別するのがポイントです。

テストボタン

答え
ロ

解説
118

この図記号は**漏電遮断器（過負荷保護付）**を表します。テストボタンがあるのが特徴です。「3P」の傍記表示があるので**3極のハ**が正解です。なお，ロは2極の漏電遮断器（過負荷保護付）であり，イ，ニは配線用遮断器です。漏電遮断器は配線用遮断器と見た目が似ていますが，写真の中央にあるようなテストボタンの有無で判別するのがポイントです。

テストボタン

答え
ハ

次に示す図記号の名称は。

$$\boxed{BE} \begin{array}{l} 3P \\ 40A \end{array}$$

R5年 下期午後 37,
R2年 下期午後 35,
H28年 下期 36,
H27年 上期 37

イ．配線用遮断器

ロ．漏電遮断器（過負荷保護付）

ハ．モータブレーカ

ニ．カットアウトスイッチ

④で示す部分に施設する機器は。

R5年 上期午後 34,
R3年 下期午前 35

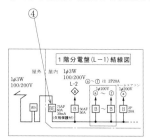

イ．3極2素子配線用遮断器（中性線欠相保護付）

ロ．3極2素子漏電遮断器（過負荷保護付，中性線欠相保護付）

ハ．3極3素子配線用遮断器

ニ．2極2素子漏電遮断器（過負荷保護付）

解説 119

この図記号は漏電遮断器（過負荷保護付）を表します。
その他の選択肢の図記号は，次の通りです。

イ．配線用遮断器　　$\boxed{B}$

ハ．モータブレーカ　　$\boxed{B}_M$　または　$\boxed{\!\!\!/\, B}$

ニ．カットアウトスイッチ

答え
$\boxed{\text{ロ}}$

解説 120

④の図記号は**3極2素子漏電遮断器（過負荷保護付，中性線欠相保護付）**です。「BE」は漏電遮断器，「（欠相保護付）」は中性線欠相保護付を表します。よって，漏電遮断器かつ欠相保護付のロが正解となります。

答え
$\boxed{\text{ロ}}$

次に示す図記号の機器は。

イ.

ロ.

ハ.

ニ.

解説
121

この図記号は漏電遮断器(過負荷保護付)を表します。テストボタンがあるのが特徴です。

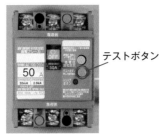

テストボタン

その他の選択肢の器具の図記号は,次の通りです。

イ. 電磁開閉器　$\boxed{\text{S}}$

ロ. 漏電火災警報器　$\bigotimes_{\text{F}}$

ニ. 配線用遮断器　$\boxed{\text{B}}$

問題 **122**

R3年 上期午後 41

次に示す図記号の機器は。

BE 3P
100A（欠相保護付）

イ.
ロ.
ハ.
二.

問題 **123**

R1年 上期 35

次に示す図記号の器具を用いる目的は。

BE 3P
75AF
60A
30mA

イ．不平衡電流を遮断する。

ロ．過電流と地絡電流を遮断する。

ハ．地絡電流のみを遮断する。

二．短絡電流のみを遮断する。

解説 122

この図記号は選択肢**ニ**の**単3中性線欠相保護付漏電遮断器**を表します。傍記表示「BE」は漏電遮断器，「(欠相保護付)」は中性線欠相保護付を表します。写真の白色の電線は中性線欠相検出用リード線と呼ばれる電線で，回路に異常電圧が発生したときに，この電線を通じて信号が漏電遮断器に到達し，回路を遮断することができます。

答え
ニ

解説 123

この図記号は漏電遮断器(過負荷保護付)を表します。これは**過電流**(過負荷)と**地絡電流**(漏電)を遮断するために使用します。

答え
ロ

問題 124

R5年 上期午後 17,
R3年 上期午前 17,
H29年 上期 17

写真に示す器具の名称は。

イ．漏電警報器

ロ．電磁開閉器

ハ．配線用遮断器（電動機保護兼用）

ニ．漏電遮断器

問題 125

R4年 上期午後 43

次に示す図記号の機器は。

$\boxed{\text{B}}\ \begin{array}{l}200\text{V}\\2\text{P}\\20\text{A}\end{array}$

イ.

ロ.

ハ.

ニ.

問題 126

R4年 上期午前 39

モータブレーカの図記号は。

イ. $\boxed{\text{S}}$　ロ. $\boxed{\text{M}}$　ハ. $\boxed{\text{M}}$　ニ. $\boxed{\text{B}}$

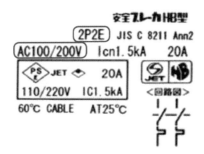

解説
124

写真の器具は**配線用遮断器（電動機保護兼用）**です。漏電遮断器と見た目が似ていますが，テストボタンが無いので配線用遮断器と判別し，電動機の出力が書いてあるかどうかで電動機保護兼用かどうか判別します。

答え
ハ

解説
125

この図記号は **200V 用 2 極の配線用遮断器**です。配線用遮断器を示すのは選択肢イとハですが，200V 用では 2 極 2 素子（2P2E）を使用しなければならず，写真のように「2P2E」と記載がある選択肢ハが正解です。なお，ロとニは漏電遮断器です。

答え
ハ

解説
126

モータブレーカの図記号は $\boxed{B}_M$ または $\boxed{B}$ です。よってニが正解です。

なお，選択肢イの図記号は開閉器を表します。

答え
ニ

問題 127

R3年 上期午前 36,
R2年 下期午前 34,
H29年 下期 31

⑥で示す部分はルームエアコンの屋外ユニットである。その図記号の傍記表示は。

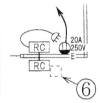

イ. ○   ロ. B   ハ. I   ニ. R

問題 128

R5年 下期午後 32,
R1年 下期 36,
H27年 上期 32

⑥で示す部分はルームエアコンの屋内ユニットである。その図記号の傍記表示は。

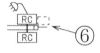

ベランダ

イ. ○   ロ. R   ハ. B   ニ. I

問題 129

R3年 上期午前 31

①で示す図記号の機器の名称は。

イ. チャイム   ロ. タイムスイッチ   ハ. ベル   ニ. ブザー

解説 127

ルームエアコンの屋外ユニットの図記号の傍記表示は「O」になります。なお，屋内ユニットの傍記表示は「I」になります。

答え
イ

解説 128

ルームエアコンの屋内ユニットの図記号の傍記表示は「I」になります。なお，屋外ユニットの傍記表示は「O」になります。

答え
ニ

解説 129

①の図記号はチャイムを表します。
その他の選択肢の図記号は，次の通りです。

ロ．タイムスイッチ TS

ハ．ベル

ニ．ブザー

答え
イ

⑪で示す図記号の機器は。

イ.

ロ.

ハ.

ニ.

次に示す図記号の機器は。

イ.

ロ.

ハ.

ニ.

解説 130

この図記号は小型変圧器を表します。チャイムの図記号とつながっているためチャイムトランス（チャイム用変圧器）であることが分かります。
その他の選択肢の機器の名称と図記号は，次の通りです。

イ．タイムスイッチ ｜TS｜

ロ．リモコントランス （T）R

ニ．ソリッドステートタイマ

答え
ハ

解説 131

この図記号は天井付の換気扇を表します。
その他の選択肢の機器の図記号は，次の通りです。

イ．換気扇（壁付） ∞

ロ．ダウンライト（埋込器具） （DL）

ニ．白熱灯（壁付） ●

答え
ハ

問題
132

H26年 下期 50

右ページの配線図で, 使用していないものは。

イ.

ロ.

ハ.

ニ.

解説
132

イ. タイムスイッチ：分電盤および制御盤内で使用されています。
   TS

ロ. 漏電遮断器（過負荷保護付）：制御盤内で使用されています。
   BE

ハ. **換気扇（壁付）：使用されていません。** ∞

ニ. 電磁開閉器：制御盤内で使用されています。   S

答え
ハ

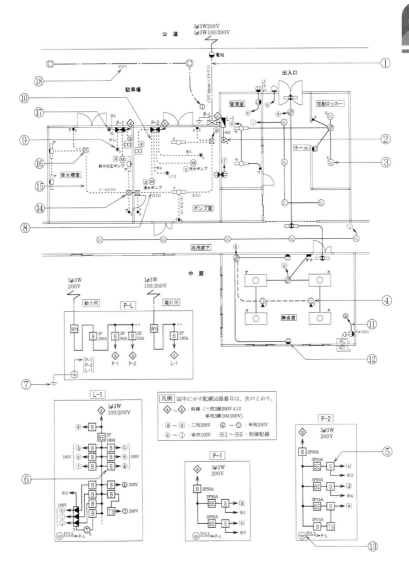

02

電気機器と器具

問題 133

R4年 下期午前 16,
R4年 下期午後 16,
R3年 上期午前 16,
H30年 下期 16,
H27年 下期 18

写真に示す材料の名称は。

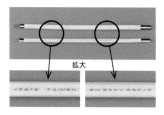

拡大

イ．無機絶縁ケーブル

ロ．600V ビニル絶縁ビニルシースケーブル平形

ハ．600V 架橋ポリエチレン絶縁ビニルシースケーブル

ニ．600V ポリエチレン絶縁耐燃性ポリエチレンシースケーブル
平形

問題 134

R5年 上期午前 16

写真に示す材料の特徴として，誤っているものは。
なお，材料の表面には「タイシガイセン EM600V EEF/F1.6
mm JIS ＜ PE ＞ E ○○社 タイネン 2014」が記されている。

イ．分別が容易でリサイクル性がよい。

ロ．焼却時に有害なハロゲン系ガスが発生する。

ハ．ビニル絶縁ビニルシースケーブルと比べ絶縁物の最高許容温
度が高い。

ニ．難燃性がある。

解説 133

写真の材料は **600V ポリエチレン絶縁耐燃性ポリエチレンシースケーブル平形**です。右側に書かれた記号の意味は，次の通りです。

EM 600V EE F/F

エコ・マテリアル ─┘

絶縁被覆と外装（シース）が
ポリエチレン（E）

耐燃性

平形（フラット）ケーブル

また，左側の「TAINEN」も「耐燃性」であることを表します。

答え

解説 134

写真の材料は 600V ポリエチレン絶縁耐燃性ポリエチレンシースケーブル平形です。
特徴は以下の通りです。

・分別が容易でリサイクル性がよい
・**焼却時に有害なハロゲン系ガスが発生しない**
・ビニル絶縁ビニルシースケーブルと比べ絶縁物の最高許容温度が高い
・難燃性がある

答え
□

③で示す低圧ケーブルの種類は。

R5年 下期午後 34,
R3年 上期午前 33,
H30年 上期 31,
H29年 下期 34

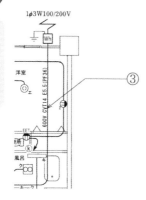

イ．600V ビニル絶縁ビニル
シースケーブル丸形
ロ．600V 架橋ポリエチレン絶
縁ビニルシースケーブル
（単心 3 本のより線）
ハ．600V ビニル絶縁ビニル
シースケーブル平形
ニ．600V 架橋ポリエチレン絶
縁ビニルシースケーブル

使用電圧が 300V 以下の屋内に施設する器具であって，付属す
る移動電線にビニルコードが使用できるものは。

R5年 上期午後 12,
R4年 下期午後 12,
R1年 上期 12,
H28年 下期 14

イ．電気扇風機
ロ．電気こたつ
ハ．電気こんろ
ニ．電気トースター

「600V CVT14 E5.5(PF36)」の「CVT」は，**600V 架橋ポリエチ**
レン絶縁ビニルシースケーブル（単心 3 本のより線） を表します。

答 え

□

ビニルコードは熱に弱い特徴があるため，電熱器具（電気を熱と
して利用する器具）には使用することができません。
選択肢のうち，電熱器具ではないのはイの**電気扇風機**のみです。

答 え

イ

次に示す図記号の器具にコード吊りで白熱電球を取り付ける。使用できるコードと最小断面積の組合せとして，正しいものは。

イ．ビニルコード　1.25 mm^2

ロ．ビニルキャプタイヤコード　0.75 mm^2

ハ．丸打ちゴムコード　0.75 mm^2

ニ．袋打ちゴムコード　0.5 mm^2

問題
138

R5 年 上期午前 12,
R4 年 下期午前 12,
R2 年 下期午後 12,
R1 年 下期 12,
H26 年 下期 12

絶縁物の最高許容温度が最も高いものは。

イ．600V 架橋ポリエチレン絶縁ビニルシースケーブル (CV)

ロ．600V 二種ビニル絶縁電線 (HIV)

ハ．600V ビニル絶縁ビニルシースケーブル丸形 (VVR)

ニ．600V ビニル絶縁電線 (IV)

解説
137

問題の図記号は，天井から吊り下げて使用する照明器具であるペンダントです。

電技解釈第 170 条に電球線に使用できるコードが挙げられており，選択肢のコードの中では，防湿コード以外のゴムコードである**丸打ちゴムコード**と袋打ちゴムコードが使用できます。また，断面積は **0.75 mm² 以上**であることとされています。

以上の全てを満たす選択肢はハとなります。

答 え
ハ

解説
138

下表より，選択肢における電線・ケーブルの絶縁物の最高許容温度は，高い順に，**600V 架橋ポリエチレン絶縁ビニルシースケーブル（CV）**（90 ℃） → 600V 二種ビニル絶縁電線（HIV）（75 ℃） → 600V ビニル絶縁電線（IV），600V ビニル絶縁ビニルシースケーブル丸形（VVR）（いずれも 60 ℃）となります。

絶縁物	最高許容温度	対応する電線やケーブルの例
ビニル	60 ℃	600Vビニル絶縁電線（IV），600Vビニル絶縁ビニルシースケーブル（VVF，VVR）
二種ビニル	75 ℃	600V二種ビニル絶縁電線（HIV）
ポリエチレン		600Vポリエチレン絶縁耐燃性ポリエチレンシースケーブル平形（EM-EEF）
架橋ポリエチレン	90 ℃	600V架橋ポリエチレン絶縁ビニルシースケーブル（CV）
酸化マグネシウムなどの無機物	250 ℃	MIケーブル

答 え
イ

耐熱性が最も優れているものは。

R5 年 下期午前 12,
R3 年 上期午前 12

イ．600V 二種ビニル絶縁電線
ロ．600V ビニル絶縁電線
ハ．MI ケーブル
ニ．600V ビニル絶縁ビニルシースケーブル

低圧屋内配線として使用する 600V ビニル絶縁電線 (IV) の絶縁物の最高許容温度 [℃] は。

R3 年 上期午後 12,
H30 年 上期 12,
H28 年 上期 13

イ．45　　ロ．60　　ハ．75　　ニ．90

解説 139

下表より，選択肢における電線・ケーブルの絶縁物の最高許容温度は，高い順に，MI ケーブル（250 ℃）　→　600V 二種ビニル絶縁電線（HIV）（75 ℃）　→　600V ビニル絶縁電線（IV），600V ビニル絶縁ビニルシースケーブル（VVF，VVR）（いずれも 60℃）となります。

絶縁物	最高許容温度	対応する電線やケーブルの例
ビニル	60 ℃	600Vビニル絶縁電線（IV），600Vビニル絶縁ビニルシースケーブル（VVF，VVR）
二種ビニル	75 ℃	600V二種ビニル絶縁電線（HIV）
ポリエチレン		600Vポリエチレン絶縁耐燃性ポリエチレンシースケーブル平形（EM-EEF）
架橋ポリエチレン	90 ℃	600V架橋ポリエチレン絶縁ビニルシースケーブル（CV）
酸化マグネシウムなどの無機物	250 ℃	MIケーブル

答え
ハ

解説 140

600V ビニル絶縁電線（IV）の絶縁物の最高許容温度は，下表より 60 ℃です。

絶縁物	最高許容温度	対応する電線やケーブルの例
ビニル	60 ℃	600Vビニル絶縁電線（IV），600Vビニル絶縁ビニルシースケーブル（VVF，VVR）
二種ビニル	75 ℃	600V二種ビニル絶縁電線（HIV）
ポリエチレン		600Vポリエチレン絶縁耐燃性ポリエチレンシースケーブル平形（EM-EEF）
架橋ポリエチレン	90 ℃	600V架橋ポリエチレン絶縁ビニルシースケーブル（CV）
酸化マグネシウムなどの無機物	250 ℃	MIケーブル

答え
ロ

問題 141

R4年 上期午前 12

600V ポリエチレン絶縁耐燃性ポリエチレンシースケーブル平形 (EM-EEF) の絶縁物の最高許容温度 [℃] は。

イ. 60　　ロ. 75　　ハ. 90　　ニ. 120

問題 142

R4年 上期午後 12

600V 架橋ポリエチレン絶縁ビニルシースケーブル (CV) の絶縁物の最高許容温度 [℃] は。

イ. 60　　ロ. 75　　ハ. 90　　ニ. 120

解説 141

600V ポリエチレン絶縁耐燃性ポリエチレンシースケーブル平形 (EM-EEF) の絶縁物の最高許容温度は，下表より **75 ℃**です。

絶縁物	最高許容温度	対応する電線やケーブルの例
ビニル	60 ℃	600Vビニル絶縁電線（IV)，600Vビニル絶縁ビニルシースケーブル（VVF，VVR）
二種ビニル	75 ℃	600V二種ビニル絶縁電線（HIV)
ポリエチレン		600Vポリエチレン絶縁耐燃性ポリエチレンシースケーブル平形（EM-EEF）
架橋ポリエチレン	90 ℃	600V架橋ポリエチレン絶縁ビニルシースケーブル（CV)
酸化マグネシウムなどの無機物	250 ℃	MIケーブル

答え

解説 142

600V 架橋ポリエチレン絶縁ビニルシースケーブル (CV) の絶縁物の最高許容温度は，下表より **90 ℃**です。

絶縁物	最高許容温度	対応する電線やケーブルの例
ビニル	60 ℃	600Vビニル絶縁電線（IV)，600Vビニル絶縁ビニルシースケーブル（VVF，VVR）
二種ビニル	75 ℃	600V二種ビニル絶縁電線（HIV)
ポリエチレン		600Vポリエチレン絶縁耐燃性ポリエチレンシースケーブル平形（EM-EEF）
架橋ポリエチレン	90 ℃	600V架橋ポリエチレン絶縁ビニルシースケーブル（CV)
酸化マグネシウムなどの無機物	250 ℃	MIケーブル

答え

ハ

この配線図の施工に関して，一般的に使用する物の組合せで，不適切なものは。

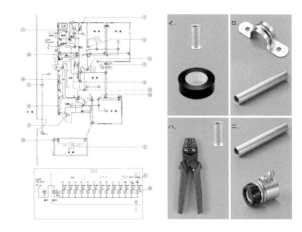

この配線図の施工に関して，一般的に使用するものの組合せで，不適切なものは。

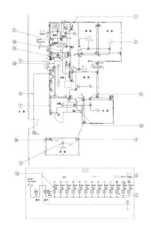
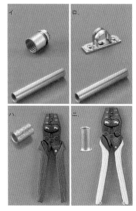

解説
143

選択肢の各工具・器具の要否と名称・使用目的は次の通りです。

イ．適切　リングスリーブ (E 形) とビニルテープ：電線を接
続する際に使用します。

ロ．適切　サドルとねじなし電線管：ねじなし電線管を造営材
に取り付ける際に使用します。

ハ．**不適切　リングスリーブ (E 形) と裸圧着端子用圧着工具：
リングスリーブ (E 形) を圧着接続する際は，リン
グスリーブ用圧着工具 (柄が黄色のもの) を使用し
ます。裸圧着端子用圧着工具 (柄が赤色のもの) は，
リングスリーブ (P 形) や銅線用裸圧着端子を圧着
接続する際に使用します。**

ニ．適切　ねじなし電線管とねじなし管用ボックスコネクタ：
ねじなし電線管をジョイントボックスに接続する際
に使用します。

答え
ハ

解説
144

選択肢の各工具・器具の要否と名称・使用目的は次の通りです。

イ．**不適切　ストレートボックスコネクタとねじなし電線管：ス
トレートボックスコネクタは 2 種金属製可とう電
線管 (傍記表示「F2」) をボックスに接続する際に使
用します。ねじなし電線管をボックスに接続する際
には，ねじなし管用ボックスコネクタを使用します。**

ロ．適切　サドルとねじなし電線管：ねじなし電線管を造営材
に取り付ける際に使用します。

ハ．適切　リングスリーブ (P 形) と裸圧着端子用圧着工具：
電線を接続する際に使用します。

ニ．適切　リングスリーブ (E 形) とリングスリーブ用圧着工
具：電線を接続する際に使用します。

答え
イ

⑫で示す VVF 用ジョイントボックス部分の工事を，リングス
リーブ E 形による圧着接続で行う場合に用いる工具として，適
切なものは。

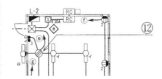

イ． ロ． ハ． ニ．

⑯の部分で写真に示す圧着端子と接地線を圧着接続するための工
具は。

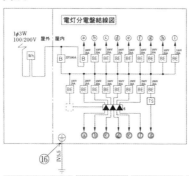

電灯分電盤結線図

イ． ロ． ハ． ニ．

解説
145

リングスリーブ E 形による圧着接続は，選択肢**ロ**の**リングスリーブ用圧着工具**を使用します。握る部分が黄色であるのが特徴です。

答え

解説
146

写真の圧着端子は裸圧着端子です。**裸圧着端子と電線を圧着接続するには，選択肢二の裸圧着端子用圧着工具を使用します。**
その他の選択肢の工具の名称は，次の通りです。

イ．リングスリーブ用圧着工具
ロ．絶縁被覆付圧着端子用圧着工具
ハ．手動油圧式圧着器

答え
二

写真に示す材料の名称は。

R5 年 下期午前 16,
R1 年 下期 16

イ．銅線用裸圧着スリーブ

ロ．銅管端子

ハ．銅線用裸圧着端子

ニ．ねじ込み形コネクタ

写真に示す工具の用途は。

R5 年 上期午前 18,
R1 年 下期 18,
H30 年 下期 18,
H28 年 下期 18

イ．VVF ケーブルの外装や絶縁被覆をはぎ取るのに用いる。

ロ．CV ケーブル (低圧用) の外装や絶縁被覆をはぎ取るのに用いる。

ハ．VVR ケーブルの外装や絶縁被覆をはぎ取るのに用いる。

ニ．VFF コード (ビニル平形コード) の絶縁被覆をはぎ取るのに用いる。

写真の材料は銅線用裸圧着端子です。

答え
ハ

 写真の工具はフラットケーブル用ストリッパです。VVF ケーブルなどの平たいケーブルの外装や絶縁被覆をはぎ取るのに用います。刃の形状から VVF ケーブル用と判断することができます。

答え
イ

問題 149

写真に示す工具の名称は。

R3年 上期午前 18

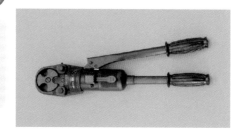

イ．手動油圧式圧着器

ロ．手動油圧式カッタ

ハ．ノックアウトパンチャ（油圧式）

ニ．手動油圧式圧縮器

問題 150

⑱で示すジョイントボックス内の電線相互の接続作業に用いるものとして，不適切なものは。

R4年 上期午前 48,
R3年 下期午後 50,
H28年 下期 48

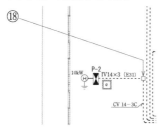

解説
149

写真の器具は**手動油圧式圧着器**です。油圧の力を用いて，太い電線を圧着接続する際や，圧着端子を太い電線に取り付ける際に使用します。

答え

イ

解説
150

⑱で示す部分では「IV14 × 3」と「CV14 - 3 C」の表記より，14 mm² の IV 線 3 本と 14 mm² の 3 心 CV ケーブルを接続する必要があります。14 mm² の電線どうしを接続する場合，一般的にリングスリーブ（P 形）で圧着します。選択肢のうち，ロのリングスリーブ用圧着工具はリングスリーブ（E 形）を圧着する際に使用するもので，14 mm² の電線どうしの接続には用いられません。
その他の選択肢の工具の名称は，次の通りです。

イ．ケーブルカッタ
ハ．電工ナイフ
ニ．手動油圧式圧着器

答え
ロ

問題 151

R5年上期午後 11,
R1 年 上期 11,
H29 年 下期 11,
H28 年 上期 12

アウトレットボックス（金属製）の使用方法として，不適切なものは。

イ．金属管工事で電線の引き入れを容易にするのに用いる。

ロ．金属管工事で電線相互を接続する部分に用いる。

ハ．配線用遮断器を集合して設置するのに用いる。

ニ．照明器具などを取り付ける部分で電線を引き出す場合に用いる。

問題 152

R1 年 上期 46,
H26 年 上期 41

⑯で示す木造部分に配線用の穴をあけるための工具として，正しいものは。

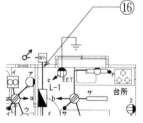

イ．

ロ．

ハ．

ニ．

解説 151

アウトレットボックスは金属管工事で電線どうしを接続する部分に使用し，電線の引き入れを行いやすくする役割があります。

ハ．「配線用遮断器を集合して設置するのに用いる」器具は分電盤です。アウトレットボックスはこのような用途には用いられません。

答え

ハ

解説 152

木造部分に配線用の穴をあける工具としては，選択肢ハの木工用ドリルが適切です。
その他の選択肢の工具の名称と用途は，次の通りです。

イ．タップとタップハンドル…穴の内側にねじを切るために用いる

ロ．リーマ…金属管の面取りのために用いる

ニ．コンクリート用ドリル…コンクリートの穴あけのために用いる

答え
ハ

写真の矢印で示す材料の名称は。

イ．金属ダクト　　　　ロ．ケーブルラック

ハ．ライティングダクト　ニ．2種金属製線ぴ

解説 153

写真の材料は**ケーブルラック**です。ケーブルを整理して配線するために用います。

答え

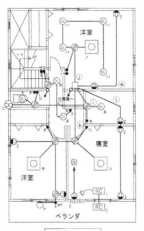

問題 154

H27年 下期 49

この配線図の2階部分の施工で，一般的に使用されることのないものは。

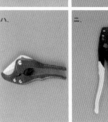

2階平面図

問題 155

R5年 下期午後 18,
H29年 上期 16

写真に示す工具の用途は。

イ．金属管の切断に使用する。

ロ．ライティングダクトの切断に使用する。

ハ．硬質塩化ビニル電線管の切断に使用する。

二．金属線ぴの切断に使用する。

解説
154

選択肢の各工具の要否と名称・使用目的は次の通りです。

イ. 使用する　ワイヤストリッパ：電線被覆をはぎ取るために
　使用します。

ロ. 使用する　電工ナイフ：電線被覆をはぎ取るために使用し
　ます。

ハ. **使用しない　合成樹脂管用カッタ：合成樹脂管を切断すると**
　きに使用しますが，2階部分に硬質塩化ビニル電線管（VE）
　はありません。

ニ. 使用する　リングスリーブ用圧着工具：リングスリーブを
　圧着接続するために使用します。

答え
ハ

解説
155

写真の工具は合成樹脂管用カッタです。**硬質塩化ビニル電線管**
（VE）などの**合成樹脂管の切断**に使用します。

答え
ハ

⑰で示す地中配線工事で使用する工具は。

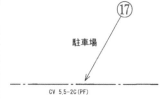

駐車場

CV 5.5-2C (PF)

⑫で示す電線管相互を接続するために使用されるものは。

駐車場

600V CV 5.5-2C (VE28)

解説 156

⑰の「PF」の表記は，合成樹脂製可とう電線管であることを表します。この電線管を切断する際，選択肢ロの合成樹脂管用カッタを使用します。
その他の選択肢の工具の名称と用途は以下の通りです。

イ．パイプベンダ：金属管を曲げるために用いる。
ハ．合成樹脂管用面取り器：硬質塩化ビニル電線管（VE）の面取りに用いる。
ニ．ガストーチランプ：硬質塩化ビニル電線管（VE）を熱して曲げるために用いる。

答え

ロ

解説 157

⑫の「VE」の表記は硬質塩化ビニル電線管を表します。この電線管どうしを接続する際に使用するのは，選択肢ハの TS カップリングです。
その他の選択肢の器具の名称は，次の通りです。

イ．PF 管用カップリング
ロ．ねじなし管用カップリング
ニ．コンビネーションカップリング

答え
ハ

問題 158

⑫で示す部分の工事において，使用されることのないものは。

R3年 上期午前 42

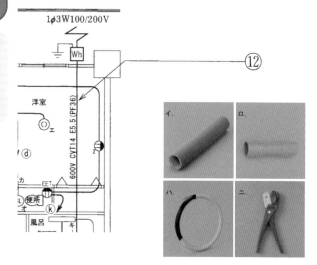

問題 159

写真に示す材料の用途は。

R5年 下期午後 16,
R3年 下期午前 16,
H30 年 上期 17

イ．硬質ポリ塩化ビニル電線管（硬質塩化ビニル電線管）相互を
接続するのに用いる。

ロ．金属管と硬質ポリ塩化ビニル電線管（硬質塩化ビニル電線管）
とを接続するのに用いる。

ハ．合成樹脂製可とう電線管相互を接続するのに用いる。

ニ．合成樹脂製可とう電線管と CD 管とを接続するのに用いる。

解説
158

⑫で示す部分では，「PF36」の表記より，内径 36mm の合成樹脂製可とう電線管 (PF) が使われます。よって，この配線図の施工で，選択肢の工具・器具の要否と名称は次の通りです。

イ．使用する　　合成樹脂製可とう電線管 (PF)：電線の防護措置として使用します。

ロ．**使用しない**　**TS カップリング：硬質塩化ビニル電線管 (VE) どうしを接続する際に使用します。**

ハ．使用する　　呼び線挿入器：電線管に電線を通すために使用します。

二．使用する　　合成樹脂管用カッタ：合成樹脂製可とう電線管 (PF) を切断する際に使用します。

答え
ロ

解説
159

写真の材料は TS カップリングです。**硬質塩化ビニル電線管 (VE) どうしを接続する**際に使用します。

答え
イ

写真に示す材料の用途は。

R5年 上期午後 16,
R3年 下期午後 16,
H26年 上期 16

イ．合成樹脂製可とう電線管相互を接続するのに用いる。

ロ．合成樹脂製可とう電線管と硬質ポリ塩化ビニル電線管 (硬質塩化ビニル電線管) とを接続するのに用いる。

ハ．硬質ポリ塩化ビニル電線管 (硬質塩化ビニル電線管) 相互を接続するのに用いる。

二．鋼製電線管と合成樹脂製可とう電線管とを接続するのに用いる。

写真に示す工具の電気工事における用途は。

R5年 下期午前 18,
R4年 上期午後 18,
R3年 上期午後 18,
R1年 上期 18,
H28年 上期 18

イ．硬質ポリ塩化ビニル電線管の曲げ加工に用いる。

ロ．金属管 (鋼製電線管) の曲げ加工に用いる。

ハ．合成樹脂製可とう電線管の曲げ加工に用いる。

二．ライティングダクトの曲げ加工に用いる。

合成樹脂管工事に使用される2号コネクタの使用目的は。

R4年 下期午前 11

イ．硬質ポリ塩化ビニル電線管相互を接続するのに用いる。

ロ．硬質ポリ塩化ビニル電線管をアウトレットボックス等に接続するのに用いる。

ハ．硬質ポリ塩化ビニル電線管の管端を保護するのに用いる。

二．硬質ポリ塩化ビニル電線管と合成樹脂製可とう電線管とを接続するのに用いる。

解説 160

写真の材料は PF 管用カップリングです。**合成樹脂製可とう電線管 (PF 管) 相互を接続する**際に用います。

答え
イ

解説 161

写真の工具はガストーチランプです。**硬質塩化ビニル電線管 (VE) を加熱でやわらかくして，曲げ加工を施す**ときに用います。

答え
イ

解説 162

2 号コネクタは，**硬質塩化ビニル電線管 (VE) をアウトレットボックス等に接続する**のに用います。

答え
ロ

右ページの配線図の施工で，一般的に使用されることのないものは。

【注意】屋内配線には，600V ビニル絶縁ビニルシースケーブル
平形 (VVF) を用いる。また，ジョイントボックスを経由する電
線は接続箇所を設ける。

イ. ロ. ハ. ニ.

解説
163

選択肢の各器具の要否と名称・使用目的は次の通りです。

イ．ステープル：木造の建物や柱などに VVF ケーブルなどを固
定するために使用します。

ロ．PF 管と VE 管を接続するコンビネーションカップリング：
この配線図には VE 管がないため，使用しません。

ハ．PF 管用ボックスコネクタ：PF 管とボックスを接続するため
に使用します。

ニ．埋込形スイッチボックス（合成樹脂製）：壁の内部に埋め込
んで埋込連用器具を取り付けるために使用します。

答え
ロ

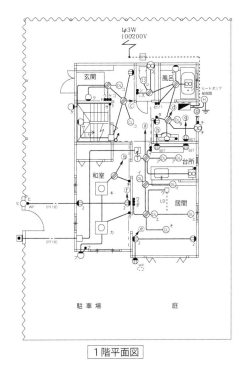

1階平面図

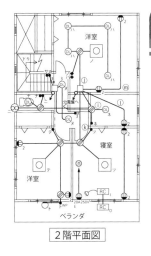

2階平面図

161

この配線図の施工で，使用されていないものは。

R5年 上期午後 49,
R4年 下期午後 49,
R3年 下期午前 49

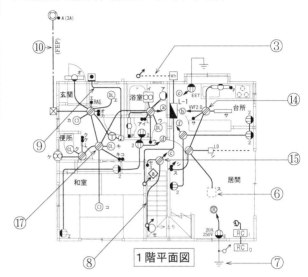

1階平面図

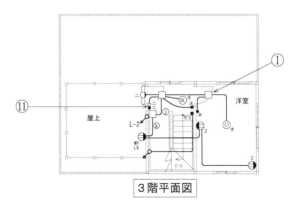

3階平面図

イ. ロ. ハ. ニ.

イ．埋込形フィードインキャップ：ライティングダクトに電源を引き込むために使用します。

ロ．FEP管用ボックスコネクタ：波付硬質合成樹脂管（FEP）をボックスに接続するときに使用します。

ハ．ゴムブッシング：金属製のボックスに電線を引き入れたりする際に，電線が傷つかないようにするために使用します。

ニ．2号ボックスコネクタ：2号ボックスコネクタは，硬質塩化ビニル電線管（VE）をボックスに接続するときに使用しますが，この配線図には硬質塩化ビニル電線管（VE）がないため，使用しません。

問題 165

右ページの配線図の施工で，一般的に使用されることのないものは。

H27年 下期 50

【注意】屋内配線には，600V ビニル絶縁ビニルシースケーブル平形 (VVF) を用いる。また，ジョイントボックスを経由する電線は接続箇所を設ける。

 イ.
 ロ.
 ハ.
 ニ.

解説 165

この配線図では，「PF16」とあることから，内径 16mm の合成樹脂製可とう電線管が使用されています。この配線図の施工で，選択肢の各器具の要否と名称・使用目的は次の通りです。

イ. 使用する　　ステープル：VVF ケーブルなどを木造の建物や柱などに固定するために使用します。

ロ. 使用しない　ねじなし管用カップリング：ねじなし電線管どうしを接続するために使用しますが，この配線図内にはねじなし電線管 (E) がないため使用しません。

ハ. 使用する　　PF 管用ボックスコネクタ：PF 管とボックスを接続するために使用します。

ニ. 使用する　　埋込形スイッチボックス (合成樹脂製)：壁の内部に埋め込んで埋込連用器具を取り付けるために使用します。

答え
ロ

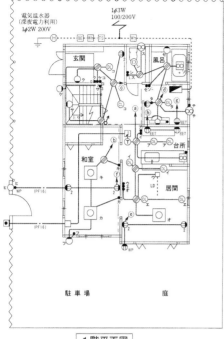

1階平面図

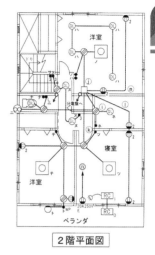

2階平面図

問題 166

右ページの配線図の施工で，一般的に使用されることのないものは。

H28年 上期 47

【注意】屋内配線には，600V ビニル絶縁ビニルシースケーブル平形 (VVF) を用いる。また，ジョイントボックスを経由する電線は接続箇所を設ける。

解説 166

この配線図では，「FEP」とあることから，波付硬質合成樹脂管が使用されています。この配線図の施工で，選択肢の各工具の要否と名称・使用目的は次の通りです。

イ．使用する　呼び線挿入器：電線管に電線を通すために使用します。

ロ．使用する　電工ナイフ：電線被覆をはぎ取るために使用します。

ハ．使用する　げんのう（金づち）：ステープルを打ち込むためなどに使用します。

二．使用しない　リーマ：金属管の面取りに使用しますが，この配線図では金属管工事で施工する箇所がないため使用しません。

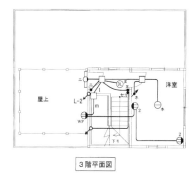

3 階平面図

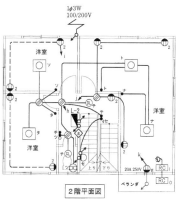

2 階平面図

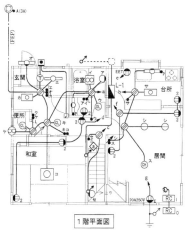

1 階平面図

問題 167

電気工事の種類と，その工事で使用する工具の組合せとして，適切なものは。

R4 年 下期午前 13，
R4 年 下期午後 13，
R4 年 上期午前 13，
H28 年 上期 11

イ．金属線ぴ工事とボルトクリッパ

ロ．合成樹脂管工事とパイプベンダ

ハ．金属管工事とクリックボール

ニ．バスダクト工事と圧着ペンチ

問題 168

低圧屋内配線の金属可とう電線管（使用する電線管は 2 種金属製可とう電線管とする）工事で，不適切なものは。

R5 年 上期午前 23，
H29 年 下期 22

イ．管の内側の曲げ半径を管の内径の 6 倍以上とした。

ロ．管内に 600V ビニル絶縁電線を収めた。

ハ．管とボックスとの接続にストレートボックスコネクタを使用した。

ニ．管と金属管（鋼製電線管）との接続に TS カップリングを使用した。

問題 169

写真に示す工具の用途は。

H30 年 上期 16，
H26 年 上期 17

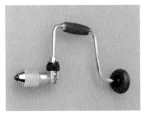

イ．リーマと組み合わせて，金属管の面取りに用いる。

ロ．面取器と組み合わせて，ダクトのバリを取るのに用いる。

ハ．羽根ぎりと組み合わせて，鉄板に穴を開けるのに用いる。

ニ．ホルソと組み合わせて，コンクリートに穴を開けるのに用いる。

解説 167

金属管工事では，金属管を切断した後に，切断面のバリをやすりで取り除き，管の内側のバリは**クリックボール**の先端にリーマを取り付けて除去します。

答え

ハ

解説 168

二．2種金属製可とう電線管と金属管のように，異なる種類の電線管どうしの接続をするときには，**コンビネーションカップリング**を使用します。
なお，TSカップリングは硬質塩化ビニル電線管 (VE) どうしを接続する際に使用します。

答え

二

解説 169

写真の工具はクリックボールです。**リーマと組み合わせて，金属管の面取り（バリ取り）に使用**したり，**羽根ぎりと組み合わせて木材の穴あけに使用**します。

答え
イ

⑭で示す部分の工事で管とボックスを接続するために使用される
ものは。

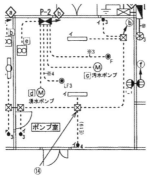

⑬で示す部分の配線工事で一般的に使用されることのない工具
は。

解説 170

⑭の「E19」の表記は外径 19mm のねじなし電線管を表します。ねじなし電線管とボックスを接続する際に使用するのは，選択肢ハのねじなし管用ボックスコネクタです。
その他の選択肢の器具の名称は，次の通りです。

イ．ボックスコネクタ
ロ．ねじなしブッシング
ニ．コンビネーションカップリング

答え

ハ

解説 171

この部分は，「VE」の表記から硬質塩化ビニル電線管 (VE) に関する合成樹脂管工事を行います。
選択肢の各工具の要否と名称・使用目的は次の通りです。

イ．使用しない　パイプレンチ：金属管をつかんで回すときに使用しますが，合成樹脂管には使用しません。
ロ．使用する　　合成樹脂管用カッタ：電線管を切断するときに使用します。
ハ．使用する　　合成樹脂管用面取り器：電線管の面取り (バリ取り) に使用します。
ニ．使用する　　ガストーチランプ：電線管を加熱して柔らかくして曲げるときに使用します。

答え

イ

問題 172

R1年 上期 50,
H26年 下期 48

⑳で示す地中配線工事で防護管 (FEP) を切断するための工具として，正しいものは。

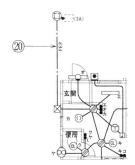

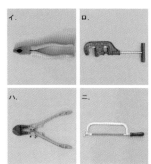

問題 173

R5年 下期午後 13,
R1年 下期 13,
H27年 下期 12

ノックアウトパンチャの用途で，適切なものは。

イ．金属製キャビネットに穴を開けるのに用いる。
ロ．太い電線を圧着接続する場合に用いる。
ハ．コンクリート壁に穴を開けるのに用いる。
二．太い電線管を曲げるのに用いる。

問題 174

R5年 上期午後 18,
R2年 下期午前 18,
H29年 下期 16

写真に示す工具の用途は。

イ．金属管切り口の面取りに使用する。
ロ．鉄板の穴あけに使用する。
ハ．木柱の穴あけに使用する。
二．コンクリート壁の穴あけに使用する。

解説
172

FEP（波付硬質合成樹脂管）などを切断するためには，選択肢二の金切りのこ（弓ノコ）を使用します。
その他の選択肢の工具の名称は，次の通りです。

イ．ペンチ
ロ．パイプカッタ
ハ．ボルトクリッパ

答え

二

解説
173

ノックアウトパンチャは，金属製キャビネット等の金属板に油圧の力を使って穴をあける工具です。

答え

イ

解説
174

写真の工具はホルソです。電動ドリル等に取り付けて鉄板，各種合金板の穴あけに使用します。

答え

ロ

問題 175

R5年 下期午前 47,
R2年 下期午前 47

⑰で示す部分の配線工事で，一般的に使用されることのない工具は。

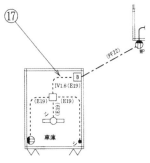

問題 176

R5年 下期午前 13,
R2年 下期午後 13

ねじなし電線管の曲げ加工に使用する工具は。

イ．トーチランプ　　ロ．ディスクグラインダ
ハ．パイプレンチ　　ニ．パイプベンダ

問題 177

R2年 下期午後 16,
H27年 上期 18

写真に示す材料の名称は。

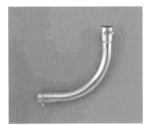

イ．ユニバーサル
ロ．ノーマルベンド
ハ．ベンダ
ニ．カップリング

**解説
175**

この部分は，「E19」の表記から外径 19mm のねじなし電線管に関する金属管工事を行います。
選択肢の各工具の要否と名称・使用目的は次の通りです。

イ．使用する　　リーマ：金属管の面取りに使用します。

ロ．使用する　　金切りのこ：切断するときに使用します。

ハ．使用する　　呼び線挿入器：電線管に電線を通すために使用します。

ニ．使用しない　合成樹脂管用カッタ：合成樹脂管を切断するときに使用しますが，金属管工事では使用しません。

答え

**解説
176**

ねじなし電線管の曲げ加工には，**パイプベンダ**を使用します。

答え

**解説
177**

写真の材料は**ノーマルベンド**です。金属管を直角に接続したい箇所に用います。

答え

□

⑱で示す分電盤（金属製）の穴あけに使用されることのないものは。

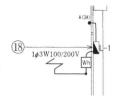

イ. ロ. ハ. 二.

エントランスキャップの使用目的は。

イ. 主として垂直な金属管の上端部に取り付けて，雨水の浸入を防止するために使用する。

ロ. コンクリート打ち込み時に金属管内にコンクリートが浸入するのを防止するために使用する。

ハ. 金属管工事で管が直角に屈曲する部分に使用する。

二. フロアダクトの終端部を閉そくするために使用する。

解説
178

選択肢の各工具・器具の要否と名称・使用目的は次の通りです。

イ．使用する　　ホルソ：鋼板に穴をあけるために，電動ドリル
に取り付けて使用します。

ロ．使用する　　ノックアウトパンチャ：鋼板などに油圧の力を
使って穴をあけるために使用します。

ハ．使用する　　電動ドリル：鋼板に穴をあけるために，先端に
ホルソを取り付けて使用します。

ニ．**使用しない　木工用ドリル：木材に穴をあけるときに使用し
ますが，金属製の分電盤の穴あけには使用しません。**

答え
二

解説
179

エントランスキャップは**主として垂直な金属管の上端部に取り付
けて，雨水の浸入を防止する**ために使用します。

答え
イ

問題 180

R3年 上期午前 13

電気工事の種類と，その工事に使用する工具との組合せで，適切なものは。

イ．合成樹脂管工事とリード型ねじ切り器
ロ．ライティングダクト工事と合成樹脂管用カッタ
ハ．金属管工事とパイプベンダ
ニ．金属線ぴ工事とボルトクリッパ

問題 181

R3年 上期午後 11,
H28年 下期 12

金属管工事に使用される「ねじなしボックスコネクタ」に関する記述として，誤っているものは。

イ．ボンド線を接続するために接地用の端子がある。
ロ．ねじなし電線管と金属製アウトレットボックスを接続するのに用いる。
ハ．ねじなし電線管との接続は止めネジを回して，ネジの頭部をねじ切らないように締め付ける。
ニ．絶縁ブッシングを取り付けて使用する。

解説 180

金属管工事では，金属管を切断した後に曲げる場合は，**パイプベ
ンダ**を使用します。

答 え
ハ

解説 181

ハ．ねじなしボックスコネクタを使用する際は，止めネジと呼ば
れるねじで管を押さえつけて固定します。その際，**ネジの頭
部がねじ切れるまで回す**必要があります。

答 え
ハ

問題 182

R3年 上期午後 45,
H29年 上期 46,
H28年 下期 45,
H26年 下期 45

⑮で示す部分の工事で，一般的に使用されることのないものは。

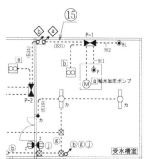

イ.

ロ.

ハ.

ニ.

問題 183

R3年 上期午後 46

⑯で示す部分の工事で，一般的に使用されることのないものは。

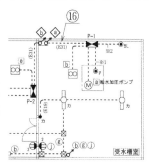

イ.

ロ.

ハ.

ニ.

解説 182

⑮で示す部分の工事は，傍記表示「E31」より，外径 31mm のね じなし電線管を使用した金属管工事です。

選択肢の各工具の要否と名称・使用目的は次の通りです。

イ. 使用する　　パイプバイス：電線管などのパイプを切断する 際に，パイプが動かないように固定するために使用します。

ロ. 使用する　　パイプベンダ：金属管を曲げるために使用しま す。

ハ. 使用する　　金切りのこ (弓ノコ)：電線管などを切断する ために使用します。

ニ. 使用しない　リード形ねじ切り器とダイス：金属管の表面に ねじを切る工具ですが，ねじなし電線管には使用しません。

答え

二

解説 183

⑯で示す部分の工事は，傍記表示「E31」より，外径 31mm のね じなし電線管を使用した金属管工事です。

選択肢の器具の要否と名称・使用目的は次の通りです。

イ. 使用する　　ねじなし管用ボックスコネクタ：ねじなし電線 管をボックスに接続するために使用します。

ロ. 使用する　　ノーマルベンド：電線管を直角につなぎたいと きに使用します。

ハ. 使用する　　サドル：電線管を造営材に固定するために使用 します。

ニ. 使用しない　カップリング：薄鋼電線管どうしを接続すると きに使用しますが，内側にねじが切られているため，ねじな し電線管には使用しません。

答え

二

電気工事の種類と，その工事で使用する工具の組合せとして，適切なものは。

R3 年 下期午前 13,
H30 年 下期 14,
H29 年 下期 14

イ．金属管工事とリーマ

ロ．合成樹脂管工事とパイプベンダ

ハ．金属線ぴ工事とボルトクリッパ

ニ．バスダクト工事とガストーチランプ

金属管工事において，絶縁ブッシングを使用する主な目的は。

R3 年 下期午後 11,
H29 年 上期 11,
H26 年 上期 12

イ．電線の被覆を損傷させないため。

ロ．電線の接続を容易にするため。

ハ．金属管を造営材に固定するため。

ニ．金属管相互を接続するため。

解説 184

金属管工事では，金属管を切断した後に，切断面のバリをやすり
で取り除き，管の内側のバリはクリックボールの先端にリーマを
取り付けて除去します。
選択肢イ以外の工具の用途は次の通りです。

ロ．パイプベンダ：金属管を曲げる。
ハ．ボルトクリッパ：硬度のある銅線・より線を切断する。
ニ．ガストーチランプ：硬質塩化ビニル電線管 (VE) を熱して曲
　　げる。

答え
イ

解説 185

絶縁ブッシングは，電線の被覆を損傷させないために電線管の端
に取り付けて使用します。電線が接触しても傷つかないように丸
みを帯びています。

答え
イ

金属管（鋼製電線管）の切断及び曲げ作業に使用する工具の組合せとして，適切なものは。

R3 年 下期午後 13,
R1 年 上期 13,
H30 年 上期 14,
H28 年 下期 15,
H27 年 上期 15,
H26 年 上期 14,
H25 年 下期 14,
H24 年 下期 21

イ．やすり　パイプレンチ　パイプベンダ
ロ．やすり　金切りのこ　　パイプベンダ
ハ．リーマ　金切りのこ　　トーチランプ
二．リーマ　パイプレンチ　トーチランプ

金属管工事において使用されるリングレジューサの使用目的は。

R4 年 上期午後 11,
R3 年 下期午前 11

イ．両方とも回すことのできない金属管相互を接続するときに使用する。
ロ．金属管相互を直角に接続するときに使用する。
ハ．金属管の管端に取り付け，引き出す電線の被覆を保護するときに使用する。
二．アウトレットボックスのノックアウト（打ち抜き穴）の径が，それに接続する金属管の外径より大きいときに使用する。

解説
186

まず，金属管の切断は**金切りのこ**で行います。このとき，切断面にバリがあると危険なため，**やすり**やリーマで削って面取りを行います。そして，金属管の曲げ作業には**パイプベンダ**を使用します。

答え
□

解説
187

リングレジューサは，アウトレットボックスのノックアウト（打ち抜き穴）の径が，それに接続する金属管の外径より大きいときに使用します。

答え
二

⑰で示す電線管相互を接続するために使用されるものは。

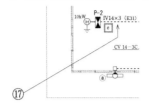

電気工事の作業と使用する工具の組合せとして，誤っているものは。

イ．金属製キャビネットに穴をあける作業とノックアウトパンチャ

ロ．木造天井板に電線管を通す穴をあける作業と羽根ぎり

ハ．電線，メッセンジャワイヤ等のたるみを取る作業と張線器

ニ．薄鋼電線管を切断する作業とプリカナイフ

解説 188

⑰の「E31」の表記は外径 31mm のねじなし電線管を表します。
この電線管どうしを接続する際に使用するのは、選択肢二のねじ
なし管用カップリングです。
その他の選択肢の器具の名称・用途は次の通りです。

イ．コンビネーションカップリング（ねじなし電線管と2種金属
　　製可とう電線管用）：異なる電線管どうしを接続するときに
　　使用します。
ロ．カップリング：薄鋼電線管どうしを接続するときに使用します。
ハ．TSカップリング：硬質塩化ビニル電線管（VE）どうしを接
　　続するときに使用します。

答え

解説 189

ニ．力を加えずに切断できるプリカナイフは、2種金属製可とう
　　電線管のような、よく曲がる電線管の切断に使用します。

答え
二

問題 190

右ページの配線図の施工に関して，使用するものの組合せで，誤っているものは。

R5年 下期午前 50,
R2年 下期午前 50

【注意】屋内配線には，600V ビニル絶縁ビニルシースケーブル平形 (VVF) を用いる。また，ジョイントボックスを経由する電線は接続箇所を設ける。

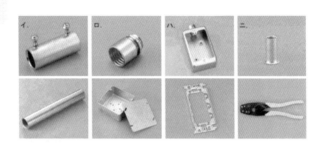

解説 190

この配線図では，「E19」とあることから，外径 19mm のねじなし電線管 (E) が使用されています。選択肢の各工具・器具の要否と名称・使用目的は次の通りです。

イ. 使用する　ねじなし管用カップリングとねじなし電線管（傍記表示 E）：ねじなし電線管工事に使用します。

ロ. 使用しない　ストレートボックスコネクタとアウトレットボックス：2 種金属製可とう電線管工事に使用します。この配線図では 2 種金属製可とう電線管（傍記表示 F2）がないため使用しません。

ハ. 使用する　露出形スイッチボックスと埋込連用取付枠：埋込形スイッチボックスの工事に使用します。

ニ. 使用する　リングスリーブとリングスリーブ用圧着工具：電線を接続する際に使用します。

答え

ロ

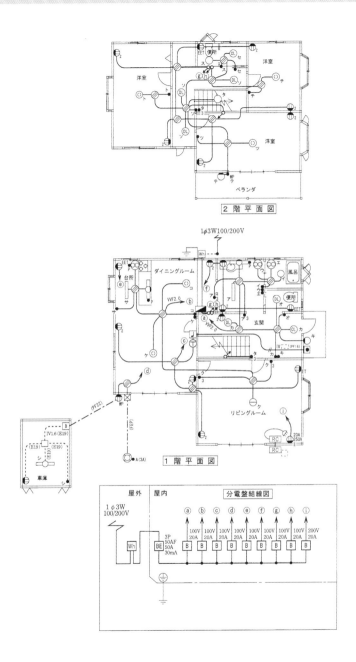

2 階 平 面 図

1φ3W100/200V

1 階 平 面 図

分電盤結線図

問題 191

右ページの木造住宅の配線図の施工に関して，一般的に使用されることのない工具は。

R5年 上期午後50,
R4年 下期午後47,
R3年 下期午前50

【注意】屋内配線には，600V ビニル絶縁ビニルシースケーブル平形 (VVF) を用いる。また，ジョイントボックスを経由する電線は接続箇所を設ける。

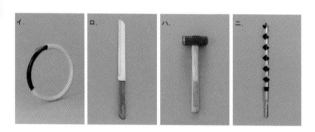

解説 191

この配線図では，「FEP」とあることから，波付硬質合成樹脂管が使用されています。

選択肢の各工具・器具の要否と名称・使用目的は次の通りです。

イ．使用する　　呼び線挿入器：電線管に電線を通すために使用します。

ロ．使用しない　プリカナイフ：2 種金属製可とう電線管 (F2) を切断する工具ですが，この配線図に「F2」がないため，使用しません。

ハ．使用する　　げんのう (金づち)：ケーブルを柱に固定するステープルを打ち込むためなどに使用します。

ニ．使用する　　木工用ドリル：木材に穴をあけるためなどに使用します。

答え

ロ

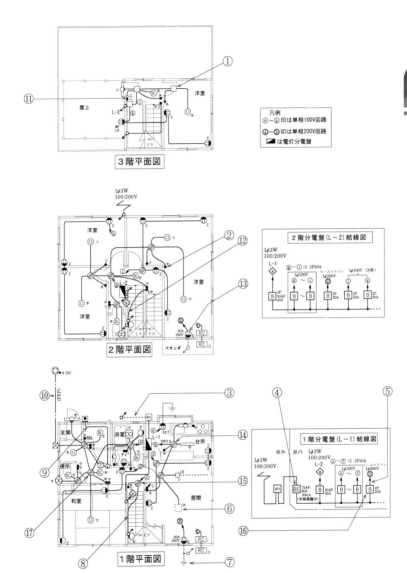

凡例
ⓐ～ⓗ印は単相100V回路
ⓝ～ⓗ印は単相200V回路
◧ は電灯分電盤

3階平面図

2階平面図

1階平面図

2階分電盤（L-2）結線図

1階分電盤（L-1）結線図

右ページの配線図の施工に関して，使用されることのない物の組合せは。

【注意】屋内配線には，600V ビニル絶縁ビニルシースケーブル平形 (VVF) を用いる。また，ジョイントボックスを経由する電線は接続箇所を設ける。

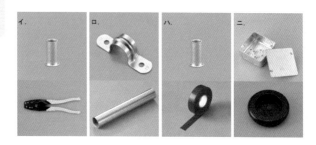

解説
192

この配線図では，「FEP」とあることから，波付硬質合成樹脂管が使用されています。
選択肢の各工具・器具の要否と名称・使用目的は次の通りです。

イ. 使用する　　リングスリーブとリングスリーブ用圧着工具：電線を接続する際に使用します。

ロ. **使用しない**　　サドルと金属管：この配線図では金属管工事で施工する箇所がないため使用しません。

ハ. 使用する　　リングスリーブとビニルテープ：電線を接続する際に使用します。

ニ. 使用する　　アウトレットボックスとゴムブッシング：ケーブル工事で電線どうしを接続する際に使用します。

答え
ロ

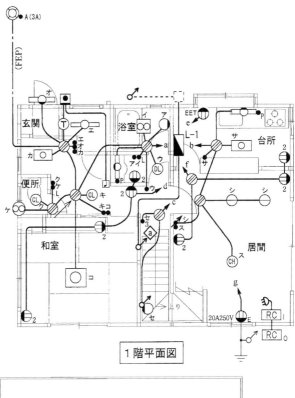

1階平面図

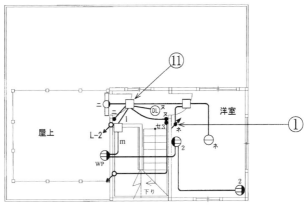

3階平面図

問題 193

R5年 上期午前 13,
R3年 上期午前 13,
H29年 上期 14,
H26年 下期 14

コンクリート壁に金属管を取り付けるときに用いる材料及び工具の組合せとして，適切なものは。

イ．カールプラグ　　ステープル　　ホルソ　　ハンマ
ロ．サドル　　振動ドリル　　カールプラグ　　木ねじ
ハ．たがね　　コンクリート釘　　ハンマ　　ステープル
ニ．ボルト　　ホルソ　　振動ドリル　　サドル

問題 194

R3年 下期午後 49

⑲で示す部分を金属管工事で行う場合，管の支持に用いる材料は。

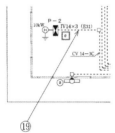

イ．

ロ．

ハ．

ニ．

問題 195

R4年 上期午前 16,
H29年 下期 18,
H26年 下期 17

写真に示す材料の用途は。

イ．PF管を支持するのに用いる。
ロ．照明器具を固定するのに用いる。
ハ．ケーブルを束線するのに用いる。
ニ．金属線ぴを支持するのに用いる。

解説 193

金属管をコンクリート壁に取り付けるときは、まず**振動ドリル**で穴を開け、開いた穴の中に**カールプラグ**を打ち込みます。金属管は**サドル**で押さえ、**木ねじ**で固定します。

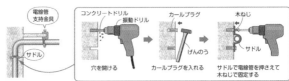

答え

解説 194

⑲の「E31」の表記は外径 31mm のねじなし電線管を表します。ねじなし電線管の固定には選択肢ロの電線管支持金具を使用します。
その他の選択肢の器具の名称・使用目的は、次の通りです。

イ．ねじなし管用ボックスコネクタ：ねじなし電線管をボックスに接続する

ハ．ユニバーサル：電線管を直角につなぐ

ニ．ねじなし管用カップリング：ねじなし電線管どうしを接続する

答え

解説 195

写真の材料は PF 管用のサドルです。PF 管を支持する際に使用します。

答え

イ

問題 196

R4年 下期午後 46,
H28年 上期 46

右ページの配線図の施工で，一般的に使用されることのないものは。

【注意】屋内配線には，600V ビニル絶縁ビニルシースケーブル平形 (VVF) を用いる。また，ジョイントボックスを経由する電線は接続箇所を設ける。

解説 196

この配線図の施工で，選択肢の各器具の要否と名称・使用目的は次の通りです。

イ．使用する 引留がいし：引込用ビニル絶縁電線 (DV 線) を引き留めるときに使用します。

ロ．使用しない 露出形スイッチボックス (ねじなし電線管用)：金属管工事の際にねじなし電線管 (E) を接続するのに使用しますが，この配線図ではねじなし電線管 (E) がないため使用しません。

ハ．使用する ステープル：VVF ケーブルを木造の建物や柱などに固定するために使用します。

二．使用する 合成樹脂製可とう電線管 (PF 管)：合成樹脂管工事で使用します。

答え
ロ

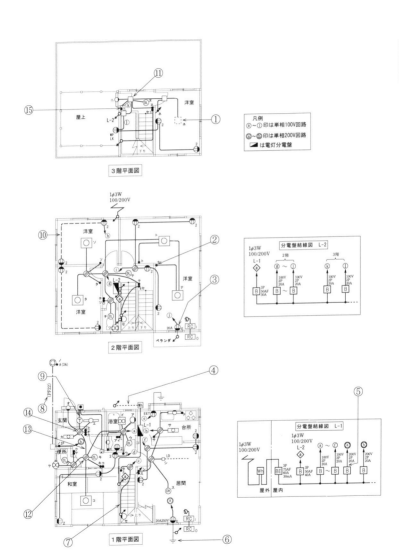

凡例
ⓐ〜ⓛ印は単相100V回路
ⓜ〜ⓟ印は単相200V回路
◢ は電灯分電盤

3階平面図

1φ3W
100/200V

2階平面図

分電盤結線図 L-2

1φ3W
100/200V

1階平面図

分電盤結線図 L-1

197

問題 197

H30年 上期 48

⑱で示す点滅器の取り付け工事に使用するものは。

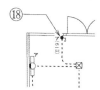

イ. ロ. ハ. ニ.

問題 198

R1年 上期 16,
H28年 下期 17

写真に示す材料の用途は。

（合成樹脂製）

イ. 住宅でスイッチやコンセントを取り付けるのに用いる。

ロ. 多数の金属管が集合する箇所に用いる。

ハ. フロアダクトが交差する箇所に用いる。

ニ. 多数の遮断器を集合して設置するために用いる。

解説 197

⑱で示す点滅器（3路スイッチ）につながる配線の図記号は，短い点線であるため露出配線を表します。また，「E19」の表記はねじなし電線管を表すため，この点滅器の取り付け工事には選択肢ハのねじなし電線管用露出形スイッチボックスを使用します。他の選択肢における露出形スイッチボックスの用途は次の通りです。

イ．合成樹脂管用
ロ．硬質塩化ビニル電線管用
ニ．金属管用

ねじなし電線管を取り付けるための
止めねじがついている。

答え

ハ

解説 198

写真の材料は埋込形スイッチボックス（合成樹脂製）です。住宅などの壁の内部に埋め込んで，スイッチやコンセントなどの埋込連用器具を取り付けるために使用されます。

答え

イ

⑬で示す点滅器の取付け工事に使用する材料として，適切なものは。

R5年 上期午前 43,
R4年 下期午前 41,
R3年 下期午前 42,
H26年 上期 44

【注意】屋内配線には，600V ビニル絶縁ビニルシースケーブル平形 (VVF) を用いる。

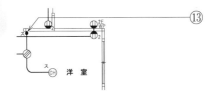

写真に示す材料についての記述として，不適切なものは。

R4年 上期午後 16

イ．合成樹脂製可とう電線管を接続する。

ロ．スイッチやコンセントを取り付ける。

ハ．電線の引き入れを容易にする。

二．合成樹脂でできている。

解説
199

⑬で示す点滅器●スの配線は天井隠ぺい配線（実線）なので，取付け工事には選択肢イの埋込形スイッチボックス（合成樹脂製）を使用します。
その他の選択肢の器具の名称は，次の通りです。

ロ．露出形スイッチボックス（合成樹脂管用）
ハ．露出形スイッチボックス（ねじなし電線管用）
ニ．コンクリートボックス

答え
イ

解説
200

写真の材料は合成樹脂製の露出形スイッチボックスです。合成樹脂でできており，露出場所でスイッチやコンセントなどの埋込連用器具を取り付けるボックスで，合成樹脂製可とう電線管を接続することができます。
電線の引き入れを容易にするためには使用されません。

答え
ハ

問題 201

⑬で示す点滅器の取付け工事に使用されないものは。

R4年 上期午前 43,
R3年 下期午後 44

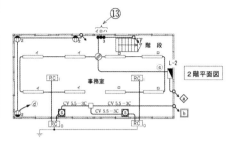

2階平面図

事務室

階 段

L-2

CV 5.5 - 3C   CV 5.5 - 3C

CV 5.5 - 3C

イ.

ロ.

ハ.

ニ.

解説 201

⑬で示すイ・ロ・ハの点滅器（スイッチ）は天井隠ぺい配線（実線）でつながれているため，選択肢ロのねじなし電線管用露出形スイッチボックスは使用されません。
その他の選択肢の器具の名称は次の通りです。

イ．埋込連用取付枠
ハ．塗りしろカバー
ニ．アウトレットボックス

答え
ロ

問題 202

H26 年 下期 16

写真に示す物の用途は。

イ．アウトレットボックス（金属製）と，そのノックアウトの径より外径の小さい金属管とを接続するために用いる。

ロ．電線やメッセンジャワイヤのたるみを取るのに用いる。

ハ．電線管に電線を通線するのに用いる。

ニ．金属管やボックスコネクタの端に取り付けて，電線の絶縁被覆を保護するために用いる。

問題 203

R5 年 下期午後 42，
H27 年 上期 41

⑫で示す部分で DV 線を引き留める場合に使用するものは。

イ．

ロ．

ハ．

ニ．

解説
202

写真の工具は呼び線挿入器です。電線管に電線を通線するために使用します。
その他の選択肢の工具・器具の名称は，次の通りです。

イ．リングレジューサ
ロ．張線器
ニ．ゴムブッシング

答え
ハ

解説
203

⑫で示す部分は受電点です。受電点でDV線（引込用ビニル絶縁電線）を引き留める場合に使用するものは引留がいしです。
その他の選択肢の器具の名称・使用目的は，次の通りです。

イ．ノップがいし：がいし引き工事で，電線を支持する。
ロ．チューブサポート：ネオン工事で，ネオン放電管を支持する。
ニ．玉がいし：電線の支線の絶縁に用いる。

答え
ハ

問題 204

R3年 下期午後 17

写真に示す器具の用途は。

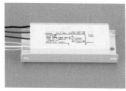

100V 50Hz 0.62A 30W
二次電圧 150V 二次電流 0.36A
二次短絡電流 0.45A
器具内用 低力率 FLR20S×1

イ．手元開閉器として用いる。

ロ．電圧を変成するために用いる。

ハ．力率を改善するために用いる。

ニ．蛍光灯の放電を安定させるために用いる。

問題 205

R3年 下期午後 18,
H27年 下期 17

写真に示す工具の用途は。

イ．電線の支線として用いる。

ロ．太い電線を曲げてくせをつけるのに用いる。

ハ．施工時の電線管の回転等すべり止めに用いる。

ニ．架空線のたるみを調整するのに用いる。

問題 206

R3年 上期午後 17

写真に示す器具の用途は。

イ．器具等を取り付けるための基準線を投影するために用いる。

ロ．照度を測定するために用いる。

ハ．振動の度合いを確かめるために用いる。

ニ．作業場所の照明として用いる。

解説
204

写真の器具は蛍光灯用安定器です。**蛍光灯の放電を安定させるた**
めに使用します。

答え

二

 解説
205

写真の工具は張線器です。**架空線のたるみを調整するために使用**
します。

答え
二

 解説
206

写真の器具はレーザ墨出し器です。**器具等を取り付けるための基**
準線を投影するために用います。

答え
イ

問題 207

R3年 下期午前 17

写真に示す器具の名称は。

イ．キーソケット
ロ．線付防水ソケット
ハ．プルソケット
ニ．ランプレセプタクル

問題 208

R3年 下期午後 47

⑰で示す部分に使用するトラフは。

N200

トラフ
公道

⑰

N200

イ．

危険　注意
この下に低圧電力ケーブルあり

ロ．

ハ．

ニ．

解説
207

写真の器具は**線付防水ソケット**です。水気のある場所に使用するソケットで，縁日などの仮設照明の電球受口に使用します。

答え

☐

解説
208

⑰のトラフは選択肢ロとなります。
その他の選択肢の器具の名称は，次の通りです。

イ．埋設標識シート
ハ．波付硬質合成樹脂管（FEP）
ニ．600V ビニル絶縁ビニルシースケーブル丸形（VVR）

答え

☐

問題 209

R4年 下期午前 18,
R4年 下期午後 18,
H27年 上期 17

写真に示す器具の用途は。

イ．三相交流の相順を調べるのに用いる。

ロ．三相回路の電圧の測定に用いる。

ハ．三相電動機の回転速度の測定に用いる。

ニ．三相電動機の軸受けの温度の測定に用いる。

問題 210

H29年 下期 45

⑮で示す回路の絶縁抵抗値を測定するものは。

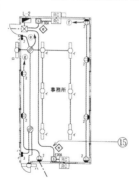

解説
209

写真の器具は検相器です。三相回路の相順を調べるのに用います。

答え
イ

解説
210

回路の絶縁抵抗を測定する際には，選択肢ニの絶縁抵抗計（メガー）を使用します。目盛部分に「MΩ」の表記があるのが特徴です。
その他の選択肢の計器の名称は，次の通りです。

イ．接地抵抗計（アーステスタ）

ロ．回路計（テスタ）

ハ．照度計

答え
ニ

問題 211

H30年 上期 24

一般に使用される回路計 (テスタ) によって測定できないものは。

イ．直流電圧　　ロ．交流電圧
ハ．回路抵抗　　ニ．漏れ電流

問題 212

H30年 下期 44

⑭で示す回路の漏れ電流を測定できるものは。

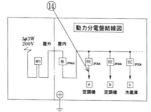

イ．　　ロ．　　ハ．　　ニ．

問題 213

R1年 下期 24

屋内配線の検査を行う場合，器具の使用方法で，不適切なものは。

イ．検電器で充電の有無を確認する。
ロ．接地抵抗計 (アーステスタ) で接地抵抗を測定する。
ハ．回路計 (テスタ) で電力量を測定する。
ニ．絶縁抵抗計 (メガー) で絶縁抵抗を測定する。

解説 211

一般的な回路計 (テスタ) では，直流・交流電圧，電流，抵抗などを測定することができますが，**漏れ電流**を測定することはできません。漏れ電流はクランプ形電流計で測定するのが一般的です。

解説 212

漏れ電流は，選択肢イのクランプ形電流計で測定します。
その他の選択肢の計器の名称は，次の通りです。

ロ．回路計 (テスタ)
ハ．検電器
ニ．絶縁抵抗計 (メガー)

答え

イ

解説 213

回路計 (テスタ) は，電流，電圧，抵抗などを測定します。電力量の測定には，**電力量計**を使用します。

答え

ハ

問題 214

R4年 下期午前 43,
R1年 下期 45,
H26年 上期 45

⑬で示す回路の負荷電流を測定するものは。

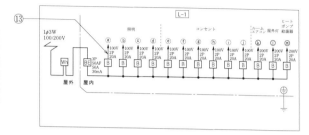

イ.

ロ.

ハ.

ニ.

問題 215

R2年 下期午後 18,
H29年 上期 18

写真に示す測定器の名称は。

イ．周波数計　　ロ．検相器
ハ．照度計　　　ニ．クランプ形電流計

**解説
214**

負荷電流は，選択肢ロのクランプ形電流計で測定します。
その他の選択肢の計器の名称は，次の通りです。

イ．回路計 (テスタ)

ハ．照度計

ニ．絶縁抵抗計 (メガー)

答え
ロ

**解説
215**

写真の測定器は**照度計**です。明るさを表す量の一つである「照度」
を測定することができます。

答え
ハ

⑭で示すコンセントの電圧と極性を確認するための測定器の組合せで，正しいものは。

R3年 上期午前 44,
H30年 上期 42,
H26年 下期 42

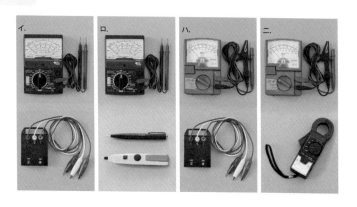

イ.　ロ.　ハ.　ニ.

写真に示す測定器の名称は。

R3年 下期午前 18

イ．接地抵抗計　　ロ．漏れ電流計
ハ．絶縁抵抗計　　ニ．検相器

解説 216

コンセントの電圧は回路計（テスタ）（イとロの上の計器）で確認し，極性は検電器（ロの下の計器）で確認します。したがって，測定器の組合せとしては選択肢ロが正解です。
選択肢の各計器の名称は次の通りです。

イ　上：回路計（テスタ）　　下：検相器
ロ　上：回路計（テスタ）　　**下：検電器**
ハ　上：絶縁抵抗計（メガー）下：検相器
ニ　上：絶縁抵抗計（メガー）下：クランプ形電流計

答え
ロ

解説 217

写真の測定器は**絶縁抵抗計（メガー）**です。絶縁抵抗を測定する際に使用し，電圧を加えて絶縁抵抗を調べます。「MΩ」の表記があるのが特徴です。

答え
ハ

⑪で示す部分の接地抵抗を測定するものは。

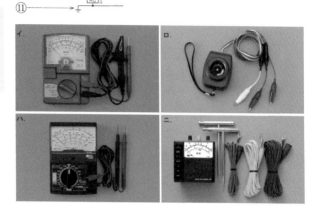

写真に示す測定器の用途は。

イ．接地抵抗の測定に用いる。

ロ．絶縁抵抗の測定に用いる。

ハ．電気回路の電圧の測定に用いる。

二．周波数の測定に用いる。

解説 218

接地抵抗は，選択肢二の接地抵抗計（アーステスタ）で測定することができます。
その他の選択肢の計器の名称は，次の通りです。

イ．絶縁抵抗計（メガー）

ロ．検相器

ハ．回路計（テスタ）

答え

二

解説 219

写真の測定器は接地抵抗計（アーステスタ）です。E，P，Cの3つの接地極を使用して**接地抵抗を測定**します。

答え

イ

06 照明器具の光源

問題 220

霧の濃い場所やトンネル内等の照明に適しているものは。

H28年 上期 15,
H26年 下期 15

イ．ナトリウムランプ

ロ．蛍光ランプ

ハ．ハロゲン電球

ニ．水銀ランプ

問題 221

白熱電球と比較して，電球形 LED ランプ（制御装置内蔵形）の特徴として，正しいものは。

H29年 下期 15

イ．寿命が短い

ロ．発光効率が高い（同じ明るさでは消費電力が少ない）

ハ．価格が安い

ニ．力率が高い

| 解説 220 | ナトリウムランプは，オレンジ色に近い光を発します。オレンジ色は排気ガスや霧の中でも光を通しやすいという特徴があるため，霧の濃い場所やトンネル内等の照明に適しています。 |

答 え

| 解説 221 | ロ．電球形 LED ランプは，白熱電球と比較して**発光効率が高い**（同じ明るさでは**消費電力が少ない**）のが特徴です。 |

白熱電球	LEDランプ
寿命が短い	寿命がとても長い
発光効率が低い（悪い）	発光効率が高い（良い）
力率が良い（高い）	力率が悪い（低い）
	高価

答 え
ロ

白熱電球と比較して，電球形 LED ランプ（制御装置内蔵形）の特徴として，誤っているものは。

H30 年 上期 15,
H29 年 上期 12

イ．力率が低い

ロ．発光効率が高い

ハ．価格が高い

ニ．寿命が短い

直管 LED ランプに関する記述として，誤っているものは。

R5 年 上期午後 15,
R3 年 上期午前 15

イ．すべての蛍光灯照明器具にそのまま使用できる。

ロ．同じ明るさの蛍光灯と比較して消費電力が小さい。

ハ．制御装置が内蔵されているものと内蔵されていないものとがある。

ニ．蛍光灯に比べて寿命が長い。

蛍光灯を，同じ消費電力の白熱電灯と比べた場合，正しいものは。

R4 年 上期午前 15,
H27 年 下期 14

イ．力率が良い。

ロ．雑音（電磁雑音）が少ない。

ハ．寿命が短い。

ニ．発光効率が高い。（同じ明るさでは消費電力が少ない）

解説
222

二．電球形 LED ランプの寿命は約 4 万時間と，白熱電球と比較
して**寿命がとても長い**という特徴があります。

白熱電球	LEDランプ
寿命が短い	寿命がとても長い
発光効率が低い（悪い）	発光効率が高い（良い）
力率が良い（高い）	力率が悪い（低い）
	高価

答え

解説
223

直管 LED とは，棒状の LED のことです。

イ．蛍光灯照明器具の口金が同形状で取り付けられるものもあり
ますが，直管 LED の中には安定器の配線工事が必要なもの
があるなど，事前に組合せを確認する必要があり，**すべての
蛍光灯照明器具にそのまま使用できるわけではありません。**

答え

解説
224

二．蛍光灯は，白熱電球と比較して**発光効率が高い**（同じ明るさ
では消費電力が少ない）のが特徴です。

白熱電球	蛍光灯
寿命が短い	寿命が長い
発光効率が低い（悪い）	発光効率が高い（良い）
力率が良い（高い）	力率が悪い（低い）
	放電を安定させるために安定器が必要
	安定器などが原因で電磁雑音が発生する

答え

点灯管を用いる蛍光灯と比較して，高周波点灯専用形の蛍光灯の特徴として，誤っているものは。

R4 年 下期午前 15,
H27 年 上期 14

イ．ちらつきが少ない
ロ．発光効率が高い
ハ．インバータが使用されている
ニ．点灯に要する時間が長い

系統連系型の小規模太陽光発電設備において，使用される機器は。

R1 年 上期 15,
H30 年 下期 15,
H29 年 上期 15
（一部改題）

イ．調光器　　　ロ．低圧進相コンデンサ
ハ．自動点滅器　ニ．パワーコンディショナ

解説
225
高周波点灯専用形の蛍光灯の特徴として，ちらつきが少なく，発光効率が高く，インバータが使用されていて，点灯に要する時間が**短い**ことが挙げられます。

答 え
二

解説
226
系統連系型の小規模太陽光発電設備では，**パワーコンディショナ**の使用が必須です。パワーコンディショナは，太陽光発電設備で発電された直流電力を家庭内で使用できる交流電力に変換するインバータ機能などを備えています。

答 え
二

三相誘導電動機

問題 227

一般用低圧三相かご形誘導電動機に関する記述で，誤っているものは。

R5年 上期午後 14,
R2年 下期午前 14,
H29年 上期 13

イ．負荷が増加すると回転速度はやや低下する。

ロ．全電圧始動（じか入れ）での始動電流は全負荷電流の 4 ～ 8 倍程度である。

ハ．電源の周波数が 60Hz から 50Hz に変わると回転速度が増加する。

ニ．3 本の結線のうちいずれか 2 本を入れ替えると逆回転する。

問題 228

定格周波数 60Hz，極数 4 の低圧三相かご形誘導電動機の同期速度 [min⁻¹] は。

R5年 上期午前 14,
R2年 下期午後 14,
H30年 上期 13,
H27年 下期 13

イ．1200   ロ．1500   ハ．1800   ニ．3000

問題 229

極数 6 の三相かご形誘導電動機を周波数 60Hz で使用するとき，もっとも近い回転速度 [min⁻¹] は。

R3年 上期午前 14,
R1年 上期 14,
H30年 下期 13,
H26年 下期 13

イ．600   ロ．1200   ハ．1800   ニ．3600

解説 227

電源の周波数を f[Hz]，極数を p とすると，三相かご形誘導電動機の回転磁界の同期速度 N_s[min^{-1}] は，次の式で与えられます。

$$N_s = \frac{120f}{p} \,[\text{min}^{-1}]$$

誘導電動機の回転速度は，無負荷運転時は上式の同期速度 N_s に近くなるため，周波数 f に比例します。したがって，周波数を 60 Hz から 50 Hz に下げた場合は，**回転速度が減少**します。

答え
ハ

解説 228

電源の周波数を f[Hz]，極数を p とすると，三相かご形誘導電動機の回転磁界の同期速度 N_s[min^{-1}] は，次の式で与えられます。

$$N_s = \frac{120f}{p} \,[\text{min}^{-1}]$$

問題文で与えられた数値（f=60 Hz，p=4）を代入すると，同期速度 N_s[min^{-1}] は，

$$N_s = \frac{120 \times 60}{4} = 1800 \text{ min}^{-1}$$

答え
ハ

解説 229

電源の周波数を f[Hz]，極数を p とすると，三相かご形誘導電動機の回転磁界の同期速度 N_s[min^{-1}] は，次の式で与えられます。

$$N_s = \frac{120f}{p} \,[\text{min}^{-1}]$$

問題文で与えられた数値（f=60 Hz，p=6）を代入すると，同期速度 N_s[min^{-1}] は，

$$N_s = \frac{120 \times 60}{6} = 1200 \text{ min}^{-1}$$

答え
ロ

問題
230

R5年 下期午後 14,
R4年 下期午前 14,
R4年 下期午後 14,
R4年 上期午前 14,
R3年 上期午後 14,
H29年 下期 13

三相誘導電動機が周波数 60 Hz の電源で無負荷運転されている。
この電動機を周波数 50 Hz の電源で無負荷運転した場合の回転
の状態は。

イ．回転速度は変化しない。
ロ．回転しない。
ハ．回転速度が減少する。
ニ．回転速度が増加する。

三相誘導電動機を逆回転させるための方法は。

イ．三相電源の 3 本の結線を 3 本とも入れ替える。
ロ．三相電源の 3 本の結線のうち，いずれか 2 本を入れ替える。
ハ．コンデンサを取り付ける。
ニ．スターデルタ始動器を取り付ける。

必要に応じ，スターデルタ始動を行う電動機は。

イ．三相かご形誘導電動機　　ロ．三相巻線形誘導電動機
ハ．直流分巻電動機　　　　　ニ．単相誘導電動機

三相誘導電動機の始動において，全電圧始動（じか入れ始動）と
比較して，スターデルタ始動の特徴として，正しいものは。

イ．始動時間が短くなる。
ロ．始動電流が小さくなる。
ハ．始動トルクが大きくなる。
ニ．始動時の巻線に加わる電圧が大きくなる。

解説 230

電源の周波数を f[Hz]，極数を p とすると，三相誘導電動機の回転磁界の同期速度 N_s [min^{-1}] は，次の式で与えられます。

$$N_s = \frac{120f}{p} \ [\text{min}^{-1}]$$

誘導電動機の回転速度は，無負荷運転時は上式の同期速度 N_s に近くなるため，周波数 f に比例します。したがって，周波数を 60 Hz から 50 Hz に下げた場合は，**回転速度が減少します**。

答え

解説 231

三相誘導電動機は，三相電源の 3 本の結線のうち，いずれか 2 本を入れ替えると逆回転させることができます。

答え

解説 232

スターデルタ始動を行える電動機は，選択肢の中ではイの三相かご形誘導電動機のみです。

スターデルタ始動では，通常の始動より始動時の電流を $\frac{1}{3}$ に抑えることができます。

答え
イ

解説 233

三相誘導電動機は**スターデルタ始動**により，全電圧始動と比較して始動電流を小さく抑えることができます。

答え

問題 234

R3年 上期午後 15

低圧三相誘導電動機に対して低圧進相コンデンサを並列に接続する目的は。

イ．回路の力率を改善する。

ロ．電動機の振動を防ぐ。

ハ．電源の周波数の変動を防ぐ。

ニ．回転速度の変動を防ぐ。

問題 235

R3年 下期午前 22,
H27年 上期 20

三相誘導電動機回路の力率を改善するために，低圧進相コンデンサを接続する場合，その接続場所及び接続方法として，最も適切なものは。

イ．手元開閉器の負荷側に電動機と並列に接続する。

ロ．主開閉器の電源側に各台数分をまとめて電動機と並列に接続する。

ハ．手元開閉器の負荷側に電動機と直列に接続する。

ニ．手元開閉器の電源側に電動機と並列に接続する。

問題 236

R4年 上期午後 15,
H27年 下期 15

力率の最も良い電気機械器具は。

イ．電気トースター

ロ．電気洗濯機

ハ．電気冷蔵庫

ニ．電球形 LED ランプ（制御装置内蔵形）

解説 234

低圧進相コンデンサは三相誘導電動機のような負荷に並列に接続することで，**回路の力率を改善**します。

答え
イ

解説 235

回路の力率を改善するための低圧進相コンデンサは，下図のように**手元開閉器の負荷側に電動機と並列**に接続します。

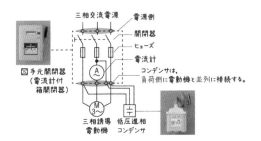

三相交流電源　電源側

開閉器

ヒューズ

電流計

Ⓢ 手元開閉器
（電流計付
箱開閉器）

コンデンサは，
負荷側に電動機と並列に接続する。

Ⓜ
3～

三相誘導
電動機　低圧進相
コンデンサ

答え
イ

解説 236

電気トースターは，負荷としては**抵抗分のみであるため力率が最も良い**です。

なお，電気洗濯機と電気冷蔵庫は電動機を使用しており，負荷としてはインダクタンス成分が含まれるため，電気トースターより力率が悪いです。また，電球形 LED ランプは，交流を直流に変換する際に力率が低下するため，電気トースターより力率が悪いです。

答え
イ

03

保安に関する法令

※法改正にともない改題をしたところは出題に「一部改題」としています。

問題 237

電気の保安に関する法令についての記述として，誤っているものは。

R2年 下期午後 28，
H27 年 上期 28

イ．「電気工事士法」は，電気工事の作業に従事する者の資格及び義務を定めた法律である。

ロ．一般用電気工作物の定義は，「電気設備に関する技術基準を定める省令」において定めている。

ハ．「電気用品安全法」は，電気用品の製造，販売等を規制することなどにより，電気用品による危険及び障害の発生を防止することを目的とした法律である。

ニ．「電気用品安全法」では，電気工事士は，同法に基づく表示のない電気用品を電気工事に使用してはならないと定めている。

問題 238

一般用電気工作物に関する記述として，誤っているものは。

H30 年 上期 30
（一部改題）

イ．低圧で受電するものであっても，出力 60 kW の太陽電池発電設備を同一構内に施設した場合，一般用電気工作物とならない。

ロ．低圧で受電するものは，小規模発電設備を同一構内に施設しても一般用電気工作物となる。

ハ．低圧で受電するものであっても，火薬類を製造する事業場など，設置する場所によっては一般用電気工作物とならない。

ニ．高圧で受電するものは，受電電力の容量，需要場所の業種にかかわらず，すべて一般用電気工作物となる。

解説 237

ロ．一般用電気工作物の定義は，「電気事業法」において定めています。

答え

□

解説 238

低圧受電で，同一構内に小規模発電設備を備えるものは一般用電気工作物の適用を受けます。

二．高圧受電であるため，一般用電気工作物の適用を受けません。

答え

問題
239

R4 年 上期午後 30,
R4 年 上期午前 30,
R2 年 下期午前 30,
H27 年 下期 30
（一部改題）

一般用電気工作物に関する記述として，誤っているものは。

イ．低圧で受電するものは，出力 60 kW の太陽電池発電設備を
同一構内に施設すると，一般用電気工作物とならない。

ロ．低圧で受電するものは，小規模発電設備を同一構内に施設す
ると，一般用電気工作物とならない。

ハ．低圧で受電するものであっても，火薬類を製造する事業場な
ど，設置する場所によっては一般用電気工作物とならない。

ニ．高圧で受電するものは，受電電力の容量，需要場所の業種に
かかわらず，一般用電気工作物とならない。

解説
239

低圧受電で，同一構内に小規模発電設備を備えるものは，**一般用電気工作物の適用を受けます。**

イ．低圧受電ですが，太陽電池発電設備の出力が 50 kW 以上であるため，小規模発電設備には該当せず，一般用電気工作物の適用を受けません。

ロ．低圧受電で，同一構内に下表に該当する小規模発電設備を備えるものは，一般用電気工作物の適用を受けます。

ハ．低圧受電ですが，火薬類を製造する事業場などは火薬類取締法により，一般用電気工作物の適用を受けません。

二．高圧受電であるため，一般用電気工作物の適用を受けません。

●小規模発電設備

発電設備の種類	出力の要件
太陽電池発電設備	50 kW未満
風力発電設備	20 kW未満
水力発電設備（ダムを除く）	
内燃力発電設備	10 kW未満
燃料電池発電設備	
スターリングエンジン発電設備	

上記に加え，

・発電電圧 600 V 以下

・設備の出力の合計が 50 kW 未満

答え
ロ

問題 240

「電気設備に関する技術基準を定める省令」における電圧の低圧区分の組合せで，正しいものは。

R5年 下期午前 30,
R5年 下期午後 30,
R5年 上期午後 30,
R4年 下期午前 30,
R3年 下期午前 30,
R1年 下期 30,
H30年 下期 30,
H29年 下期 30,
H26年 上期 30

イ．直流にあっては 600 V 以下，交流にあっては 600 V 以下のもの

ロ．直流にあっては 750 V 以下，交流にあっては 600 V 以下のもの

ハ．直流にあっては 600 V 以下，交流にあっては 750 V 以下のもの

ニ．直流にあっては 750 V 以下，交流にあっては 750 V 以下のもの

問題 241

「電気設備に関する技術基準を定める省令」で定められている交流の電圧区分で，正しいものは。

R3年 上期午後 30

イ．低圧は 600V 以下，高圧は 600V を超え 10000V 以下

ロ．低圧は 600V 以下，高圧は 600V を超え 7000V 以下

ハ．低圧は 750V 以下，高圧は 750V を超え 10000V 以下

ニ．低圧は 750V 以下，高圧は 750V を超え 7000V 以下

解説
240

低圧に分類されるのは下表のとおり，直流は 750 V 以下，交流
は 600 V 以下です。

●電圧の種別

	直流	交流
低圧	750 V以下	600 V以下
高圧	750 V超～7000 V以下	600 V超～7000 V以下
特別高圧	7000 V超	

答え
□

解説
241

交流の電圧区分は下表のとおり，低圧は 600 V 以下，高圧は
600 V を超え 7000 V 以下です。

●電圧の種別

	直流	交流
低圧	750 V以下	600 V以下
高圧	750 V超～7000 V以下	600 V超～7000 V以下
特別高圧	7000 V超	

答え
□

一般用電気工作物の適用を受けないものは。ただし，発電設備は電圧 600V 以下で，1 構内に設置するものとする。

R3 年 上期午前 30,
H29 年 下期 29,
H26 年 下期 30

イ．低圧受電で，受電電力の容量が 35 kW，出力 15 kW の非常用内燃力発電設備を備えた映画館

ロ．低圧受電で，受電電力の容量が 35 kW，出力 10 kW の太陽電池発電設備と電気的に接続した出力 5 kW の水力発電設備を備えた農園

ハ．低圧受電で，受電電力の容量が 45 kW，出力 5 kW の燃料電池発電設備を備えたコンビニエンスストア

ニ．低圧受電で，受電電力の容量が 35 kW，出力 15 kW の太陽電池発電設備を備えた幼稚園

解説
242

低圧受電で，同一構内に小規模発電設備を備えるものは，**一般用**
電気工作物の適用を受けます。

イ．低圧受電ですが，非常用内燃力発電設備の出力が 10 kW 以
上であるため，小規模発電設備には該当せず，一般用電気工
作物の適用を受けません。

ロ．低圧受電であり，太陽電池発電設備の出力が 50 kW 未満，
水力発電設備の出力が 20 kW 未満で，かつその 2 つの設備
の出力の合計が 15 kW と 50 kW 未満であるため，一般用
電気工作物の適用を受けます。

ハ．低圧受電であり，燃料電池発電設備の出力が 10 kW 未満で
あるため，一般用電気工作物の適用を受けます。

ニ．低圧受電であり，太陽電池発電設備の出力が 50 kW 未満で
あるため，一般用電気工作物の適用を受けます。

●小規模発電設備

発電設備の種類	出力の要件
太陽電池発電設備	50 kW未満
風力発電設備	20 kW未満
水力発電設備（ダムを除く）	
内燃力発電設備	10 kW未満
燃料電池発電設備	
スターリングエンジン発電設備	

上記に加え，

・発電電圧 600 V 以下

・設備の出力の合計が 50 kW 未満

答え
イ

問題
243

R4年 下期午後 30,
R1年 上期 30
(一部改題)

一般用電気工作物に関する記述として，誤っているものは。

イ．低圧で受電するもので，出力 60 kW の太陽電池発電設備を
同一構内に施設するものは，一般用電気工作物となる。

ロ．低圧で受電するものは，小規模発電設備を同一構内に施設し
ても一般用電気工作物となる。

ハ．低圧で受電するものであっても，火薬類を製造する事業場な
ど，設置する場所によっては一般用電気工作物とならない。

ニ．高圧で受電するものは，受電電力の容量，需要場所の業種に
かかわらず，一般用電気工作物とならない。

解説
243

低圧受電で，同一構内に小規模発電設備を備えるものは，**一般用**
電気工作物の適用を受けます。

イ．低圧受電ですが，太陽電池発電設備の出力が 50 kW 以上で
あるため，小規模発電設備には該当せず，一般電気工作物
の適用を受けません。

ロ．低圧受電で，同一構内に小規模発電設備を備えるものは，一
般用電気工作物の適用を受けます。

ハ．低圧受電ですが，火薬類を製造する事業場などは火薬類取締
法により，一般用電気工作物の適用を受けません。

ニ．高圧受電であるため，一般用電気工作物の適用を受けません。

●小規模発電設備

発電設備の種類	出力の要件
太陽電池発電設備	50 kW未満
風力発電設備	20 kW未満
水力発電設備（ダムを除く）	
内燃力発電設備	10 kW未満
燃料電池発電設備	
スターリングエンジン発電設備	

上記に加え，

・発電電圧 600 V 以下

・設備の出力の合計が 50 kW 未満

答え

イ

問題 244

一般用電気工作物の適用を受けるものは。ただし，発電設備は電圧 600V 以下で，1 構内に設置するものとする。

R3 年 下期午前 30,
R2 年 下期午後 30,
H28 年 下期 30
（一部改題）

イ．低圧受電で，受電電力 30 kW，出力 40 kW の太陽電池発電設備と出力 15 kW の風力発電設備を備えた農園

ロ．低圧受電で，受電電力 30 kW，出力 20 kW の非常用内燃力発電設備を備えた映画館

ハ．低圧受電で，受電電力 30 kW，出力 30 kW の太陽電池発電設備を備えた幼稚園

ニ．高圧受電で，受電電力 50 kW の機械工場

問題 245

電気の保安に関する法令についての記述として，誤っているものは。

R4 年 下期午前 28

イ．「電気工事士法」は，電気工事の作業に従事する者の資格及び義務を定め，もって電気工事の欠陥による災害の発生の防止に寄与することを目的とする。

ロ．「電気設備に関する技術基準を定める省令」は，「電気工事士法」の規定に基づき定められた経済産業省令である。

ハ．「電気用品安全法」は，電気用品の製造，販売等を規制するとともに，電気用品の安全性の確保につき民間事業者の自主的な活動を促進することにより，電気用品による危険及び障害の発生を防止することを目的とする。

ニ．「電気用品安全法」において，電気工事士は電気工作物の設置又は変更の工事に適正な表示が付されている電気用品の使用を義務づけられている。

解説
244

低圧受電で，同一構内に小規模発電設備を備えるものは，一般用電気工作物の適用を受けます。

イ．低圧受電ですが，発電設備の出力の合計が 55 kW と 50 kW 以上であるため，小規模発電設備には該当せず，一般用電気工作物の適用を受けません。

ロ．低圧受電ですが，非常用内燃力発電設備の出力が 10 kW 以上であるため，一般用電気工作物の適用を受けません。

ハ．低圧受電であり，太陽電池発電設備の出力が 50 kW 未満であるため，一般用電気工作物の適用を受けます。

ニ．高圧受電であるため，一般用電気工作物の適用を受けません。

●小規模発電設備

発電設備の種類	出力の要件
太陽電池発電設備	50 kW未満
風力発電設備	20 kW未満
水力発電設備（ダムを除く）	
内燃力発電設備	10 kW未満
燃料電池発電設備	
スターリングエンジン発電設備	

上記に加え，

・発電電圧 600 V 以下

・設備の出力の合計が 50 kW 未満

答え

ハ

解説
245

「電気設備に関する技術基準を定める省令」は，「電気事業法（39条1項及び56条1項）」の規定に基づき定められた経済産業省令です。

答え
ロ

問題 246

R2年 下期午前28

「電気工事士法」の主な目的は。

イ．電気工事に従事する主任電気工事士の資格を定める。

ロ．電気工作物の保安調査の義務を明らかにする。

ハ．電気工事士の身分を明らかにする。

ニ．電気工事の欠陥による災害発生の防止に寄与する。

問題 247

R3年 下期午前28,
H29年 上期28

電気工事士の義務又は制限に関する記述として，誤っているものは。

イ．電気工事士は，都道府県知事から電気工事の業務に関して報告するように求められた場合には，報告しなければならない。

ロ．電気工事士は，「電気工事士法」で定められた電気工事の作業に従事するときは，電気工事士免状を事務所に保管していなければならない。

ハ．電気工事士は，「電気工事士法」で定められた電気工事の作業に従事するときは，「電気設備に関する技術基準を定める省令」に適合するよう作業を行わなければならない。

ニ．電気工事士は，氏名を変更したときは，免状を交付した都道府県知事に申請して免状の書換えをしてもらわなければならない。

解説
246
電気工事士法の主な目的は,「電気工事の欠陥による災害発生の防止に寄与する」ことです。

答え
二

解説
247
□. 電気工事士は,「電気工事士法」で定められた電気工事の作業に従事するときは, 電気工事士免状を常に携帯していなければなりません。

答え
□

電気工事士の義務又は制限に関する記述として，誤っているもの
は。

R1 年 上期 28,
H28 年 上期 28

イ．電気工事士は，都道府県知事から電気工事の業務に関して報
告するよう求められた場合には，報告しなければならない。

ロ．電気工事士は，電気工事士法で定められた電気工事の作業に
従事するときは，電気工事士免状を携帯しなければならない。

ハ．電気工事士は，電気工事士法で定められた電気工事の作業に
従事するときは，「電気設備に関する技術基準を定める省令」
に適合するよう作業を行わなければならない。

ニ．電気工事士は，住所を変更したときは，免状を交付した都道
府県知事に申請して免状の書換えをしてもらわなければなら
ない。

電気工事士の義務又は制限に関する記述として，誤っているもの
は。

H26 年 下期 28

イ．電気工事士は，電気工事士法で定められた電気工事の作業に
従事するときは，電気工事士免状を携帯していなければなら
ない。

ロ．電気工事士は，電気工事の作業に電気用品安全法に定められ
た電気用品を使用する場合に，同法に定める適正な表示が付
されたものを使用しなければならない。

ハ．電気工事士は，氏名を変更したときは，経済産業大臣に申請
して免状の書換えをしてもらわなければならない。

ニ．電気工事士は，電気工事士法で定められた電気工事の作業に
従事するときは，電気設備に関する技術基準を定める省令に
適合するようにその作業をしなければならない。

解説 248

ニ. 電気工事士は住所を変更しても免状の書換えの申請は必要ありません。書換えの申請が必要なのは氏名が変更になった場合です。

答え
二

解説 249

ハ. 電気工事士が氏名を変更したときには、その免状を交付した都道府県知事に申請して免状の書換えをしてもらわなければなりません。

答え
ハ

問題 250

「電気工事士法」において，一般用電気工作物の工事又は作業で電気工事士でなければ従事できないものは。

R4年 下期午後 28,
R1年 下期 28,
H28年 上期 29

イ．インターホーンの施設に使用する小型変圧器（二次電圧が 36 V 以下）の二次側の配線をする。
ロ．電線を支持する柱，腕木を設置する。
ハ．電圧 600 V 以下で使用する電力量計を取り付ける。
ニ．電線管とボックスを接続する。

問題 251

「電気工事士法」において，一般用電気工作物に係る工事の作業で電気工事士でなければ従事できないものは。

H29年 下期 28

イ．定格電圧 100 V の電力量計を取り付ける。
ロ．火災報知器に使用する小型変圧器（二次電圧が 36 V 以下）の二次側の配線をする。
ハ．定格電圧 250 V のソケットにコードを接続する。
ニ．電線管に電線を収める。

解説
250

電気工事士でなければ従事できない作業については，次のような
ものが該当します。

● 配電盤を造営材に取り付ける作業

● 電線管を曲げる作業

● 電線管に電線を収める作業

● **電線管どうしや電線管とボックスなどとを接続する作業**

● 接地極を地面に埋設する作業

上記より，選択肢ニの「電線管とボックスを接続する作業」は，
電気工事士でなければ従事することができません。

答え

二

解説
251

電気工事士でなければ従事できない作業については，次のような
ものが該当します。

● 配電盤を造営材に取り付ける作業

● 電線管を曲げる作業

● **電線管に電線を収める作業**

● 電線管どうしや電線管とボックスなどとを接続する作業

● 接地極を地面に埋設する作業

上記より，選択肢ニの「電線管に電線を収める作業」は，電気工
事士でなければ従事することができません。

答え

二

「電気工事士法」において，一般用電気工作物の工事又は作業で電気工事士でなければ従事できないものは。

R3 年 上期午前 28,
H27 年 下期 28

イ．差込み接続器にコードを接続する工事

ロ．配電盤を造営材に取り付ける作業

ハ．地中電線用の暗きょを設置する工事

二．火災感知器に使用する小型変圧器（二次電圧が 36 V 以下）二次側の配線工事

「電気工事士法」において，一般用電気工作物に係る工事の作業で，a，b ともに電気工事士でなければ従事できないものは。

R3 年 上期午後 28,
H29 年 上期 29,
H26 年 上期 28

イ．　a：配電盤を造営材に取り付ける。
　　　b：電線管を曲げる。

ロ．　a：地中電線用の管を設置する。
　　　b：定格電圧 100 V の電力量計を取り付ける。

ハ．　a：電線を支持する柱を設置する。
　　　b：電線管に電線を収める。

二．　a：接地極を地面に埋設する。
　　　b：定格電圧 125 V の差込み接続器にコードを接続する。

解説 252

電気工事士でなければ従事できない作業については，次のような ものが該当します。

● 配電盤を造営材に取り付ける作業
● 電線管を曲げる作業
● 電線管に電線を収める作業
● 電線管どうしや電線管とボックスなどとを接続する作業
● 接地極を地面に埋設する作業

上記より，選択肢ロの「配電盤を造営材に取り付ける作業」は電 気工事士でなければ従事できません。

答え
ロ

解説 253

電気工事士でなければ従事できない作業については，次のような ものが該当します。

● 配電盤を造営材に取り付ける作業
● 電線管を曲げる作業
● 電線管に電線を収める作業
● 電線管どうしや電線管とボックスなどとを接続する作業
● 接地極を地面に埋設する作業

したがって，a,b の作業ともに上記に該当する選択肢イが正解で す。

答え
イ

問題 254

H27 年 上期 29

「電気工事士法」において，一般用電気工作物の工事又は作業で，a，b ともに電気工事士でなければ従事できないものは。

イ．a：電線が造営材を貫通する部分に金属製の防護装置を取り付ける。
　　b：電圧 200 V で使用する電力量計を取り外す。

ロ．a：電線管相互を接続する。
　　b：接地極を地面に埋設する。

ハ．a：地中電線用の管を設置する。
　　b：配電盤を造営材に取り付ける。

ニ．a：電線を支持する柱を設置する。
　　b：電圧 100 V で使用する蓄電池の端子に電線をねじ止めする。

問題 255

R4 年 上期午前 28

「電気工事士法」において，一般用電気工作物に係る工事の作業で a，b ともに電気工事士でなければ従事できないものは。

イ．a：配電盤を造営材に取り付ける。
　　b：電線管に電線を収める。

ロ．a：地中電線用の管を設置する。
　　b：定格電圧 100 V の電力量計を取り付ける。

ハ．a：電線を支持する柱を設置する。
　　b：電線管を曲げる。

ニ．a：接地極を地面に埋設する。
　　b：定格電圧 125 V の差込み接続器にコードを接続する。

解説 254

電気工事士でなければ従事できない作業については，次のようなものが該当します。

● 配電盤を造営材に取り付ける作業
● 電線管を曲げる作業
● 電線管に電線を収める作業
● **電線管どうしや電線管とボックスなどとを接続する作業**
● **接地極を地面に埋設する作業**

したがって，a,b の作業ともに上記に該当する選択肢ロが正解です。

答え
ロ

解説 255

電気工事士でなければ従事できない作業については，次のようなものが該当します。

● **配電盤を造営材に取り付ける作業**
● 電線管を曲げる作業
● **電線管に電線を収める作業**
● 電線管どうしや電線管とボックスなどとを接続する作業
● 接地極を地面に埋設する作業

したがって，a,b の作業ともに上記に該当する選択肢イが正解です。

答え
イ

電気工事士の義務又は制限に関する記述として、誤っているもの
は。

H30年下期28

イ．電気工事士は、電気工事士法で定められた電気工事の作業に
従事するときは、電気工事士免状を携帯していなければなら
ない。

ロ．電気工事士は、氏名を変更したときは、免状を交付した都道
府県知事に申請して免状の書換えをしてもらわなければなら
ない。

ハ．第二種電気工事士のみの免状で、需要設備の最大電力が
500 kW 未満の自家用電気工作物の低圧部分の電気工事の
すべての作業に従事することができる。

ニ．電気工事士は、電気工事士法で定められた電気工事の作業を
行うときは、電気設備に関する技術基準を定める省令に適合
するように作業を行わなければならない。

「電気工事士法」において、第二種電気工事士免状の交付を受け
ている者であっても従事できない電気工事の作業は。

R5年下期午前28,
R5年上期午前28,
R4年上期午後28,
R3年下期午後28,
H28年下期28

イ．一般用電気工作物の配線器具に電線を接続する作業

ロ．一般用電気工作物に接地線を取り付ける作業

ハ．自家用電気工作物 (最大電力 500 kW 未満の需要設備) の
地中電線用の管を設置する作業

ニ．自家用電気工作物 (最大電力 500 kW 未満の需要設備) の
低圧部分の電線相互を接続する作業

解説 256

ハ. 第二種電気工事士の免状のみでは，低圧部分であっても需要設備の最大電力が 500 kW 未満の自家用電気工作物に関する電気工事に従事することはできません。

答え

ハ

解説 257

第二種電気工事士は一般用電気工作物に関する工事を行うことができます。一方で，自家用電気工作物に関する工事については作業可能な範囲ではなく，選択肢ニのような低圧部分の電線相互を接続する作業であっても行ってはなりません。

なお，選択肢ハの「自家用電気工作物の地中電線用の管を設置する作業」は，軽微な工事（電気工事士法の電気工事の対象とならない工事）であるため，免状の有無にかかわらず従事することができます。

答え

ニ

問題 258

「電気用品安全法」の適用を受ける電気用品に関する記述として，誤っているものは。

R5年 上期午前 29,
R3年 下期午後 29,
H30年 上期 29

イ．⊕の記号は，電気用品のうち「特定電気用品以外の電気用品」を示す。

ロ．◇の記号は，電気用品のうち「特定電気用品」を示す。

ハ．＜PS＞Eの記号は，電気用品のうち輸入した「特定電気用品以外の電気用品」を示す。

ニ．電気工事士は，「電気用品安全法」に定められた所定の表示が付されているものでなければ，電気用品を電気工作物の設置又は変更の工事に使用してはならない。

問題 259

「電気用品安全法」における電気用品に関する記述として，誤っているものは。

R5年 上期午後 29,
R4年 下期午前 29,
R1年 下期 29,
R1年 上期 29,
H26年 下期 29

イ．電気用品の製造又は輸入の事業を行う者は，電気用品安全法に規定する義務を履行したときに，経済産業省令で定める方式による表示を付すことができる。

ロ．特定電気用品には⊕又は(PS)Eの表示が付されている。

ハ．特定電気用品は構造又は使用方法その他の使用状況からみて特に危険又は障害の発生するおそれが多い電気用品であって，政令で定めるものである。

ニ．電気工事士は，電気用品安全法に規定する表示の付されていない電気用品を電気工作物の設置又は変更の工事に使用してはならない。

解説 258

ハ. ＜ PS ＞ E の記号は，「特定電気用品」を表します。

答 え

ハ

解説 259

ロ. 特定電気用品の表示は下表の通りで，選択肢のものは「特定電気用品以外の電気用品」を表すものになります。

特定電気用品	特定電気用品以外の電気用品
 または＜PS＞E	 または（PS）E

答 え

ロ

問題 260

「電気用品安全法」における電気用品に関する記述として，誤っているものは。

R4年 上期午前 29，
H28年 下期 29

イ．電気用品の製造又は輸入の事業を行う者は，「電気用品安全法」に規定する義務を履行したときに，経済産業省令で定める方式による表示を付すことができる。

ロ．「特定電気用品以外の電気用品」には〈PS〉または＜PS＞Eの表示が付されている。

ハ．電気用品の販売の事業を行う者は，経済産業大臣の承認を受けた場合等を除き，法令に定める表示のない電気用品を販売してはならない。

ニ．電気工事士は，「電気用品安全法」に規定する表示の付されていない電気用品を電気工作物の設置又は変更の工事に使用してはならない。

問題 261

「電気用品安全法」の適用を受ける次の電気用品のうち，特定電気用品は。

R4年 下期午後 29，
R4年 上期午後 29，
R3年 上期午前 29，
R2年 下期午後 29，
H30年 下期 29，
H28年 上期 30

イ．定格消費電力 20 W の蛍光ランプ

ロ．外径 19 mm の金属製電線管

ハ．定格消費電力 500 W の電気冷蔵庫

ニ．定格電流 30 A の配線用遮断器

解説
260

ロ．特定電気用品以外の電気用品の表示は下表の通りで，選択肢
のものは「特定電気用品」を表すものになります。

特定電気用品	特定電気用品以外の電気用品
 または\<PS\>E	 または（PS）E

答え
□

解説
261

特定電気用品に分類されるものの例としては，次のようなものが
あります。

● 絶縁電線 (導体の公称断面積 100 mm² 以下)
● ケーブル (導体の公称断面積 22 mm² 以下，線心 7 本以
下)
● 配線用遮断器・漏電遮断器等 (定格電流 100 A 以下)
● タイムスイッチ (定格電流 30 A 以下)
● 差込み接続器

上記より，定格電流 30 A の配線用遮断器は，特定電気用品の適
用を受けます。

答え
二

低圧の屋内電路に使用する次の配線器具のうち，特定電気用品の適用を受けるものは。

ただし，定格電圧，定格電流，使用箇所，構造等すべて「電気用品安全法」に定める電気用品に該当するものとする。

イ．カバー付ナイフスイッチ

ロ．電磁開閉器

ハ．ライティングダクト

ニ．タイムスイッチ

低圧の屋内電路に使用する次のもののうち，特定電気用品の組合せとして，正しいものは。

A：定格電圧 100 V，定格電流 20 A の漏電遮断器

B：定格電圧 100 V，定格消費電力 25 W の換気扇

C：定格電圧 600 V，導体の太さ（直径）2.0 mm の 3 心ビニル絶縁ビニルシースケーブル

D：内径 16 mm の合成樹脂製可とう電線管（PF 管）

イ．A 及び B   ロ．A 及び C

ハ．B 及び D   ニ．C 及び D

解説 262

特定電気用品に分類されるものの例としては，次のようなものが
あります。

- 絶縁電線（公称断面積 100 mm² 以下）
- ケーブル（公称断面積 22 mm² 以下，線心 7 本以下）
- 配線用遮断器・漏電遮断器等（定格電流 100 A 以下）
- **タイムスイッチ**（定格電流 30 A 以下）
- 差込み接続器

上記より，**タイムスイッチ**は，特定電気用品の適用を受けます。

答え
二

解説 263

特定電気用品に分類されるものの例としては，次のようなものが
あります。

- 絶縁電線（公称断面積 100 mm² 以下）
- **ケーブル（公称断面積 22 mm² 以下，線心 7 本以下）**
- 配線用遮断器・漏電遮断器等（定格電流 100 A 以下）
- タイムスイッチ（定格電流 30 A 以下）
- 差込み接続器

上記に該当する選択肢のものの組み合わせは，**A 及び C** となり
ます。

答え
ロ

問題 264

R3年 下期午前 29,
H27年 下期 29

「電気用品安全法」の適用を受ける次の配線器具のうち，特定電気用品の組合せとして，正しいものは。ただし，定格電圧，定格電流，極数等から全てが「電気用品安全法」に定める電気用品であるものとする。

イ．タンブラースイッチ，カバー付ナイフスイッチ

ロ．電磁開閉器，フロートスイッチ

ハ．タイムスイッチ，配線用遮断器

ニ．ライティングダクト，差込み接続器

問題 265

H26年 上期 29

電気用品安全法により，電気工事に使用する特定電気用品に付すことが要求されていない表示事項は。

イ．又は＜ PS ＞ E の記号

ロ．届出事業者名

ハ．登録検査機関名

ニ．製造年月

解説 264

特定電気用品に分類されるものの例としては，次のようなものが
あります。

- 絶縁電線 (公称断面積 100 mm² 以下)
- ケーブル (公称断面積 22 mm² 以下，線心 7 本以下)
- 配線用遮断器・漏電遮断器等 (定格電流 100 A 以下)
- タイムスイッチ (定格電流 30 A 以下)
- 差込み接続器

上記より，タイムスイッチ，配線用遮断器は，特定電気用品の適
用を受けます。

CH 03

保安に関する法令

答え
ハ

解説 265

二．製造年月は特定電気用品に付すことが要求されていない表示
事項です。

答え
二

「電気用品安全法」について述べた記述で，正しいものは。

イ．電気工事士は，適法な表示が付されているものでなければ，電気用品を電気工作物の設置等の工事に使用してはならない（経済産業大臣の承認を受けた特定の用途に使用される電気用品を除く）。

ロ．特定電気用品には，$\binom{PS}{E}$ または (PS) E の表示が付されている。

ハ．定格使用電圧 100 V の漏電遮断器は特定電気用品以外の電気用品である。

ニ．電気工作物の部分となり，又はこれに接続して用いられる機械，器具又は材料はすべて電気用品である。

次の記述は，電気工作物の保安に関する法令について記述したものである。誤っているものは。

イ．「電気工事士法」は，電気工事の作業に従事する者の資格及び権利を定め，もって電気工事の欠陥による災害の発生の防止に寄与することを目的としている。

ロ．「電気事業法」において，一般用電気工作物の範囲が定義されている。

ハ．「電気用品安全法」では，電気工事士は適切な表示が付されているものでなければ電気用品を電気工作物の設置又は変更の工事に使用してはならないと定めている。

ニ．「電気設備に関する技術基準を定める省令」において，電気設備は感電，火災その他人体に危害を及ぼし，又は物件に損傷を与えるおそれがないよう施設しなければならないと定めている。

解説 266

イ．正しい。

ロ．特定電気用品の表示は， または (PS) E ではなく ⟨PS⟩ または＜PS＞E です。

ハ．定格使用電圧 100 V の漏電遮断器は，特定電気用品に該当します。

二．電気用品安全法第 2 条第 1 項第 1 号には，「一般用電気工作物の部分となり，又はこれに接続して用いられる機械，器具又は材料であって，政令で定めるもの」とあるため，政令で定めるものに限られます。

答え
イ

解説 267

電気工事士法は，電気工事の作業に従事する者の資格及び義務について定め，これによって，電気工事の欠陥による災害の発生の防止に寄与することを目的とした法律です。

イ．電気工事士法が「電気工事の作業に従事する者の資格及び権利を定め，もって電気工事の欠陥による災害の発生の防止に寄与することを目的としている」としているため誤りです。

答え
イ

04

電気工事の施工方法

01 電線の接続

問題 268

単相 100 V の屋内配線工事における絶縁電線相互の接続で，不適切なものは。

R5 年 上期午前 19,
R4 年 下期午前 19,
H30 年 下期 19,
H29 年 下期 20,
H26 年 上期 21

イ．絶縁電線の絶縁物と同等以上の絶縁効力のあるもので十分被覆した。

ロ．電線の引張強さが 15 ％減少した。

ハ．差込形コネクタによる終端接続で，ビニルテープによる絶縁は行わなかった。

ニ．電線の電気抵抗が 5 ％増加した。

問題 269

単相 100 V の屋内配線工事における絶縁電線相互の接続で，不適切なものは。

R4 年 上期午前 19,
R1 年 上期 19

イ．絶縁電線の絶縁物と同等以上の絶縁効力のあるもので十分被覆した。

ロ．電線の引張強さが 15％減少した。

ハ．電線相互を指で強くねじり，その部分を絶縁テープで十分被覆した。

ニ．接続部の電気抵抗が増加しないように接続した。

解説 268

電線の相互接続の際の条件の1つとして、「電気抵抗を増加させない」ことが挙げられます。

選択肢ニは上記の接続条件を満たさないため、不適切となります。

●電線どうしを接続するときの条件

①電線の電気抵抗を増加させないこと。
②電線の引張強さを20%以上減少させないこと。
③接続部分にはリングスリーブや差込形コネクタを使うか、直接ろう付けすること。
④絶縁電線の絶縁物と同等以上の絶縁効力のあるもので十分被覆すること。
⑤ジョイントボックスなどの接続箱の中で接続すること。

答え
ニ

解説 269

電線の相互接続の際の条件の1つとして、「接続部分にはリングスリーブや差込形コネクタを使うか、直接ろう付けする」ことが挙げられます。

選択肢ハは上記の接続条件を満たさないため、不適切となります。

●電線どうしを接続するときの条件

①電線の電気抵抗を増加させないこと。
②電線の引張強さを20%以上減少させないこと。
③接続部分にはリングスリーブや差込形コネクタを使うか、直接ろう付けすること。
④絶縁電線の絶縁物と同等以上の絶縁効力のあるもので十分被覆すること。
⑤ジョイントボックスなどの接続箱の中で接続すること。

答え
ハ

600V ビニル絶縁ビニルシースケーブル平形 1.6 mm を使用した低圧屋内配線工事で，絶縁電線相互の終端接続部分の絶縁処理として，不適切なものは。

ただし，ビニルテープは JIS に定める厚さ約 0.2 mm の電気絶縁用ポリ塩化ビニル粘着テープとする。

イ．リングスリーブにより接続し，接続部分を自己融着性絶縁テープ (厚さ約 0.5 mm) で半幅以上重ねて 1 回 (2 層) 巻き，更に保護テープ (厚さ約 0.2 mm) を半幅以上重ねて 1 回 (2 層) 巻いた。

ロ．リングスリーブにより接続し，接続部分を黒色粘着性ポリエチレン絶縁テープ (厚さ約 0.5 mm) で半幅以上重ねて 2 回 (4 層) 巻いた。

ハ．リングスリーブにより接続し，接続部分をビニルテープで半幅以上重ねて 1 回 (2 層) 巻いた。

二．差込形コネクタにより接続し，接続部分をビニルテープで巻かなかった。

600V ビニル絶縁ビニルシースケーブル平形 1.6 mm を使用した低圧屋内配線工事で，絶縁電線相互の終端接続部分の絶縁処理として，不適切なものは。

ただし，ビニルテープは JIS に定める厚さ約 0.2 mm の電気絶縁用ポリ塩化ビニル粘着テープとする。

イ．リングスリーブ (E 形) により接続し，接続部分をビニルテープで半幅以上重ねて 3 回 (6 層) 巻いた。

ロ．リングスリーブ (E 形) により接続し，接続部分を黒色粘着性ポリエチレン絶縁テープ (厚さ約 0.5 mm) で半幅以上重ねて 3 回 (6 層) 巻いた。

ハ．リングスリーブ (E 形) により接続し，接続部分を自己融着性絶縁テープ (厚さ約 0.5 mm) で半幅以上重ねて 1 回 (2 層) 巻いた。

二．差込形コネクタにより接続し，接続部分をビニルテープで巻かなかった。

解説 270　ハ．リングスリーブにより接続し，接続部分をビニルテープ（厚さ約 0.2 mm）で巻く場合，半幅以上重ねて 2 回（4 層）以上巻かなければなりません。

絶縁テープの種類	太さ 1.6 mm の絶縁電線の被覆の仕方
ビニルテープ（厚さ約0.2 mm）	半幅以上重ねて2回（4層）以上巻く
黒色粘着性ポリエチレン絶縁テープ（厚さ約 0.5 mm）	半幅以上重ねて1回（2層）以上巻く
自己融着性絶縁テープ（厚さ約0.5 mm）	半幅以上重ねて1回（2層）以上巻いた上に保護テープ（厚さ約0.2 mm）を半幅以上重ねて 1回（2層）以上巻く

CH 04

電気工事の施工方法

答え

ハ

解説 271　ハ．リングスリーブにより接続し，接続部分を自己融着性絶縁テープ（厚さ約 0.5 mm）で巻く場合，半幅以上重ねて 1 回（2 層）以上巻いた上に保護テープ（厚さ約 0.2 mm）を半幅以上重ねて 1 回（2 層）以上巻かなければなりません。

絶縁テープの種類	太さ 1.6 mm の絶縁電線の被覆の仕方
ビニルテープ（厚さ約0.2 mm）	半幅以上重ねて2回（4層）以上巻く
黒色粘着性ポリエチレン絶縁テープ（厚さ約 0.5 mm）	半幅以上重ねて1回（2層）以上巻く
自己融着性絶縁テープ（厚さ約0.5 mm）	半幅以上重ねて1回（2層）以上巻いた上に保護テープ（厚さ約0.2 mm）を半幅以上重ねて 1回（2層）以上巻く

答え

ハ

単相 100 V の屋内配線工事における絶縁電線相互の接続で，次のような箇所があった。a ～ d のうちから適切なものを全て選んだ組合せとして，正しいものは。

a：電線の絶縁物と同等以上の絶縁効力のあるもので十分に被覆した。

b：電線の引張強さが 10 % 減少した。

c：電線の電気抵抗が 5 % 増加した。

d：電線の電気抵抗を増加させなかった。

イ．a のみ　　　ロ．b 及び c
ハ．b 及び d　　二．a，b 及び d

絶縁電線相互の接続の条件をまとめると，下表のようになります。

●電線どうしを接続するときの条件

①電線の電気抵抗を増加させないこと。
②電線の引張強さを20%以上減少させないこと。
③接続部分にはリングスリーブや差込形コネクタを使うか，直接ろう付けすること。
④絶縁電線の絶縁物と同等以上の絶縁効力のあるもので十分被覆すること。
⑤ジョイントボックスなどの接続箱の中で接続すること。

上表より，a～dのうち適切なものを選んだ組合せは a,b,d となります。

答え

二

電気工事の施工方法

02 漏電対策

問題 273

H27 年 下期 40

⑩で示す部分の接地工事の種類は。

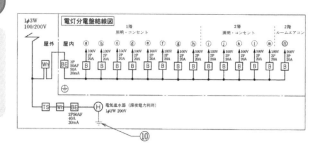

イ．A種接地工事　　　ロ．B種接地工事
ハ．C種接地工事　　　ニ．D種接地工事

問題 274

H26 年 上期 32

②で示す部分の接地工事の種類は。

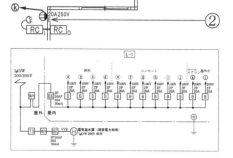

イ．A種接地工事　　　ロ．B種接地工事
ハ．C種接地工事　　　ニ．D種接地工事

解説
273

⑩で示す部分は単相 3 線式 100/200 V（1 φ3W 100/200 V）の電源に接続されているため，使用電圧は 300 V 以下になります。したがって，接地工事の種類は D 種接地工事となります。

答え

（二）

解説
274

②で示すコンセントの定格電圧は 250 V であることから，使用電圧は 300 V 以下になります。したがって，接地工事の種類は D 種接地工事となります。

答え

（二）

⑦で示す部分の接地工事における接地抵抗の許容される最大値
[Ω] は。

なお，引込線の電源側には地絡遮断装置は設置されていない。

R3 年 上期午後 37

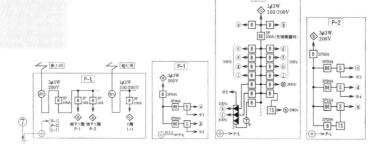

イ. 10 　　ロ. 100 　　ハ. 300 　　ニ. 500

⑥で示す部分の接地工事における接地抵抗の許容される最大値
[Ω] は。

R5 年 上期午前 33,
R1 年 上期 36,
H28 年 上期 37

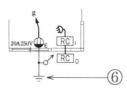

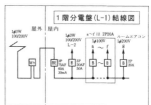

【注意】漏電遮断器は，定格感度電流 30 mA，動作時間 0.1 秒以
内のものを使用している。

イ. 10 　　ロ. 100 　　ハ. 300 　　ニ. 500

解説 275

⑦から⑦→P-1→P-2→L-1 とたどっていくと，三相 3 線式 200 V (3φ3W 200 V) や単相 3 線式 100/200 V (1φ3W 100/200 V) の電源に接続されており，使用電圧は 300 V 以下になります。したがって，接地工事の種類は D 種接地工事となります。加えて，問題文の条件より，「引込線の電源側には地絡遮断装置は設置されていない」ため，下表より接地抵抗の最大値は 100 Ω です。

●低圧用電気機器の接地工事（解釈 17 条）

施工条件	接地抵抗値		接地線の太さ
C種接地工事 （300V超）	10 Ω以下	地絡時に0.5秒以内に自動的に電路を遮断する装置がある場合は500 Ω以下	1.6 mm以上
D種接地工事 （300V以下）	100 Ω以下		

答え

解説 276

⑥から⑥→Ⓛ→g とたどっていくと，単相 3 線式 100/200V (1φ3W 100/200 V) の電源に接続されているため，使用電圧は 300 V 以下になります。したがって，接地工事の種類は D 種接地工事となります。加えて，配線図の注意書きより，動作時間 0.1 秒以内の漏電遮断器が使用されているため，下表より接地抵抗の最大値は 500 Ω です。

●低圧用電気機器の接地工事（解釈 17 条）

施工条件	接地抵抗値		接地線の太さ
C種接地工事 （300V超）	10 Ω以下	地絡時に0.5秒以内に自動的に電路を遮断する装置がある場合は500 Ω以下	1.6 mm以上
D種接地工事 （300V以下）	100 Ω以下		

答え

⑥で示す部分の接地工事の種類及びその接地抵抗の許容される最大値 [Ω] の組合せとして，正しいものは。なお，引込線の電源側には地絡遮断装置は設置されていない。

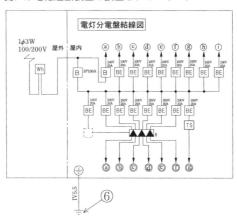

イ．C 種接地工事　10 Ω
ロ．C 種接地工事　50 Ω
ハ．D 種接地工事　100 Ω
二．D 種接地工事　500 Ω

問題
278

R5 年 上期午後 37,
R4 年 下期午前 39,
R4 年 下期午後 36,
R4 年 上期午後 33,
R3 年 下期午前 38,
H29 年 下期 39,
H27 年 上期 36

⑦で示す部分の接地工事の種類及びその接地抵抗の許容される最大値 [Ω] の組合せとして，正しいものは。

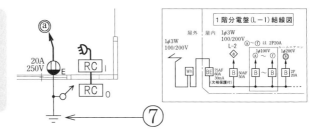

【注意】漏電遮断器は，定格感度電流 30 mA，動作時間 0.1 秒以内のものを使用している。

イ．A 種接地工事　10 Ω
ロ．A 種接地工事　100 Ω
ハ．D 種接地工事　100 Ω
二．D 種接地工事　500 Ω

解説 277

⑥からたどっていくと，単相3線式100/200V（1φ3W 100/200V）の電源に接続されているため，使用電圧は300 V以下になります。したがって，接地工事の種類はD種接地工事となります。加えて，問題文の条件より，「引込線の電源側には地絡遮断装置は設置されていない」ため，下表より接地抵抗の最大値は100 Ωです。

●低圧用電気機器の接地工事（解釈17条）

施工条件	接地抵抗値		接地線の太さ
C種接地工事 （300V超）	10 Ω以下	地絡時に0.5秒以内に自動的に電路を遮断する装置がある場合は500 Ω以下	1.6 mm以上
D種接地工事 （300V以下）	100 Ω以下		

答え

ハ

解説 278

⑦からたどっていくと，単相3線式100/200V（1φ3W 100/200V）の電源に接続されているため，使用電圧は300 V以下になります。したがって，接地工事の種類はD種接地工事となります。加えて，配線図の注意書きより，動作時間0.1 秒以内の漏電遮断器が使用されているので，下の表より接地抵抗の最大値は500 Ωです。

●低圧用電気機器の接地工事（解釈17条）

施工条件	接地抵抗値		接地線の太さ
C種接地工事 （300V超）	10 Ω以下	地絡時に0.5秒以内に自動的に電路を遮断する場合は500 Ω以下	1.6 mm以上
D種接地工事 （300V以下）	100 Ω以下		

答え

ニ

電気工事の施工方法

床に固定した定格電圧 200 V，定格出力 1.5 kW の三相誘導電動機の鉄台に接地工事をする場合，接地線（軟銅線）の太さと接地抵抗値の組合せで，不適切なものは。
ただし，漏電遮断器を設置しないものとする。

イ．直径 1.6 mm，10 Ω
ロ．直径 2.0 mm，50 Ω
ハ．公称断面積 0.75 mm²，5 Ω
ニ．直径 2.6 mm，75 Ω

三相 200 V，2.2 kW の電動機の鉄台に施設した接地工事の接地抵抗値を測定し，接地線（軟銅線）の太さを検査した。接地抵抗値及び接地線の太さ（直径）の組合せで，適切なものは。
ただし，電路には漏電遮断器が施設されていないものとする。

イ．50 Ω　　　1.2 mm
ロ．70 Ω　　　2.0 mm
ハ．150 Ω　　　1.6 mm
ニ．200 Ω　　　2.6 mm

解説 279

三相 200 V 用の機器には，「電気設備の技術基準の解釈」に基づき D 種接地工事を施します。問題文に「漏電遮断器を設置しないものとする。」とあるため，下表より，接地抵抗値は 100 Ω以下，接地線の太さは 1.6 mm 以上（断面積 2.0 mm² 以上）となります。

ハ．接地線の太さが 1.6 mm 以上（断面積 **2.0 mm² 以上**）の条件を満たさず，不適切となります。

●低圧用電気機器の接地工事（解釈 17 条）

施工条件	接地抵抗値		接地線の太さ
C種接地工事 （300V超）	10 Ω以下	地絡時に0.5秒以内に 自動的に電路を遮断 する装置がある場合 は500 Ω以下	1.6 mm以上 （断面積2.0 mm² 以上）
D種接地工事 （300V以下）	100 Ω以下		

答え
ハ

解説 280

三相 200 V 用の機器には，「電気設備の技術基準の解釈」に基づき D 種接地工事を施します。問題文に「電路には漏電遮断器が施設されていないものとする。」とあるため，下表より，接地抵抗値は 100 Ω以下，接地線の太さは 1.6 mm 以上となります。
この条件を満たす接地抵抗値と接地線の太さの組合せは，選択肢ロの **70 Ω**と **2.0 mm** のみです。

●低圧用電気機器の接地工事（解釈 17 条）

施工条件	接地抵抗値		接地線の太さ
C種接地工事 （300V超）	10 Ω以下	地絡時に0.5秒以内に 自動的に電路を遮断 する装置がある場合 は500 Ω以下	1.6 mm以上
D種接地工事 （300V以下）	100 Ω以下		

答え

問題 281

R4年 上期午前37,
R3年 下期午後38,
H28年 下期38

⑦で示す部分の接地工事の接地抵抗の最大値と, 電線 (軟銅線) の最小太さとの組合せで, 適切なものは。

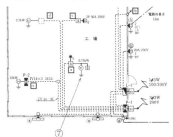

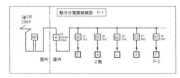

【注意】漏電遮断器は, 定格感度電流 30 mA, 動作時間 0.1 秒以内のものを使用している。

イ. 100 Ω　　2.0 mm
ロ. 300 Ω　　1.6 mm
ハ. 500 Ω　　1.6 mm
ニ. 600 Ω　　2.0 mm

問題 282

R2年 下期午前26,
H26年 下期25

工場の三相 200 V 三相誘導電動機の鉄台に施設した接地工事の接地抵抗値を測定し, 接地線 (軟銅線) の太さを検査した。「電気設備の技術基準の解釈」に適合する接地抵抗値 [Ω] と接地線の太さ (直径 [mm]) の組合せとして, 適切なものは。

ただし, 電路に施設された漏電遮断器の動作時間は, 0.1 秒とする。

イ. 100 Ω　　1.0 mm
ロ. 200 Ω　　1.2 mm
ハ. 300 Ω　　1.6 mm
ニ. 600 Ω　　2.0 mm

⑦で示す部分は制御盤 P-1 につながっているので，動力分電盤結線図 P-1 より，3φ3W(三相 3 線式) 200V であることがわかります。よって，使用電圧が 300V 以下なので D 種接地工事を行います。下の表と注意書きから，漏電遮断器は動作時間 0.1 秒以内 (0.5 秒以内) のものを使用しているため，接地抵抗の大きさは 500 Ω以下である必要があります。

●低圧用電気機器の接地工事 (解釈 17 条)

施工条件	接地抵抗値		接地線の太さ
C種接地工事 （300V超）	10 Ω以下	地絡時に0.5秒以内 に自動的に電路を遮 断する装置がある場 合は500 Ω以下	1.6 mm以上
D種接地工事 （300V以下）	100 Ω以下		

以上より，接地抵抗の最大値と電線の最小太さとの組み合わせで適切なものは，500 Ωと 1.6 mm です。

答え
ハ

三相 200 V 用の機器には，「電気設備の技術基準の解釈」に基づき D 種接地工事を施します。問題文に「電路に施設された漏電遮断器の動作時間は，0.1 秒とする。」とあるため，下表より，接地抵抗値は 500 Ω以下，接地線の太さは 1.6 mm 以上となります。この条件を満たす接地抵抗値と接地線の太さの組合せは，選択肢ハの 300 Ωと 1.6 mm です。

●低圧用電気機器の接地工事 (解釈 17 条)

施工条件	接地抵抗値		接地線の太さ
C種接地工事 （300V超）	10 Ω以下	地絡時に0.5秒以内 に自動的に電路を遮 断する装置がある場 合は500 Ω以下	1.6 mm以上
D種接地工事 （300V以下）	100 Ω以下		

答え
ハ

D 種接地工事を省略できないものは。ただし，電路には定格感度電流 15 mA，動作時間 0.1 秒以下の電流動作型の漏電遮断器が取り付けられているものとする。

イ．乾燥した場所に施設する三相 200 V（対地電圧 200 V）動力配線の電線を収めた長さ 3 m の金属管

ロ．水気のある場所のコンクリートの床に施設する三相 200 V（対地電圧 200 V）誘導電動機の鉄台

ハ．乾燥した木製の床の上で取り扱うように施設する三相 200 V（対地電圧 200 V）空気圧縮機の金属製外箱部分

二．乾燥した場所に施設する単相 3 線式 100/200 V（対地電圧 100 V）配線の電線を収めた長さ 7 m の金属管

問題
284

R5 年 下期午前 22,
R4 年 下期午後 22,
R3 年 下期午前 20,
R3 年 上期午後 22,
R1 年 下期 22,
H30 年 上期 22

D 種接地工事を省略できないものは。ただし，電路には定格感度電流 30 mA，動作時間 0.1 秒の漏電遮断器が取り付けられているものとする。

イ．乾燥した場所に施設する三相 200 V（対地電圧 200 V）動力配線を収めた長さ 3 m の金属管

ロ．乾燥した場所に施設する単相 3 線式 100/200 V（対地電圧 100 V）配線の電線を収めた長さ 6 m の金属管

ハ．乾燥した木製の床の上で取り扱うように施設する三相 200 V（対地電圧 200 V）空気圧縮機の金属製外箱部分

二．乾燥したコンクリートの床に施設する三相 200 V（対地電圧 200 V）誘導電動機の鉄台

解説 283

ロ. Ｄ種接地工事は，**水気のある場所**では省略することができません。また，低圧用の機械器具は，乾燥した木製の床など絶縁性のものの上で取り扱うように施設する場合にＤ種接地工事を省略することができますが，**コンクリートの床**は実際には湿気や水分を吸い込んで電気を通すため，Ｄ種接地工事を省略することはできません。

答 え

ロ

解説 284

二. 低圧用の機械器具は，**乾燥した木製の床**など絶縁性のものの上で取り扱うように施設する場合にＤ種接地工事を省略することができます。一方，**コンクリートの床**は実際には湿気や水分を吸い込んで電気を通すため，Ｄ種接地工事を省略することはできません。

答 え

二

機械器具の金属製外箱に施す D 種接地工事に関する記述で，不適切なものは。

R5 年 上期午後 22,
R4 年 上期午前 22,
R2 年 下期午後 22,
H30 年 下期 22,
H26 年 上期 20

イ．一次側 200 V，二次側 100 V，3 kV·A の絶縁変圧器 (二次側非接地) の二次側電路に電動丸のこぎりを接続し，接地を施さないで使用した。

ロ．三相 200 V 定格出力 0.75 kW 電動機外箱の接地線に直径 1.6 mm の IV 電線 (軟銅線) を使用した。

ハ．単相 100 V 移動式の電気ドリル (一重絶縁) の接地線として多心コードの断面積 $0.75\ \text{mm}^2$ の 1 心を使用した。

ニ．単相 100 V 定格出力 0.4 kW の電動機を水気のある場所に設置し，定格感度電流 15 mA，動作時間 0.1 秒の電流動作型漏電遮断器を取り付けたので，接地工事を省略した。

二．機械器具の金属製外箱に施す D 種接地工事は，水気のある
　　場所では省略することができません。

対象	D種接地工事を省略できる場合
金属製外箱等	対地電圧150V以下の機械器具を乾燥した場所に施設する場合
	低圧用の機械器具を乾燥した木製の床など絶縁性のものの上で取り扱うように施設する場合
	電気用品安全法の適用を受ける二重絶縁構造の機械器具を施設する場合
	低圧用の機械器具に電気を供給する電路の電源側に絶縁変圧器（二次側線間電圧300V以下かつ容量が3kV・A以下）を施設し，かつ，当該絶縁変圧器の負荷側（二次側）の回路を接地しない場合
	水気のある場所以外に施設する低圧用の機械器具に電気を供給する電路に，電気用品安全法の適用を受ける漏電遮断器（定格感度電流15mA以下で動作時間0.1秒以下の電流動作型）を施設する場合
金属管	4m以下の金属管を乾燥した場所に施設する場合
	対地電圧150V以下で8m以下の金属管を乾燥した場所に施設する場合

問題 286

R3年 下期午後 22,
H29年 上期 23

D種接地工事の施工方法として，不適切なものは。

イ．移動して使用する電気機械器具の金属製外箱の接地線として，多心キャブタイヤケーブル断面積 0.75mm² の 1 心を使用した。

ロ．低圧電路に地絡を生じた場合に 0.5 秒以内に自動的に電路を遮断する装置を設置し，接地抵抗値が 300 Ωであった。

ハ．単相 100 V の電動機を水気のある場所に設置し，定格感度電流 30 mA，動作時間 0.1 秒の電流動作型漏電遮断器を取り付けたので，接地工事を省略した。

ニ．ルームエアコンの接地線として，直径 1.6 mm の軟銅線を使用した。

問題 287

R2年 下期午前 22

簡易接触防護措置を施した乾燥した場所に施設する低圧屋内配線工事で，D種接地工事を省略できないものは。

イ．三相 3 線式 200 V の合成樹脂管工事に使用する金属製ボックス

ロ．三相 3 線式 200 V の金属管工事に電線を収める管の全長が 5 m の金属管

ハ．単相 100 V の電動機の鉄台

ニ．単相 100 V の金属管工事で電線を収める管の全長が 5 m の金属管

ハ．D種接地工事は，水気のある場所では省略することができ
ません。

対象	D種接地工事を省略できる場合
金属製外箱等	対地電圧150V以下の機械器具を乾燥した場所に施設する場合
	低圧用の機械器具を乾燥した木製の床など絶縁性のものの上で取り扱うように施設する場合
	電気用品安全法の適用を受ける二重絶縁構造の機械器具を施設する場合
	低圧用の機械器具に電気を供給する電路の電源側に絶縁変圧器（二次側線間電圧300V以下かつ容量が3kV・A以下）を施設し，かつ，当該絶縁変圧器の負荷側（二次側）の電路を接地しない場合
	水気のある場所以外に施設する低圧用の機械器具に電気を供給する電路に，電気用品安全法の適用を受ける漏電遮断器（定格感度電流15mA以下で動作時間0.1秒以下の電流動作型）を施設する場合
金属管	4m以下の金属管を乾燥した場所に施設する場合
	対地電圧150V以下で8m以下の金属管を乾燥した場所に施設する場合

答え
ハ

金属管工事で，管の長さが 4 m 以下のものを乾燥した場所に施
設する場合，または対地電圧 150 V 以下で 8 m 以下の金属管を
乾燥した場所に施設する場合には，D 種接地工事を省略するこ
とができます。

ロ．三相 3 線式 200 V は対地電圧 200 V（150V 超え）である
ため，金属管の全長が 4m を超えている場合は，D 種接地
工事を省略することはできません。

答え
ロ

CH
04

電気工事の施工方法

問題
288

R4年下期午前23,
H28年下期19,
H26年下期22

使用電圧200Vの電動機に接続する部分の金属可とう電線管工事として，不適切なものは。ただし，管は2種金属製可とう電線管を使用する。

イ．管とボックスとの接続にストレートボックスコネクタを使用した。

ロ．管の長さが6mであるので，電線管のD種接地工事を省略した。

ハ．管の内側の曲げ半径を管の内径の6倍以上とした。

ニ．管と金属管（鋼製電線管）との接続にコンビネーションカップリングを使用した。

問題
289

R4年上期午前20

電気設備の簡易接触防護措置としての最小高さの組合せとして，正しいものは。

ただし，人が通る場所から容易に触れることのない範囲に施設する。

屋内で床面からの 最小高さ[m]	屋外で地表面からの 最小高さ[m]
a 1.6	e 2
b 1.7	f 2.1
c 1.8	g 2.2
d 1.9	h 2.3

イ．a, h

ロ．b, g

ハ．c, e

ニ．d, f

解説 288

ロ．金属製可とう電線管工事においてD種接地工事を省略できる条件は，管の長さが4m以下のものを乾燥した場所に施設する場合です。

答え
ロ

解説 289

簡易接触防護措置とは，「人が容易に（簡単に）触れないように施設する」ことで，下表のように分類されています。

	いずれかに該当すること	
簡易接触防護措置	設備を，屋内にあっては床上1.8m以上，屋外にあっては地表上2m以上の高さに，かつ，人が通る場所から容易に触れることのない範囲に施設すること。	設備に人が接近又は接触しないよう，さく，へい等を設け，又は設備を金属管に収める等の防護措置を施すこと。
接触防護措置	設備を，屋内にあっては床上2.3m以上，屋外にあっては地表上2.5m以上の高さに，かつ，人が通る場所から手を伸ばしても触れることのない範囲に施設すること。	

したがって，最小高さの組合せとして正しいものは，選択肢ハのc，eとなります。

答え
ハ

問題 290

H26 年 下期 21

硬質塩化ビニル電線管による合成樹脂管工事として，不適切なものは。

イ．管相互及び管とボックスとの接続で，接着剤を使用しないで管の差込み深さを管の外径の 0.8 倍とした。

ロ．管の支持点間の距離は 1 m とした。

ハ．湿気の多い場所に施設した管とボックスとの接続箇所に，防湿装置を施した。

ニ．三相 200 V 配線で，簡易接触防護措置を施した (人が容易に触れるおそれがない) 場所に施設した管と接続する金属製プルボックスに，D 種接地工事を施した。

問題 291

R4 年 下期午前 21，
H27 年 下期 20

木造住宅の単相 3 線式 100/200 V 屋内配線工事で，不適切な工事方法は。

ただし，使用する電線は 600 V ビニル絶縁電線，直径 1.6 mm (軟銅線) とする。

イ．合成樹脂製可とう電線管 (CD 管) を木造の床下や壁の内部及び天井裏に配管した。

ロ．合成樹脂製可とう電線管 (PF 管) 内に通線し，支持点間の距離を 1.0 m で造営材に固定した。

ハ．同じ径の硬質塩化ビニル電線管 (VE) 2 本を TS カップリングで接続した。

ニ．金属管を点検できない隠ぺい場所で使用した。

解説 290

イ．合成樹脂管工事において，管どうしや管とボックスを直接接続するときの管の差し込み深さは原則として**管の外径の1.2倍以上**にしなければなりません。なお，接着剤を使用する場合は0.8倍以上としてもよいです。

●合成樹脂管工事のポイント

① 屋外用ビニル絶縁電線（OW）は使えない
② 管内に電線の接続点を設けない（管内で電線を接続しない）
③ 管の内側の曲げ半径は管の内径の6倍以上
④ 管どうしや管とボックスを直接接続するときの管の差し込み深さは管の外径の1.2倍以上，接着剤を使用する場合は0.8倍以上
⑤ 支持点間の距離は1.5 m以下
⑥ 弱電流電線・水道管・ガス管と接触しないように施設する
⑦ CD管は直接コンクリートに埋めて施設する

答え

解説 291

イ．合成樹脂製可とう電線管（CD管）は燃えやすいため，原則として露出した場所には施設できず，**直接コンクリートへ埋めて使用します。**

●合成樹脂管工事のポイント

① 屋外用ビニル絶縁電線（OW）は使えない
② 管内に電線の接続点を設けない（管内で電線を接続しない）
③ 管の内側の曲げ半径は管の内径の6倍以上
④ 管どうしや管とボックスを直接接続するときの管の差し込み深さは管の外径の1.2倍以上，接着剤を使用する場合は0.8倍以上
⑤ 支持点間の距離は1.5 m以下
⑥ 弱電流電線・水道管・ガス管と接触しないように施設する
⑦ **CD管は直接コンクリートに埋めて施設する**

答え

問題 292

R5年 下期午前 23,
R4年 上期午後 23,
R4年 上期午前 23,
R3年 下期午後 23,
R2年 下期午前 23,
H30年 上期 23

低圧屋内配線の合成樹脂管工事で，合成樹脂管（合成樹脂製可とう電線管及び CD 管を除く）を造営材の面に沿って取り付ける場合，管の支持点間の距離の最大値 [m] は。

イ．1　　　ロ．1.5　　　ハ．2　　　ニ．2.5

問題 293

R3年 上期午後 20

使用電圧 300 V 以下の低圧屋内配線の工事方法として，不適切なものは。

イ．金属可とう電線管工事で，より線（600 V ビニル絶縁電線）を用いて，管内に接続部分を設けないで収めた。

ロ．ライティングダクト工事で，ダクトの開口部を下に向けて施設した。

ハ．合成樹脂管工事で，施設する低圧配線と水管が接触していた。

ニ．金属ダクト工事で，電線を分岐する場合，接続部分に十分な絶縁被覆を施し，かつ，接続部分を容易に点検できるようにしてダクトに収めた。

解説 292

合成樹脂管を造営材の面に沿って取り付ける場合，管の支持点間の距離は 1.5 m 以下にしなければなりません。よって，最大値は 1.5 m です。

●合成樹脂管工事のポイント

① 屋外用ビニル絶縁電線（OW）は使えない
② 管内に電線の接続点を設けない（管内で電線を接続しない）
③ 管の内側の曲げ半径は管の内径の 6 倍以上
④ 管どうしや管とボックスを直接接続するときの管の差し込み深さは管の外径の 1.2 倍以上，接着剤を使用する場合は 0.8 倍以上
⑤ 支持点間の距離は 1.5 m 以下
⑥ 弱電流電線・水道管・ガス管と接触しないように施設する
⑦ CD 管は直接コンクリートに埋めて施設する

答え

ロ

解説 293

ハ．合成樹脂管工事においては，配線と水管等が接触しないように施設しなければなりません。

●合成樹脂管工事のポイント

① 屋外用ビニル絶縁電線（OW）は使えない
② 管内に電線の接続点を設けない（管内で電線を接続しない）
③ 管の内側の曲げ半径は管の内径の 6 倍以上
④ 管どうしや管とボックスを直接接続するときの管の差し込み深さは管の外径の 1.2 倍以上，接着剤を使用する場合は 0.8 倍以上
⑤ 支持点間の距離は 1.5 m 以下
⑥ 弱電流電線・水道管・ガス管と接触しないように施設する
⑦ CD 管は直接コンクリートに埋めて施設する

答え
ハ

問題
294

図に示す雨線外に施設する金属管工事の末端ⒶまたはⒷ部分に使用するものとして，不適切なものは。

R5年 上期午後 23,
R1 年 上期 23,
H26 年 下期 23

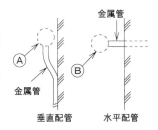

イ．Ⓐ部分にエントランスキャップを使用した。

ロ．Ⓑ部分にターミナルキャップを使用した。

ハ．Ⓑ部分にエントランスキャップを使用した。

ニ．Ⓐ部分にターミナルキャップを使用した。

問題
295

電磁的不平衡を生じないように，電線を金属管に挿入する方法として，適切なものは。

R1 年 下期 23,
H28 年 下期 21

イ.

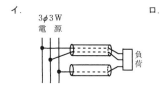

ロ.

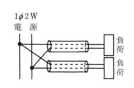

ハ.

ニ.

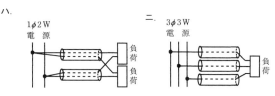

解説
294

二. エントランスキャップはⒶ垂直配管とⒷ水平配管のどちらに
も使用することができます。一方，ターミナルキャップはⒶ
垂直配管で使用すると雨水が侵入するため使用できません。

答え

解説
295

下図のように1つの回路の電線全てを同一管内に収めることで，
電磁的不平衡を生じないようにすることができます。
選択肢の図のなかでは，ロが適切です。

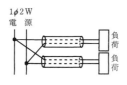

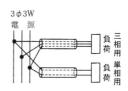

答え
ロ

R2年 下期午後 23

電磁的不平衡を生じないように，電線を金属管に挿入する方法として，適切なものは。

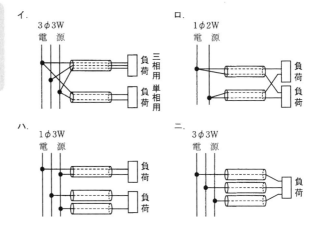

イ.
3φ3W
電源

三相用負荷
単相用負荷

ロ.
1φ2W
電源

負荷
負荷

ハ.
1φ3W
電源

負荷
負荷

ニ.
3φ3W
電源

負荷

R3年 上期午前 23

低圧屋内配線の金属可とう電線管（使用する電線管は2種金属製可とう電線管とする）工事で，不適切なものは。

イ．管の内側の曲げ半径を管の内径の6倍以上とした。
ロ．管内に600Vビニル絶縁電線を収めた。
ハ．管とボックスとの接続にストレートボックスコネクタを使用した。
ニ．管と金属管（鋼製電線管）との接続にTSカップリングを使用した。

解説
296

下図のように1つの回路の電線全てを同一管内に収めることで，
電磁的不平衡を生じないようにすることができます。
選択肢の図のなかでは，イが適切です。

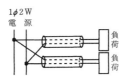

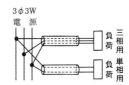

答え

イ

解説
297

ニ．TSカップリングは硬質塩化ビニル電線管（VE管）どうしを
接続するときに使用されます。2種金属製可とう電線管と金
属管（鋼製電線管）との接続には，コンビネーションカップ
リングを使用します。

答え
ニ

R3年 下期午前 23

金属管工事による低圧屋内配線の施工方法として，不適切なものは。

イ．太さ 25 mm の薄鋼電線管に断面積 8mm² の 600V ビニル
   絶縁電線 3 本を引き入れた。

ロ．太さ 25 mm の薄鋼電線管相互の接続にコンビネーション
   カップリングを使用した。

ハ．薄鋼電線管とアウトレットボックスの接続部にロックナット
   を使用した。

ニ．ボックス間の配管でノーマルベンドを使った屈曲箇所を 2
   箇所設けた。

R3年 上期午前 21

**金属管工事で金属管とアウトレットボックスとを電気的に接続する
方法として，施工上最も適切なものは。**

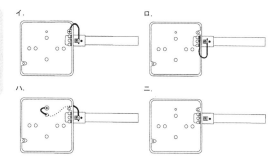

R4年 上期午前 11,
R3年 下期午後 12,
R2年 下期午前 11,
H30年 下期 12,
H26年 上期 13

**低圧の地中配線を直接埋設式により施設する場合に使用できるも
のは。**

イ．600V 架橋ポリエチレン絶縁ビニルシースケーブル (CV)

ロ．屋外用ビニル絶縁電線 (OW)

ハ．引込用ビニル絶縁電線 (DV)

ニ．600V ビニル絶縁電線 (IV)

解説
298

ロ．コンビネーションカップリングは異なる種類の電線管どうし
を接続するときに使用されます。薄鋼電線管相互の接続には，
カップリングを使用します。

答え

ロ

解説
299

金属管とアウトレットボックスは，裸電線を使用して選択肢ハの
ようにボックスの外側から電気的に接続します。
なお，選択肢イのアウトレットボックス側の電線取り付け位置の
ねじ穴は，本来はアウトレットボックスのカバーを取り付けるの
に使用するものです。

答え

ハ

解説
300

地中配線にはケーブルのみ使用できます。選択肢の中で，イの
600V 架橋ポリエチレン絶縁ビニルシースケーブル (CV) のみが
ケーブルに該当します。

答え

イ

低圧屋内配線工事（臨時配線工事の場合を除く）で，600V ビニル絶縁ビニルシースケーブルを用いたケーブル工事の施工方法として，適切なものは。

イ．接触防護措置を施した場所で，造営材の側面に沿って垂直に取り付け，その支持点間の距離を 8 m とした。
ロ．金属製遮へい層のない電話用弱電流電線と共に同一の合成樹脂管に収めた。
ハ．建物のコンクリート壁の中に直接埋設した。
ニ．丸形ケーブルを，屈曲部の内側の半径をケーブル外径の 8 倍にして曲げた。

ケーブル工事による低圧屋内配線で，ケーブルと弱電流電線の接近又は交差する箇所が a 〜 d の 4 箇所あった。a 〜 d のうちから適切なものを全て選んだ組合せとして，正しいものは。

a：弱電流電線と交差する箇所で接触していた。
b：弱電流電線と重なり合って接触している長さが 3 m あった。
c：弱電流電線と接触しないように離隔距離を 10 cm 離して施設していた。
d：弱電流電線と接触しないように堅ろうな隔壁を設けて施設していた。

イ．d のみ
ロ．c, d
ハ．b, c, d
ニ．a, b, c, d

⑤で示す部分の地中電線路を直接埋設式により施設する場合の埋設深さの最小値 [m] は。
ただし，車両その他の重量物の圧力を受けるおそれがある場所とする。

イ．0.3
ロ．0.6
ハ．0.9
ニ．1.2

解説 301

二.「電気設備の技術基準の解釈」では，ケーブル工事において，屈曲部の内側の半径をケーブル外径の 6 倍以上としなければならないと記述されています。

●ケーブル工事のポイント

① 地中配線にはケーブルのみ使うことができる
② 屈曲部の内側の半径は，ケーブル外径の6倍以上
③ 支持点間の距離は2 m以下
　　ただし，接触防護措置を施した場所において垂直に取り付ける場合は6 m以下
④ 重量物の圧力や著しい機械的衝撃を受ける場所では適当な防護装置を設ける
⑤ 弱電流電線・水道管・ガス管などと接触しないように施設する

答 え
二

解説 302

ケーブル工事において，ケーブルは弱電流電線と接触しないように施設する必要があります。

a〜dのうち，弱電流電線と接触しないように施設しているのは c, d となります。

●ケーブル工事のポイント

① 地中配線にはケーブルのみ使うことができる
② 屈曲部の内側の半径は，ケーブル外径の6倍以上
③ 支持点間の距離は2 m以下
　　ただし，接触防護措置を施した場所において垂直に取り付ける場合は6 m以下
④ 重量物の圧力や著しい機械的衝撃を受ける場所では適当な防護装置を設ける
⑤ 弱電流電線・水道管・ガス管などと接触しないように施設する

答 え
ロ

解説 303

直接埋設式により施設する場合，車両その他の重量物の圧力を受けるおそれがある場所では，埋設深さは 1.2 m 以上でなくてはなりません。

答 え
二

問題
304

R3年 下期午後 34,
R2年 下期午前 37,
H28年 下期 33

④で示す部分に使用できるものは。

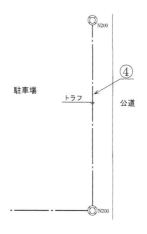

駐車場

イ．引込用ビニル絶縁電線
ロ．架橋ポリエチレン絶縁ビニルシースケーブル
ハ．ゴム絶縁丸打コード
ニ．屋外用ビニル絶縁電線

問題
305

R3年 上期午後 32

②で示す配線工事に使用できない電線の記号 (種類) は。

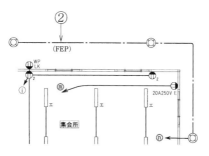

集会所

イ．VVF　　ロ．VVR　　ハ．IV　　ニ．CV

解説 304

④の部分は地中配線です。地中配線ではケーブルを使用しなければならないため，選択肢の中で使用できる電線は**架橋ポリエチレン絶縁ビニルシースケーブル**となります。

答え

ロ

解説 305

②の配線図は地中配線になります。地中配線にはケーブルのみ使用可能となります。選択肢のうちケーブルではないものは選択肢ハのIV（600Vビニル絶縁電線）で，地中配線に用いることができません。

イ．VVF：600V ビニル絶縁ビニルシースケーブル平形
ロ．VVR：600V ビニル絶縁ビニルシースケーブル丸形
ニ．CV：600V 架橋ポリエチレン絶縁ビニルシースケーブル

答え

ハ

写真に示す材料が使用される工事は。

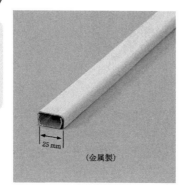

25 mm　（金属製）

イ．金属ダクト工事　　　　　ロ．金属管工事
ハ．金属可とう電線管工事　　ニ．金属線ぴ工事

低圧屋内配線の工事方法として，不適切なものは。

イ．金属可とう電線管工事で，より線（絶縁電線）を用いて，管
内に接続部分を設けないで収めた。

ロ．ライティングダクト工事で，ダクトの開口部を下に向けて施
設した。

ハ．金属線ぴ工事で，長さ3mの2種金属製線ぴ内で電線を分
岐し，D種接地工事を省略した。

ニ．金属ダクト工事で，電線を分岐する場合，接続部分に十分な
絶縁被覆を施し，かつ，接続部分を容易に点検できるように
してダクトに収めた。

解説
306

写真の材料はコの字形でレールの幅が 25 mm（40 mm 未満）の 1 種金属製線ぴで，金属線ぴ工事に使用します。

なお，レールの幅が 40 mm 以上 50 mm 以下の 2 種金属製線ぴもあります。

40 mm 未満

1 種金属製線ぴ

40 mm 以上 50 mm 以下

2 種金属製線ぴ

答え

二

解説
307

ハ．金属線ぴ工事では，原則として線ぴに D 種接地工事を施す必要があります。ただし，線ぴの長さが 4 m 以下の場合などは D 種接地工事を省略することができます。 しかし，線ぴ内で電線を分岐する場合は，線ぴの長さが 4 m 以下でも D 種接地工事を省略することができません。

答え

ハ

使用電圧 300 V 以下の低圧屋内配線の工事方法として，不適切なものは。

H28 年 上期 22

イ．金属可とう電線管工事で，より線（600V ビニル絶縁電線）を用いて，管内に接続部分を設けないで収めた。

ロ．フロアダクト工事で，電線を分岐する場合，接続部分に十分な絶縁被覆を施し，かつ，接続部分を容易に点検できるようにして接続箱（ジャンクションボックス）に収めた。

ハ．金属ダクト工事で，電線を分岐する場合，接続部分に十分な絶縁被覆を施し，かつ，接続部分を容易に点検できるようにしてダクトに収めた。

ニ．ライティングダクト工事で，ダクトの終端部は閉そくしないで施設した。

単相 3 線式 100/200 V の屋内配線工事で漏電遮断器を省略できないものは。

R3 年 下期午後 21

イ．乾燥した場所の天井に取り付ける照明器具に電気を供給する電路

ロ．小勢力回路の電路

ハ．簡易接触防護措置を施していない場所に施設するライティングダクトの電路

ニ．乾燥した場所に施設した，金属製外箱を有する使用電圧 200 V の電動機に電気を供給する電路

解説
308

二．ライティングダクト工事のダクトは原則，終端部を閉そくして施設しなければなりません。

●ライティングダクト工事のポイント

① ダクトの支持点間の距離は2 m以下
② ダクトの終端部は閉そくする
③ ダクトの開口部は原則として下に向けて施設する
④ ライティングダクトの電路には漏電遮断器を施設する
　　ただし，簡易接触防護措置を施せば省略できる

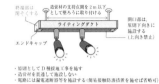

答え
二

解説
309

ハ．ライティングダクトの電路は，簡易接触防護措置を施していない場合は漏電遮断器を省略することはできません。

●ライティングダクト工事のポイント

① ダクトの支持点間の距離は2 m以下
② ダクトの終端部は閉そくする
③ ダクトの開口部は原則として下に向けて施設する
④ ライティングダクトの電路には漏電遮断器を施設する
　　ただし，簡易接触防護措置を施せば省略できる

答え
ハ

問題 310

R1 年 上期 20

100 Vの低圧屋内配線工事で，不適切なものは。

イ．フロアダクト工事で，ダクトの長さが短いのでD種接地工事を省略した。

ロ．ケーブル工事で，ビニル外装ケーブルと弱電流電線が接触しないように施設した。

ハ．金属管工事で，ワイヤラス張りの貫通箇所のワイヤラスを十分に切り開き，貫通部分の金属管を合成樹脂管に収めた。

ニ．合成樹脂管工事で，その管の支持点間の距離を 1.5 m とした。

問題 311

R1 年 下期 21，
H30 年 下期 21

木造住宅の単相 3 線式 100/200 V 屋内配線工事で，不適切な工事方法は。

ただし，使用する電線は 600V ビニル絶縁電線，直径 1.6 mm（軟銅線）とする。

イ．合成樹脂製可とう電線管（CD 管）を木造の床下や壁の内部及び天井裏に配管した。

ロ．合成樹脂製可とう電線管（PF 管）内に通線し，支持点間の距離を 1.0 m で造営材に固定した。

ハ．同じ径の硬質塩化ビニル電線管（VE）2 本を TS カップリングで接続した。

ニ．金属管を点検できない隠ぺい場所で使用した。

解説 310

イ．フロアダクト工事は，コンクリートの床に配線を埋め込む工事で，ダクトの長短によらずD種接地工事を省略することができません。

答え

イ

解説 311

イ．合成樹脂製可とう電線管 (CD 管) は燃えやすいため，原則として露出した場所 (木造の床下や天井裏など) には施設できず，直接コンクリートに埋め込んで施設します。

答え
イ

問題 312

R3年下期午前21,
H30年上期21

使用電圧 200 V の三相電動機回路の施工方法で，不適切なものは。

イ．湿気の多い場所に 1 種金属製可とう電線管を用いた金属可とう電線管工事を行った。

ロ．造営材に沿って取り付けた 600V ビニル絶縁ビニルシースケーブルの支持点間の距離を 2 m 以下とした。

ハ．金属管工事に 600V ビニル絶縁電線を使用した。

ニ．乾燥した場所の金属管工事で，管の長さが 3 m なので金属管の D 種接地工事を省略した。

問題 313

H26年上期23

使用電圧 100 V の屋内配線の施設場所による工事の種類として，適切なものは。

イ．展開した場所であって，乾燥した場所のライティングダクト工事

ロ．展開した場所であって，湿気の多い場所の金属ダクト工事

ハ．点検できない隠ぺい場所であって，乾燥した場所の金属線ぴ工事

ニ．点検できない隠ぺい場所であって，湿気の多い場所の平形保護層工事

解説 312

イ. 1種金属製可とう電線管を用いた金属可とう電線管工事は，湿気の多い場所や水気の多い場所では施設することはできません。このような場所に施設する場合は，2種金属製可とう電線管を使用します。

答え
イ

解説 313

使用電圧100Vの屋内配線の工事で，展開した場所で，乾燥した場所に施設できるのは**ライティングダクト**工事です。

●施設場所による工事の種類

施設場所		がいし引き	合成樹脂 管金属管 金属可とう電線管 ケーブル	金属線び ライティングダクト	金属ダクト	平形保護層
展開した場所	乾燥した場所	○	○	○(300 V以下)	○	×
	湿気の多い場所 水気のある場所	○	○	×	×	×
点検できる隠ぺい場所	乾燥した場所	○	○	○(300 V以下)	○	○(300 V以下)
	湿気の多い場所 水気のある場所	○	○	×	×	×
点検できない隠ぺい場所	乾燥した場所	×	○	×	×	×
	湿気の多い場所 水気のある場所	×	○	×	×	×

注1：金属可とう電線管工事は1種金属製可とう電線管を除く
注2：合成樹脂管工事はCD管を除く

答え
イ

R2年 下期午前 19

使用電圧 100 V の屋内配線で，湿気の多い場所における工事の種類として，不適切なものは。

イ．展開した場所で，ケーブル工事

ロ．展開した場所で，金属線ぴ工事

ハ．点検できない隠ぺい場所で，防湿装置を施した金属管工事

二．点検できない隠ぺい場所で，防湿装置を施した合成樹脂管工事（CD 管を除く）

H30年 上期 20

乾燥した点検できない隠ぺい場所の低圧屋内配線工事の種類で，適切なものは。

イ．合成樹脂管工事   ロ．バスダクト工事

ハ．金属ダクト工事   二．がいし引き工事

解説 314

ロ．展開した場所で，湿気の多い場所では金属線ぴ工事を施設することはできません。

●施設場所による工事の種類

施設場所		がいし引き	合成樹脂管 金属管 金属可とう電線管 ケーブル	金属線ぴ ライティングダクト	金属ダクト	平形保護層
展開した場所	乾燥した場所	○	○	○(300 V以下)	○	×
	湿気の多い場所 水気のある場所	○	○	×	×	×
点検できる隠ぺい場所	乾燥した場所	○	○	○(300 V以下)	○	○(300 V以下)
	湿気の多い場所 水気のある場所	○	○	×	×	×
点検できない隠ぺい場所	乾燥した場所	×	○	×	×	×
	湿気の多い場所 水気のある場所	×	○	×	×	×

注1：金属可とう電線管工事は1種金属製可とう電線管を除く
注2：合成樹脂管工事はCD管を除く

答え

ロ

解説 315

乾燥した点検できない隠ぺい場所に施設可能なのは，下表のとおり合成樹脂管工事，金属管工事，金属可とう電線管工事（1種金属製可とう電線管を用いる場合を除く），ケーブル工事です。

●施設場所による工事の種類

施設場所		がいし引き	合成樹脂管 金属管 金属可とう電線管 ケーブル	金属線ぴ ライティングダクト	金属ダクト	平形保護層
展開した場所	乾燥した場所	○	○	○(300 V以下)	○	×
	湿気の多い場所 水気のある場所	○	○	×	×	×
点検できる隠ぺい場所	乾燥した場所	○	○	○(300 V以下)	○	○(300 V以下)
	湿気の多い場所 水気のある場所	○	○	×	×	×
点検できない隠ぺい場所	乾燥した場所	×	○	×	×	×
	湿気の多い場所 水気のある場所	×	○	×	×	×

注1：金属可とう電線管工事は1種金属製可とう電線管を除く
注2：合成樹脂管工事はCD管を除く

答え

イ

問題 316

使用電圧 100 V の屋内配線の施設場所における工事の種類で,不適切なものは。

H27 年 上期 22

イ. 点検できない隠ぺい場所であって,乾燥した場所の金属管工事

ロ. 点検できない隠ぺい場所であって,湿気の多い場所の合成樹脂管工事(CD 管を除く)

ハ. 展開した場所であって,水気のある場所のケーブル工事

ニ. 展開した場所であって,水気のある場所のライティングダクト工事

問題 317

使用電圧 100 V の屋内配線の施設場所における工事の種類で,不適切なものは。

R1 年 下期 20

イ. 点検できない隠ぺい場所であって,乾燥した場所のライティングダクト工事

ロ. 点検できない隠ぺい場所であって,湿気の多い場所の防湿装置を施した合成樹脂管工事(CD 管を除く)

ハ. 展開した場所であって,湿気の多い場所のケーブル工事

ニ. 展開した場所であって,湿気の多い場所の防湿装置を施した金属管工事

解説 316

二．展開した場所で，水気のある場所ではライティングダクト工事を施設することはできません。

● 施設場所による工事の種類

施設場所		がいし引き	合成樹脂管 金属管 金属可とう電線管 ケーブル	金属線ぴ ライティングダクト	金属ダクト	平形保護層
展開した場所	乾燥した場所	○	○	○ (300 V以下)	○	×
	湿気の多い場所 水気のある場所	○	○	×	×	×
点検できる隠ぺい場所	乾燥した場所	○	○	○ (300 V以下)	○	○ (300 V以下)
	湿気の多い場所 水気のある場所	○	○	×	×	×
点検できない隠ぺい場所	乾燥した場所	×	○	×	×	×
	湿気の多い場所 水気のある場所	×	○	×	×	×

注1：金属可とう電線管工事は1種金属製可とう電線管を除く
注2：合成樹脂管工事はCD管を除く

答え 二

解説 317

イ．点検できない隠ぺい場所で，乾燥した場所ではライティングダクト工事を施設することはできません。

● 施設場所による工事の種類

施設場所		がいし引き	合成樹脂管 金属管 金属可とう電線管 ケーブル	金属線ぴ ライティングダクト	金属ダクト	平形保護層
展開した場所	乾燥した場所	○	○	○ (300 V以下)	○	×
	湿気の多い場所 水気のある場所	○	○	×	×	×
点検できる隠ぺい場所	乾燥した場所	○	○	○ (300 V以下)	○	○ (300 V以下)
	湿気の多い場所 水気のある場所	○	○	×	×	×
点検できない隠ぺい場所	乾燥した場所	×	○	×	×	×
	湿気の多い場所 水気のある場所	×	○	×	×	×

注1：金属可とう電線管工事は1種金属製可とう電線管を除く
注2：合成樹脂管工事はCD管を除く

答え イ

使用電圧 100 V の屋内配線の施設場所による工事の種類として，適切なものは。

R2年 下期午後 20

イ．点検できない隠ぺい場所であって，乾燥した場所の金属線ぴ工事

ロ．点検できない隠ぺい場所であって，湿気の多い場所の平形保護層工事

ハ．展開した場所であって，湿気の多い場所のライティングダクト工事

ニ．展開した場所であって，乾燥した場所の金属ダクト工事

次表は単相 100 V 屋内配線の施設場所と工事の種類との施工の可否を示す表である。表中の a ～ f のうち，「施設できない」ものを全て選んだ組合せとして，正しいものは。

R3年 上期午前 19,
H29年 上期 21

施設場所の区分	工事の種類		
	合成樹脂管工事（CD管を除く）	ケーブル工事	ライティングダクト工事
展開した場所で湿気の多い場所	a	c	e
点検できる隠ぺい場所で乾燥した場所	b	d	f

イ．a，f　　　ロ．e のみ

ハ．b のみ　　ニ．e，f

解説 318

使用電圧 100 V の屋内配線の工事において、展開した場所であって、乾燥した場所に施設できるのは、金属ダクト工事です。

●施設場所による工事の種類

施設場所		がいし引き	合成樹脂管 金属管 金属可とう電線管 ケーブル	金属線び ライティングダクト	金属ダクト	平形保護層
展開した場所	乾燥した場所	○	○	○ (300 V以下)	○	×
	湿気の多い場所 水気のある場所	○	○	×	×	×
点検できる隠ぺい場所	乾燥した場所	○	○	○ (300 V以下)	○	○ (300 V以下)
	湿気の多い場所 水気のある場所	○	○	×	×	×
点検できない隠ぺい場所	乾燥した場所	×	○	×	×	×
	湿気の多い場所 水気のある場所	×	○	×	×	×

注1：金属可とう電線管工事は1種金属製可とう電線管を除く
注2：合成樹脂管工事は CD 管を除く

答え

解説 319

展開した場所で湿気の多い場所ではライティングダクト工事を施設することはできません。したがって、与えられた表の a 〜 f のうち、「施設できない」ものは e となります。

●施設場所による工事の種類

施設場所		がいし引き	合成樹脂管 金属管 金属可とう電線管 ケーブル	金属線び ライティングダクト	金属ダクト	平形保護層
展開した場所	乾燥した場所	○	○	○ (300 V以下)	○	×
	湿気の多い場所 水気のある場所	○	○	×	×	×
点検できる隠ぺい場所	乾燥した場所	○	○	○ (300 V以下)	○	○ (300 V以下)
	湿気の多い場所 水気のある場所	○	○	×	×	×
点検できない隠ぺい場所	乾燥した場所	×	○	×	×	×
	湿気の多い場所 水気のある場所	×	○	×	×	×

注1：金属可とう電線管工事は1種金属製可とう電線管を除く
注2：合成樹脂管工事は CD 管を除く

答え

次表は使用電圧 100 V の屋内配線の施設場所による工事の種類を示す表である。表中の a 〜 f のうち，「施設できない工事」を全て選んだ組合せとして，正しいものは。

R4 年 下期午後 20，
R4 年 上期午後 20

施設場所の区分	工事の種類		
	金属線ぴ工事	金属管工事	金属ダクト工事
点検できる隠ぺい場所で乾燥した場所	a	c	e
展開した場所で湿気の多い場所	b	d	f

イ．a   ロ．b, f

ハ．e   ニ．e, f

解説 320　使用電圧 100 V の屋内配線の施設場所による工事の種類を示す表は，下表のようになります。

●施設場所による工事の種類

施設場所		がいし引き	合成樹脂管 金属管 金属可とう電線管 ケーブル	金属線び ライティングダクト	金属ダクト	平形保護層
展開した場所	乾燥した場所	○	○	○ (300 V以下)	○	×
	湿気の多い場所 水気のある場所	○	○	×	×	×
点検できる隠ぺい場所	乾燥した場所	○	○	○ (300 V以下)	○	○ (300 V以下)
	湿気の多い場所 水気のある場所	○	○	×	×	×
点検できない隠ぺい場所	乾燥した場所	×	○	×	×	×
	湿気の多い場所 水気のある場所	×	○	×	×	×

したがって，「施設できない工事」を全て選んだ組合せとして正しいものは選択肢ロとなります。

答え

ロ

次表は使用電圧 100 V の屋内配線の施設場所による工事の種類を示す表である。表中の a ～ f のうち，「施設できない工事」を全て選んだ組合せとして，正しいものは。

施設場所の区分	工事の種類		
	金属線び工事	金属ダクト工事	ライティングダクト工事
展開した場所で湿気の多い場所	a	b	c
点検できる隠べい場所で乾燥した場所	d	e	f

イ. a, b, c　　ロ. a, c

ハ. b, e　　二. d, e, f

解説
321

展開した場所で湿気の多い場所では金属線ぴ工事，金属ダクト工事，ライティングダクト工事を施設することはできません。したがって，与えられた表の a～f のうち，「施設できない」ものは a, b, c となります。

●施設場所による工事の種類

施設場所		がいし引き	合成樹脂管 金属管 金属可とう電線管 ケーブル	金属線ぴ ライティングダクト	金属ダクト	平形保護層
展開した場所	乾燥した場所	○	○	○ (300 V以下)	○	×
	湿気の多い場所 水気のある場所	○	○	×	×	×
点検できる隠ぺい場所	乾燥した場所	○	○	○ (300 V以下)	○	○ (300 V以下)
	湿気の多い場所 水気のある場所	○	○	×	×	×
点検できない隠ぺい場所	乾燥した場所	×	○	×	×	×
	湿気の多い場所 水気のある場所	×	○	×	×	×

注1：金属可とう電線管工事は1種金属製可とう電線管を除く
注2：合成樹脂管工事は CD 管を除く

CH 04

電気工事の施工方法

答え
イ

特殊場所とその場所に施工する低圧屋内配線工事の組合せで，不適切なものは。

R5年 下期午後 22,
R4年 下期午前 22,
H29年 上期 19,
H27年 下期 21

イ．プロパンガスを他の小さな容器に小分けする可燃性ガスのある場所
　　厚鋼電線管で保護した 600V ビニル絶縁ビニルシースケーブルを用いたケーブル工事

ロ．小麦粉をふるい分けする可燃性粉じんのある場所
　　硬質ポリ塩化ビニル電線管 VE28 を使用した合成樹脂管工事

ハ．石油を貯蔵する危険物の存在する場所
　　金属線ぴ工事

ニ．自動車修理工場の吹き付け塗装作業を行う可燃性ガスのある場所
　　厚鋼電線管を使用した金属管工事

特殊場所とその場所に施工する低圧屋内配線工事の組合せで，不適切なものは。

H26年 下期 20

イ．プロパンガスを小さな容器に小分けする場所
　　合成樹脂管工事

ロ．小麦粉をふるい分けする粉じんのある場所
　　厚鋼電線管を使用した金属管工事

ハ．石油を貯蔵する場所
　　厚鋼電線管で保護した 600V ビニル絶縁ビニルシースケーブルを用いたケーブル工事

ニ．自動車修理工場の吹き付け塗装作業を行う場所
　　厚鋼電線管を使用した金属管工事

解説 322

石油などの危険物等のある場所では，以下の工事方法のどれかを採用する必要があります。

・合成樹脂管工事

・金属管工事

・ケーブル工事（条件付）

以上より，石油などの危険物等のある場所では金属線ぴ工事を施設することはできません。

●特殊な場所で行うことのできる工事の種類

特殊な場所	合成樹脂管	金属管	ケーブル	がいし引き 金属可とう電線管 金属ダクト
可燃性のガスまたは引火性物質のある場所	×	○	○（電線を管やその他の防護装置に収めるか，MIケーブルやがい装ケーブルを使う）	×
危険物等のある場所	○	○		×
爆燃性粉じんのある場所	×	○		×
可燃性粉じんのある場所	○	○		×
その他の粉じんの多い場所	○	○	○	○

答え
イ ハ

解説 323

プロパンガスのような可燃性のガスまたは引火性物質のある場所では合成樹脂管工事を施設することはできません。

●特殊な場所で行うことのできる工事の種類

特殊な場所	合成樹脂管	金属管	ケーブル	がいし引き 金属可とう電線管 金属ダクト
可燃性のガスまたは引火性質のある場所	×	○	○（電線を管やその他の防護装置に収めるか，MIケーブルやがい装ケーブルを使う）	×
危険物等のある場所	○	○		×
爆燃性粉じんのある場所	×	○		×
可燃性粉じんのある場所	○	○		×
その他の粉じんの多い場所	○	○	○	○

答え
イ

問題
324

R2年 下期午後 21,
H28年 上期 23

店舗付き住宅に三相 200 V, 定格消費電力 2.8 kW のルームエアコンを施設する屋内配線工事の方法として, 不適切なものは。

イ. 屋内配線には, 簡易接触防護措置を施す。

ロ. 電路には, 漏電遮断器を施設する。

ハ. 電路には, 他負荷の電路と共用の配線用遮断器を施設する。

二. ルームエアコンは, 屋内配線と直接接続して施設する。

解説 324

住宅の屋内電路の対地電圧は 150 V 以下でなければなりません。しかし，定格消費電力 2 kW 以上の電気機器を施設する場合は，次の条件を満たしたときに三相 3 線式 200 V（対地電圧 200 V）を使用することができます。

●対地電圧を 300 V 以下にすることができる条件

> ① 簡易接触防護措置を施す
> ② 電気機械器具を，屋内配線と直接接続して施設する（コンセントを使わない）
> ③ 専用の開閉器及び過電流遮断器を施設する（専用の配線用遮断器又は，専用の漏電遮断器を施設する）
> ④ 漏電遮断器を施設する

ハ．三相 200 V，定格消費電力 2.8 kW のルームエアコンを施設する屋内配線工事を行う場合，電路には専用の配線用遮断器（専用の開閉器及び過電流遮断器）を施設する必要があります。

答え

ハ

住宅の屋内に三相 200 V のルームエアコンを施設した。工事方法として，適切なものは。
ただし，三相電源の対地電圧は 200V で，ルームエアコン及び配線は簡易接触防護措置を施すものとする。

イ．定格消費電力が 1.5 kW のルームエアコンに供給する電路に，専用の配線用遮断器を取り付け，合成樹脂管工事で配線し，コンセントを使用してルームエアコンと接続した。

ロ．定格消費電力が 1.5 kW のルームエアコンに供給する電路に，専用の漏電遮断器を取り付け，合成樹脂管工事で配線し，ルームエアコンと直接接続した。

ハ．定格消費電力が 2.5 kW のルームエアコンに供給する電路に，専用の配線用遮断器と漏電遮断器を取り付け，ケーブル工事で配線し，ルームエアコンと直接接続した。

ニ．定格消費電力が 2.5 kW のルームエアコンに供給する電路に，専用の配線用遮断器を取り付け，金属管工事で配線し，コンセントを使用してルームエアコンと接続した。

住宅の屋内電路の対地電圧は 150 V 以下でなければなりません。しかし，定格消費電力 2 kW 以上の電気機器を施設する場合は，次の条件を満たしたときに三相 3 線式 200 V（対地電圧 200 V）を使用することができます。

●対地電圧を 300 V 以下にすることができる条件

① 簡易接触防護措置を施す
② 電気機械器具を，屋内配線と直接接続して施設する（コンセントを使わない）
③ 専用の開閉器及び過電流遮断器を施設する（専用の配線用遮断器又は，専用の漏電遮断器を施設する）
④ 漏電遮断器を施設する

イ・ロ．定格消費電力が 2 kW より小さいため，不適切となります。

ハ．三相 3 線式 200 V を用いる場合の条件を満たしており，適切です。

ニ．施設時にコンセントを使用しているため，不適切となります。

木造住宅の金属板張り（金属系サイディング）の壁を貫通する部分の低圧屋内配線工事として，適切なものは。

ただし，金属管工事，金属可とう電線管工事に使用する電線は，600V ビニル絶縁電線とする。

イ．ケーブル工事とし，壁の金属板張りを十分に切り開き，600V ビニル絶縁ビニルシースケーブルを合成樹脂管に収めて電気的に絶縁し，貫通施工した。

ロ．金属管工事とし，壁に小径の穴を開け，金属板張りと金属管とを接触させ金属管を貫通施工した。

ハ．金属可とう電線管工事とし，壁の金属板張りを十分に切り開き，金属製可とう電線管を壁と電気的に接続し，貫通施工した。

ニ．金属管工事とし，壁の金属板張りと電気的に完全に接続された金属管に D 種接地工事を施し，貫通施工した。

組み合わせて使用する機器で，その組合せとして，明らかに誤っているものは。

イ．ネオン変圧器と高圧水銀灯

ロ．光電式自動点滅器と庭園灯

ハ．零相変流器と漏電警報器

ニ．スターデルタ始動装置と一般用低圧三相かご形誘導電動機

解説
326

木造住宅の金属板張り（金属系サイディング）の壁を貫通して低圧屋内配線工事を行う場合，選択肢イのようにまず壁の金属板張りを十分に切り開いた後，ケーブルを合成樹脂管などの絶縁管に収めるなどして，壁の金属部分と電気的に絶縁する必要があります。

答え

解説
327

イ．ネオン変圧器はネオン放電灯で使用します。高圧水銀灯には水銀灯用の安定器が必要で，ネオン変圧器を組み合わせることはありません。

答え

屋内の管灯回路の使用電圧が 1000 V を超えるネオン放電灯工事として, 不適切なものは。ただし, 接触防護措置が施してあるものとする。

イ. ネオン変圧器への 100 V 電源回路は, 専用回路とし, 20 A 配線用遮断器を設置した。

ロ. ネオン変圧器の二次側 (管灯回路) の配線を, 点検できる隠ぺい場所に施設した。

ハ. ネオン変圧器の二次側 (管灯回路) の配線を, ネオン電線を使用し, がいし引き工事により施設し, 電線の支持点間の距離を 2 m とした。

ニ. ネオン変圧器の金属製外箱に D 種接地工事を施した。

100 V の低圧屋内配線に, ビニル平形コード (断面積 0.75mm²) 2 心を絶縁性のある造営材に適当な留め具で取り付けて, 施設することができる場所又は箇所は。

イ. 乾燥した場所に施設し, かつ, 内部を乾燥状態で使用するショウウインドー内の外部から見えやすい箇所

ロ. 木造住宅の人の触れるおそれのない点検できる押し入れの壁面

ハ. 木造住宅の和室の壁面

ニ. 乾燥状態で使用する台所の床下収納庫

解説
328

ハ．1000 V を超えるネオン放電灯工事では，電線の支持点間の距離を 1 m 以下にして施工しなければなりません。

● 1000 V を超えるネオン放電灯の施設のポイント

① ネオン電線を使う
② 電線どうしの間隔は6 cm以上
③ 支持点間の距離は1 m以下
④ 他の配線や弱電流電線・水道管・ガス管との距離は10 cm以上
　または絶縁できる壁を設けるか，他の配線などを絶縁できる管に収める
⑤ 電源回路は専用回路とし，20 A配線用遮断器もしくは15 A過電流遮断
　器を設置する
⑥ 接地工事は省略できない

答え
ハ

解説
329

イ．コードなどを造営材に接触して施設する配線工事は原則禁止されていますが，ショウウインドーやショウケース内の場合は美観上の理由などから，比較的安全性が高い場合に限り例外的にコードなどを造営材に接触して施設できます。具体的には，**乾燥した場所に施設し，かつ内部を乾燥状態で使用す**るショウウインドー内の**外部から見えやすい場所**では，コード又はキャブタイヤケーブルを造営材に接触して施設できます。

答え
イ

問題 **330**

⑧で示す部分の小勢力回路で使用できる電線（軟銅線）の最小太さの直径 [mm] は。

R5 年 上期午前 38,
R2 年 下期午前 33,
R1 年 上期 38,
H26 年 上期 39

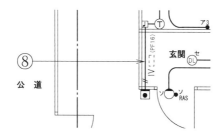

イ. 0.8　　ロ. 1.2　　ハ. 1.6　　ニ. 2.0

問題 **331**

⑨で示す部分の小勢力回路で使用できる電圧の最大値 [V] は。

R5 年 上期午後 39,
R4 年 下期午前 37,
R4 年 下期午後 39,
R4 年 上期午後 36,
R3 年 上期午前 32,
R1 年 下期 32,
H27 年 下期 35

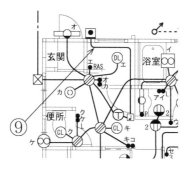

イ. 24　　ロ. 30　　ハ. 40　　ニ. 60

解説 **330**

小勢力回路で使用できる電線（軟銅線）は，ケーブルである場合を除き，直径 0.8 mm 以上です。よって，最小太さの直径は 0.8 mm です。

答え

イ

解説 **331**

小勢力回路は最大使用電圧が 60 V 以下の回路のことをいい，警報ベルや玄関のチャイム用の回路が該当します。

答え
ニ

問題 332

R4年 下期午前 20,
R3年 下期午後 20,
H29年 上期 22

同一敷地内の車庫へ使用電圧 100 V の電気を供給するための低圧屋側配線部分の工事として，不適切なものは。

イ．600V 架橋ポリエチレン絶縁ビニルシースケーブル (CV) によるケーブル工事

ロ．硬質ポリ塩化ビニル電線管（硬質塩化ビニル電線管）（VE）による合成樹脂管工事

ハ．1 種金属製線ぴによる金属線ぴ工事

ニ．600V ビニル絶縁ビニルシースケーブル丸形 (VVR) によるケーブル工事

問題 333

R4年 上期午前 35,
R3年 上期午後 31,
R2年 下期午後 40,
H29年 上期 40,
H28年 下期 35

⑤で示す引込線取付点の地表上の高さの最低値 [m] は。
ただし，引込線は道路を横断せず，技術上やむを得ない場合で交通に支障がないものとする。

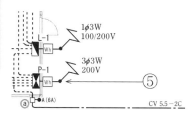

イ．2.5　　ロ．3.0　　ハ．3.5　　ニ．4.0

解説 332

ハ．屋外配線や屋側配線は，雨などにさらされる場所であるため，金属ダクト工事や金属線ぴ工事を施設することはできません。

答え
ハ

解説 333

引込線取付点の地表上の高さは，原則 4 m 以上である必要がありますが，道路を横断せず，技術上やむを得ない場合で，交通に支障のないときは 2.5 m 以上であれば構いません。よって，最低値は 2.5 m となります。

答え
イ

図は木造1階建住宅の配線図の一部である。⑩で示す部分の工事方法で施工できない工事方法は。

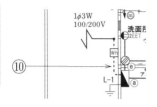

イ．金属管工事　　　ロ．合成樹脂管工事
ハ．がいし引き工事　ニ．ケーブル工事

図は木造3階建住宅の配線図の一部である。④で示す部分の工事方法として，適切なものは。

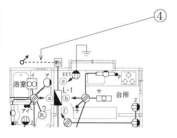

イ．金属管工事

ロ．金属可とう電線管工事

ハ．金属線ぴ工事

ニ．600V架橋ポリエチレン絶縁ビニルシースケーブル（単心3本のより線）を使用したケーブル工事

解説
334

⑩で示す部分は屋側配線部分であり，造営物が木造の場合，金属管工事は禁止されています。

答え
イ

解説
335

④で示す部分は屋側配線部分です。木造の建物の低圧屋側配線では，金属管工事や金属がい装ケーブルを使用した工事，金属可とう電線管工事，金属線ぴ工事，金属ダクト工事などは施設することができません。よって，600V 架橋ポリエチレン絶縁ビニルシースケーブル（単心 3 本のより線）を使用したケーブル工事が適切です。

答え
ニ

問題 336

図は木造3階建住宅の配線図の一部である。③で示す部分の工事の種類として，正しいものは。

R5年 上期午後 33,
R3年 下期午前 34

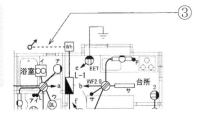

イ．ケーブル工事（CVT）

ロ．金属線ぴ工事

ハ．金属ダクト工事

ニ．金属管工事

問題 337

③で示す引込口開閉器が省略できる場合の，住宅と車庫との間の電路の長さの最大値 [m] は。

R4年 下期午前 33,
R3年 下期午後 32,
R2年 下期午前 38,
H28年 下期 32,
H26年 上期 35

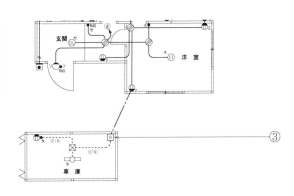

イ．5　　ロ．10　　ハ．15　　ニ．20

解説
336

③で示す部分は屋側配線部分です。木造の建物の低圧屋側配線では，金属管工事や金属がい装ケーブルを使用した工事，金属ダクト工事，金属線ぴ工事は施設することができません。よって，CVT（架橋ポリエチレン絶縁ビニルシースケーブル（単心3本より線））を使用したケーブル工事が適切です。

答え
イ

解説
337

引込口開閉器を省略できる条件は，電路の長さが15 m以下の場合です。したがって，省略できる場合の，住宅と車庫の間の電路の長さの最大値は，15 mとなります。

答え
ハ

図は工場及び倉庫の配線図の一部である。②で示す引込口開閉器の設置は。ただし，この屋内電路を保護する過負荷保護付漏電遮断器の定格電流は 20 A である。

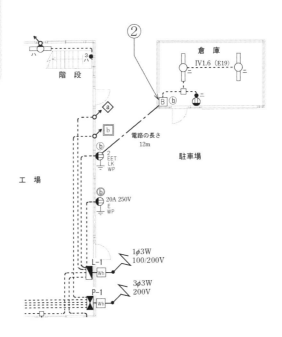

イ．屋外の電路が地中配線であるから省略できない。

ロ．屋外の電路の長さが 10 m 以上なので省略できない。

ハ．過負荷保護付漏電遮断器の定格電流が 20 A なので省略できない。

ニ．屋外の電路の長さが 15 m 以下なので省略できる。

以下のすべての条件を満たす場合,引込口開閉器を省略できます。

①低圧屋内電路 (工場) の使用電圧が 300 V 以下

②他の低圧屋内電路 (倉庫) が定格電流 15 A を超え 20 A 以下
の配線用遮断器 (または 15 A 以下の過電流遮断) で保護され
ている

③低圧屋内電路と他の低圧屋内電路の間の (工場と倉庫の間の)
電路の長さ (屋外の電路の長さ) が 15 m 以下

したがって,ニが正解。

答え

二

05

一般用電気工作物の
検査方法

問題 339

H28 年 上期 24

一般用電気工作物の低圧屋内配線工事が完了したときの検査で、一般に行われていないものは。

イ．絶縁耐力試験　　　ロ．絶縁抵抗の測定
ハ．接地抵抗の測定　　ニ．目視点検

問題 340

H27 年 下期 27

一般用電気工作物の低圧屋内配線工事が完了したときの検査で、一般的に行われている検査項目の組合せとして、正しいものは。

イ．目視点検　　　　　絶縁抵抗測定
　　接地抵抗測定　　　温度上昇試験
ロ．目視点検　　　　　導通試験
　　絶縁抵抗測定　　　接地抵抗測定
ハ．目視点検　　　　　導通試験
　　絶縁耐力試験　　　温度上昇試験
ニ．目視点検　　　　　導通試験
　　絶縁抵抗測定　　　絶縁耐力試験

解説 339

一般用電気工作物の工事が完了したときの検査を竣工検査といい，次の手順で行われますが，**絶縁耐力試験は行いません**。

①目視点検→②絶縁抵抗の測定→③接地抵抗の測定→④導通試験（②と③は逆でも可）

答え
イ

解説 340

一般用電気工作物の工事が完了したときの検査を竣工検査といい，次の手順で行われます。

①目視点検→②絶縁抵抗の測定→③接地抵抗の測定→④導通試験（②と③は逆でも可）

なお，工事が完了したときに行う温度上昇試験は，変圧器を通常運転させたときの温度上昇を確認するものですが，一般用電気工作物に通常変圧器は含まれません。また，絶縁耐力試験は，高圧以上の電線路に対して絶縁の程度を測定する試験であるため，一般用電気工作物は対象となりません。

答え
ロ

一般用電気工作物の竣工（新増設）検査に関する記述として，誤っているものは。

イ．検査は点検，通電試験（試送電），測定及び試験の順に実施する。

ロ．点検は目視により配線設備や電気機械器具の施工状態が「電気設備に関する技術基準を定める省令」などに適合しているか確認する。

ハ．通電試験（試送電）は，配線や機器について，通電後正常に使用できるかどうか確認する。

ニ．測定及び試験では，絶縁抵抗計，接地抵抗計，回路計などを利用して測定し，「電気設備に関する技術基準を定める省令」などに適合していることを確認する。

使用電圧が低圧の電路において，絶縁抵抗測定が困難であったため，使用電圧が加わった状態で漏えい電流により絶縁性能を確認した。「電気設備の技術基準の解釈」に定める，絶縁性能を有していると判断できる漏えい電流の最大値 [mA] は。

イ．0.1　　　ロ．0.2　　　ハ．1　　　ニ．2

解説 341

一般用電気工作物の工事が完了したときの検査を竣工検査といい，次の手順で行われます。

①目視点検→②絶縁抵抗の測定→③接地抵抗の測定→④導通試験（②と③は逆でもよい）

イ．通電試験は④導通試験が終了した後に行わなければなりません。

答え

イ

解説 342

低圧の電路において，停電を行わないで絶縁状態を調査するときは，クランプ形電流計を使用します。「電気設備の技術基準の解釈」では，このときの漏えい電流が 1 mA 以下であればよいと規定されています。

答え

ハ

R4 年 上期午後 25

絶縁抵抗測定が困難なので，単相 100/200 V の分電盤の各分岐回路に対し，使用電圧が加わった状態で，クランプ形漏れ電流計を用いて，漏えい電流を測定した。その測定結果は，使用電圧 100 V の A 回路は 0.5 mA，使用電圧 200 V の B 回路は 1.5 mA，使用電圧 100 V の C 回路は 3 mA であった。絶縁性能が「電気設備の技術基準の解釈」に適合している回路は。

イ．すべて適合している。

ロ．A 回路と B 回路が適合している。

ハ．A 回路のみが適合している。

ニ．すべて適合していない。

R4 年 下期午前 27,
R4 年 下期午後 27,
R1 年 上期 27,
H29 年 下期 27,
H27 年 上期 25

単相 2 線式 100 V 回路の漏れ電流を，クランプ形漏れ電流計を用いて測定する場合の測定方法として，正しいものは。
ただし，■■■ は接地線を示す。

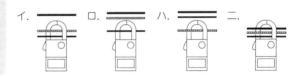

R5 年 上期午後 27

漏れ電流計 (クランプ形) に関する記述として，誤っているものは。

イ．漏れ電流計 (クランプ形) の方が一般的な負荷電流測定用のクランプ形電流計より感度が低い。

ロ．接地線を開放することなく，漏れ電流が測定できる。

ハ．漏れ電流専用のものとレンジ切換えで負荷電流も測定できるものもある。

ニ．漏れ電流計には増幅回路が内蔵され，[mA] 単位で測定できる。

解説
343

低圧の電路において，停電を行わないで絶縁状態を調査するとき
は，クランプ形漏れ電流計を使用します。「電気設備の技術基準
の解釈」では，このときの漏えい電流が 1 mA 以下であればよい
と規定されています。
上記の規定に適合するのは，選択肢ハとなります。

答え
ハ

解説
344

クランプ形漏れ電流計を用いて漏れ電流の有無を測定する場合，
選択肢イの図のように接地線を除くすべての電線をはさむ必要が
あります。

答え
イ

解説
345

イ．漏れ電流計 (クランプ形) の方が一般的な負荷電流測定用の
クランプ形電流計より感度は高いです。漏れ電流計は微弱な
電流を計測する必要があるからです。

答え
イ

分岐開閉器を開放して負荷を電源から完全に分離し，その負荷側の低圧屋内電路と大地間の絶縁抵抗を一括測定する方法として，適切なものは。

イ．負荷側の点滅器をすべて「切」にして，常時配線に接続されている負荷は，使用状態にしたままで測定する。

ロ．負荷側の点滅器はすべて「入」にして，常時配線に接続されている負荷は，使用状態にしたままで測定する。

ハ．負荷側の点滅器をすべて「切」にして，常時配線に接続されている負荷は，すべて取り外して測定する。

ニ．負荷側の点滅器をすべて「入」にして，常時配線に接続されている負荷は，すべて取り外して測定する。

絶縁抵抗計（電池内蔵）に関する記述として，誤っているものは。

イ．絶縁抵抗計には，ディジタル形と指針形（アナログ形）がある。

ロ．絶縁抵抗測定の前には，絶縁抵抗計の電池容量が正常であることを確認する。

ハ．絶縁抵抗計の定格測定電圧（出力電圧）は，交流電圧である。

ニ．電子機器が接続された回路の絶縁測定を行う場合は，機器等を損傷させない適正な定格測定電圧を選定する。

解説 346

低圧屋内電路と大地間の絶縁抵抗を一括測定する際は，下図のように点滅器は「入」の状態にします。また，電気機器などの負荷の絶縁についても調べるため，常時配線に接続されている負荷は使用状態にしたまま測定します。

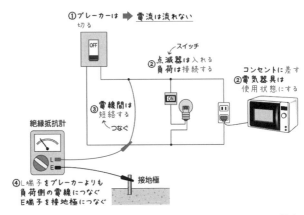

答え

解説 347

ハ．絶縁抵抗計の定格測定電圧（出力電圧）は，直流電圧です。

答え

ハ

アナログ形絶縁抵抗計（電池内蔵）を用いた絶縁抵抗測定に関する記述として，誤っているものは。

R5年 下期午後 25,
R3年 上期午後 25,
H30年 上期 25

イ．絶縁抵抗測定の前には，絶縁抵抗計の電池容量が正常であることを確認する。

ロ．絶縁抵抗測定の前には，絶縁抵抗測定のレンジに切り替え，測定モードにし，接地端子（E：アース）と線路端子（L：ライン）を短絡し零点を指示することを確認する。

ハ．電子機器が接続された回路の絶縁測定を行う場合は，機器等を損傷させない適正な定格測定電圧を選定する。

ニ．被測定回路に電源電圧が加わっている状態で測定する。

単相3線式100/200 Vの屋内配線において，開閉器又は過電流遮断器で区切ることができる電路ごとの絶縁抵抗の最小値として，「電気設備に関する技術基準を定める省令」に規定されている値 [MΩ] の組合せで，正しいものは。

R4年 上期午前 25,
R2年 下期午後 25,
H28年 下期 25

イ．電路と大地間 0.2　　　電線相互間 0.4

ロ．電路と大地間 0.2　　　電線相互間 0.2

ハ．電路と大地間 0.1　　　電線相互間 0.1

ニ．電路と大地間 0.1　　　電線相互間 0.2

二. 絶縁抵抗計を用いて絶縁抵抗を測定するときは，**ブレーカー
を切った状態 (停電状態)** で測定を行います。

ブレーカーを切らず，測定する回路に電源電圧が加わっている状
態で測定すると，正しく測定できなかったり，機器が壊れたり，
感電事故が起こったりする可能性があります。

一般用電気工作物の検査方法

答え
二

絶縁抵抗の値を安全な値に保つために，「電気設備に関する技術
基準」では低圧電路の絶縁抵抗の値を下表のように定めていま
す。単相 3 線式 100/200 V は使用電圧が 300 V 以下で，対地
電圧が 150 V 以下であるため，絶縁抵抗値は電路と大地間，電
線相互間ともに 0.1 MΩ以上必要です。

●低圧の電路の絶縁性能 (電技 58 条)

電路の使用電圧		絶縁抵抗値
300 V以下	対地電圧150 V以下	0.1 MΩ以上
	その他	0.2 MΩ以上
300 Vを超えるもの		0.4 MΩ以上

答え
ハ

低圧屋内配線の電路と大地間の絶縁抵抗を測定した。「電気設備に関する技術基準を定める省令」に適合していないものは。

R5年 上期午前 25,
R4年 下期午前 25,
R2年 下期午前 25,
H29年 下期 25

イ．単相3線式 100/200 V の使用電圧 200 V 空調回路の絶縁抵抗を測定したところ 0.16 MΩ であった。

ロ．三相3線式の使用電圧 200 V（対地電圧 200V）電動機回路の絶縁抵抗を測定したところ 0.18 MΩ であった。

ハ．単相2線式の使用電圧 100 V 屋外庭園灯回路の絶縁抵抗を測定したところ 0.12 MΩ であった。

ニ．単相2線式の使用電圧 100 V 屋内配線の絶縁抵抗を，分電盤で各回路を一括して測定したところ，1.5 MΩ であったので個別分岐回路の測定を省略した。

次表は，電気使用場所の開閉器又は過電流遮断器で区切られる低圧電路の使用電圧と電線相互間及び電路と大地との間の絶縁抵抗の最小値についての表である。

R3年 上期午前 25

次の空欄 (A)，(B) 及び (C) に当てはまる数値の組合せとして，正しいものは。

電路の使用電圧区分		絶縁抵抗値
300V以下	対地電圧150V以下の場合	(A) [MΩ]
	その他の場合	(B) [MΩ]
300Vを超えるもの		(C) [MΩ]

イ．(A) 0.1　　(B) 0.2　　(C) 0.3

ロ．(A) 0.1　　(B) 0.2　　(C) 0.4

ハ．(A) 0.2　　(B) 0.3　　(C) 0.4

ニ．(A) 0.2　　(B) 0.4　　(C) 0.6

絶縁抵抗の値を安全な値に保つために，「電気設備に関する技術基準を定める省令」では低圧電路の絶縁抵抗の値を下表のように定めています。

ロ．三相 3 線式 200 V は使用電圧が 300 V 以下で，対地電圧が 150 V を超えるため，絶縁抵抗値は電路と大地間，電線相互間ともに 0.2 MΩ 以上必要です。

●低圧の電路の絶縁性能 (電技 58 条)

電路の使用電圧		絶縁抵抗値
300 V以下	対地電圧150 V以下	0.1 MΩ以上
	その他	0.2 MΩ以上
300 Vを超えるもの		0.4 MΩ以上

答え

ロ

絶縁抵抗の値を安全な値に保つために，「電気設備に関する技術基準を定める省令」では低圧電路の絶縁抵抗の最小値を下表のように定めています。

●低圧の電路の絶縁性能 (電技 58 条)

電路の使用電圧区分		絶縁抵抗値
300 V以下	対地電圧150 V以下の場合	0.1 [MΩ]
	その他の場合	0.2 [MΩ]
300 Vを超えるもの		0.4 [MΩ]

答え

ロ

⑥で示す部分の電路と大地間の絶縁抵抗として，許容される最小値 [MΩ] は。

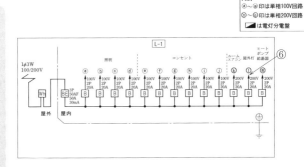

イ. 0.1　ロ. 0.2　ハ. 0.3　ニ. 0.4

⑥からたどっていくと，単相3線式（1φ3W）100/200 V電源に接続されています。したがって，使用電圧は300V以下，対地電圧は150V以下となります。よって下表より，0.1MΩが絶縁抵抗の最小値です。

●低圧の電路の絶縁性能（電技58条）

電路の使用電圧		絶縁抵抗値
300V以下	対地電圧150 V以下	0.1 MΩ以上
	その他	0.2 MΩ以上
300 Vを超えるもの		0.4 MΩ以上

答え
イ

⑧で示す部分の電路と大地間の絶縁抵抗として，許容される最小値 [MΩ] は。

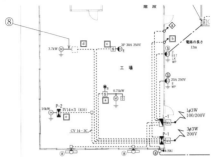

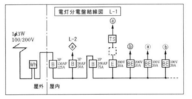

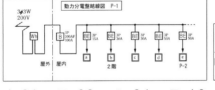

イ. 0.1　　ロ. 0.2　　ハ. 0.4　　ニ. 1.0

⑧で示す電路は，動力分電盤 P-1 の回に接続されており，たどっていくと，三相 3 線式 (3 φ 3W) 200 V 電源に接続されています。したがって，使用電圧は 300V 以下，対地電圧は 200V（150V 超 300V 以下）となります。よって下表より，0.2MΩ が絶縁抵抗の最小値です。

●低圧の電路の絶縁性能（電技 58 条）

電路の使用電圧		絶縁抵抗値
300V以下	対地電圧150 V以下	0.1 MΩ以上
	その他	0.2 MΩ以上
300 Vを超えるもの		0.4 MΩ以上

答え
□

問題
354

R5年 下期午前 26,
R5年 上期午前 26,
R3年 上期午後 26,
H30年 上期 26,
H26年 上期 26

使用電圧 100V の低圧電路に，地絡が生じた場合 0.1 秒で自動的に電路を遮断する装置が施してある。この電路の屋外に D 種接地工事が必要な自動販売機がある。その接地抵抗値 a[Ω] と電路の絶縁抵抗値 b[MΩ] の組合せとして，「電気設備に関する技術基準を定める省令」及び「電気設備の技術基準の解釈」に適合していないものは。

イ．a 600   b 2.0
ロ．a 500   b 1.0
ハ．a 100   b 0.2
ニ．a 10   b 0.1

絶縁抵抗の値を安全な値に保つために，「電気設備に関する技術基準を定める省令」では低圧電路の絶縁抵抗の値を次のように定めています。下表より，使用電圧が 300 V 以下のもののうち，対地電圧が 150 V 以下の場合の電線相互間及び電路と大地との間の絶縁抵抗は 0.1 MΩ 以上です。

●低圧の電路の絶縁性能（電技 58 条）

電路の使用電圧		絶縁抵抗値
300V以下	対地電圧150 V以下	0.1 MΩ以上
	その他	0.2 MΩ以上
300 Vを超えるもの		0.4 MΩ以上

また，D 種接地工事を施す際，問題文に「地絡が生じた場合 0.1 秒で自動的に電路を遮断する装置が施してある。」とあるため，下表より，接地抵抗値は 500 Ω以下で施設する必要があります。

●低圧用電気機器の接地工事（解釈 17 条）

施工条件	接地抵抗値		接地線の太さ
C種接地工事 （300V超）	10 Ω以下	地絡時に0.5秒以内に 自動的に電路を遮断 する装置がある場合 は500 Ω以下	1.6 mm以上
D種接地工事 （300V以下）	100 Ω以下		

以上より，これらに適合しないものは，a の接地抵抗値が 600 Ωである選択肢イとなります。

答え
イ

工場の 200 V 三相誘導電動機 (対地電圧 200 V) への配線の絶縁抵抗値 [MΩ] 及びこの電動機の鉄台の接地抵抗値 [Ω] を測定した。電気設備技術基準等に適合する測定値の組合せとして, 適切なものは。ただし, 200 V 回路に施設された漏電遮断器の動作時間は 0.1 秒とする。

イ. 0.1 MΩ   50 Ω

ロ. 1 MΩ   600 Ω

ハ. 0.15 MΩ   200 Ω

ニ. 0.4 MΩ   300 Ω

TACでは、学科試験対策と技能試験対策を開講。
通学講座と通信講座をご用意しておりますので、ご自分の
ライフサイクルに合わせて学習スタイルをお選びいただけます。

学習スタイル

通学講座

教室講座
教室にて集合形式で講義を受講するスタイル

ビデオブース講座
収録した講義をTAC校舎のビデオブースで視聴するスタイル

通信講座

Web通信講座
インターネットを利用していつでもどこでも学習可能

DVD通信講座
講義を収録したDVDをご自宅にお届けし視聴するスタイル

開講コース（第二種電気工事士）のご案内
※受講料や開講日程等の詳細は、当ページ下部のご案内よりTACホームページをご覧ください

学科試験（CBT/筆記）対策
教室講座 ビデオブース講座 Web通信講座 DVD通信講座

受験生が苦手とする複線図の書き方や計算問題も分かりやすく解説します。

カリキュラム			
1	配線図	5	検査方法
2	電気機器と器具	6	電気工事の基礎理論
3	保安に関する法令	7	配電理論と配線設計
4	電気工事の施工方法	8	複線図

※講義は「第二種電気工事士学科試験の教科書＆問題集」（TAC出版）を使用します
※「第二種電気工事士学科試験の過去問題集」（TAC出版）付き。

技能試験対策（講習会）
教室講座 Web通信講座 DVD通信講座

本試験で出題される13課題全てに対応！工具あり・なしコースも選べます。

カリキュラム	
1	複線図の書き方
2	基本作業
3	課題作成

材料
ケーブル　器具セット

工具イメージ

1 ツールポーチ
2 定規
3 マイナスドライバー
4 プラスドライバー
5 ペンチ
6 ウォーターポンププライヤー
7 VVFストリッパー
8 ニッパー
9 圧着工具
10 電工ナイフ

※教材はTACオリジナルテキストを使用いたします（コース受講料に含まれます）。
※当案内書に記載されている内容は2024年1月現在の内容です。変更の場合もございますのであらかじめご了承ください。

電気工事士講座や試験の詳細はTACのホームページをご覧ください
第一種電気工事士 試験対策（学科／技能）も好評開講中！

TAC 電気工事士講座

電気工事士講座の受講に関するお問い合わせ・資料請求はこちら

通話無料 **0120-509-117**
コウカク　イイナ

受付時間 平日・土日祝／10:00〜17:00

資格の学校 **TAC**

353-0903-1024-11

※営業時間変更の場合がございます。詳細はHPにてご確認ください。

絶縁抵抗の値を安全な値に保つために，「電気設備に関する技術基準を定める省令」では低圧電路の絶縁抵抗の値を次のように定めています。下表より，使用電圧が 300 V 以下のもののうち，対地電圧が 150 V を超える場合の電線相互間及び電路と大地との間の絶縁抵抗は 0.2 MΩ以上です。

●低圧の電路の絶縁性能 (電技 58 条)

電路の使用電圧		絶縁抵抗値
300V以下	対地電圧150 V以下	0.1 MΩ以上
	その他	0.2 MΩ以上
300 Vを超えるもの		0.4 MΩ以上

また，当該電路に施設する三相誘導電動機の鉄台には「電気設備の技術基準の解釈」に基づき D 種接地工事を施します。なお，問題文に「電路に施設された漏電遮断器の動作時間は 0.1 秒とする。」とあるため，下表より，接地抵抗値は 500 Ω以下で施設する必要があります。

●低圧用電気機器の接地工事 (解釈 17 条)

施工条件	接地抵抗値		接地線の太さ
C種接地工事 (300V超)	10 Ω以下	地絡時に0.5秒以内に 自動的に電路を遮断 する装置がある場合 は500 Ω以下	1.6 mm以上
D種接地工事 (300V以下)	100 Ω以下		

以上の両方の条件に適合するのは，選択肢ニの「0.4 MΩ　300 Ω」となります。

答え

二

工場の 200 V 三相誘導電動機 (対地電圧 200 V) への配線の絶縁抵抗値 [MΩ] 及びこの電動機の鉄台の接地抵抗値 [Ω] を測定した。電気設備技術基準等に適合する測定値の組合せとして, 適切なものは。ただし, 200 V 電路に施設された漏電遮断器の動作時間は 0.5 秒を超えるものとする。

イ. 0.4 MΩ   300 Ω
ロ. 0.3 MΩ   60 Ω
ハ. 0.15 MΩ   200 Ω
ニ. 0.1 MΩ   50 Ω

絶縁抵抗の値を安全な値に保つために，「電気設備に関する技術基準を定める省令」では低圧電路の絶縁抵抗の値を次のように定めています。下表より，使用電圧が 300 V 以下のもののうち，対地電圧が 150 V を超える場合の電線相互間及び電路と大地との間の絶縁抵抗は 0.2 MΩ以上です。

●低圧の電路の絶縁性能（電技 58 条）

電路の使用電圧		絶縁抵抗値
300V以下	対地電圧150 V以下	0.1 MΩ以上
	その他	0.2 MΩ以上
300 Vを超えるもの		0.4 MΩ以上

また，当該電路に施設する三相誘導電動機の鉄台には「電気設備の技術基準の解釈」に基づき D 種接地工事を施します。なお，問題文に「電路に施設された漏電遮断器の動作時間は 0.5 秒を超えるものとする。」とあるため，下表より，接地抵抗値は 100 Ω以下で施設する必要があります。

●低圧用電気機器の接地工事（解釈 17 条）

施工条件	接地抵抗値		接地線の太さ
C種接地工事 （300V超）	10 Ω以下	地絡時に0.5秒以内に自動的に電路を遮断する装置がある場合は500 Ω以下	1.6 mm以上
D種接地工事 （300V以下）	100 Ω以下		

以上の両方の条件に適合するのは，選択肢ロの「0.3 MΩ　60 Ω」となります。

次の空欄 (A)，(B) 及び (C) に当てはまる組合せとして，正しいものは。

使用電圧が 300 V 以下で対地電圧が 150 V を超える低圧の電路の電線相互間及び電路と大地との間の絶縁抵抗は区切ることのできる電路ごとに (A) [M Ω] 以上でなければならない。また，当該電路に施設する機械器具の金属製の台及び外箱には (B) 接地工事を施し，接地抵抗値は (C) [Ω] 以下に施設することが必要である。

ただし，当該電路に施設された地絡遮断装置の動作時間は 0.5 秒を超えるものとする。

イ．(A)0.4　　(B)C 種　　(C)10
ロ．(A)0.2　　(B)C 種　　(C)500
ハ．(A)0.2　　(B)D 種　　(C)100
ニ．(A)0.2　　(B)D 種　　(C)500

絶縁抵抗の値を安全な値に保つために，「電気設備に関する技術基準を定める省令」では低圧電路の絶縁抵抗の値を次のように定めています。下表より，使用電圧が 300 V 以下で対地電圧が 150 V を超える場合の電線相互間及び電路と大地との間の絶縁抵抗は（A）0.2 M Ω以上です。

●低圧の電路の絶縁性能（電技 58 条）

電路の使用電圧		絶縁抵抗値
300 V以下	対地電圧150 V以下	0.1 MΩ以上
	その他	0.2 MΩ以上
300 Vを超えるもの		0.4 MΩ以上

また，当該電路に施設する機械器具の金属製の台及び外箱には「電気設備の技術基準の解釈」に基づき（B）D 種接地工事を施します。なお，問題文に「当該電路に施設された地絡遮断装置の動作時間は 0.5 秒を超えるものとする。」とあるため，下表より，接地抵抗値は（C）100 Ω以下で施設する必要があります。

●低圧用電気機器の接地工事（解釈 17 条）

施工条件	接地抵抗値		接地線の太さ
C種接地工事 （300V超）	10 Ω以下	地絡時に0.5秒以内に自動的に電路を遮断する装置がある場合は500 Ω以下	1.6 mm以上
D種接地工事 （300V以下）	100 Ω以下		

答え
ハ

問題 358

直読式接地抵抗計（アーステスタ）を使用して直読で接地抵抗を測定する場合，補助接地極（2箇所）の配置として，適切なものは。

イ．被測定接地極を中央にして，左右一直線上に補助接地極を10 m程度離して配置する。

ロ．被測定接地極を端とし，一直線上に2箇所の補助接地極を順次10 m程度離して配置する。

ハ．被測定接地極を端とし，一直線上に2箇所の補助接地極を順次1 m程度離して配置する。

ニ．被測定接地極と2箇所の補助接地極を相互に5 m程度離して正三角形に配置する。

問題 359

直読式接地抵抗計（アーステスタ）を使用して直読で，接地抵抗を測定する場合，被測定接地極Eに対する，2つの補助接地極P(電圧用)及びC(電流用)の配置として，最も適切なものは。

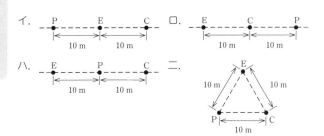

問題 360

接地抵抗計（電池式）に関する記述として，誤っているものは。

イ．接地抵抗計には，ディジタル形と指針形（アナログ形）がある。

ロ．接地抵抗計の出力端子における電圧は，直流電圧である。

ハ．接地抵抗測定の前には，接地抵抗計の電池が有効であることを確認する。

ニ．接地抵抗測定の前には，地電圧が許容値以下であることを確認する。

解説 358

直読式接地抵抗計（アーステスタ）を使用して接地抵抗を測定するときは，被測定接地極 E を端とし，一直線上に 2 箇所の補助接地極 P，C を順次 10 m 程度離して配置します。

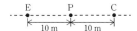

答え
ロ

解説 359

接地抵抗測定における被測定接地極 E，補助接地極 P および C の配置は，左から順に E，P，C となる選択肢ハの配置が最も適切です。

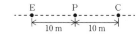

答え
ハ

解説 360

ロ．接地抵抗計の出力端子における電圧は，交流電圧です。直流電圧を出力端子に加えると，土に含まれる水分や塩分などの不純物によって電極付近に電気分解が生じ，抵抗値が変化してしまうため，交流電圧を使用しています。

答え
ロ

導通試験の目的として，誤っているものは。

イ．電路の充電の有無を確認する
ロ．器具への結線の未接続を発見する
ハ．電線の断線を発見する
ニ．回路の接続の正誤を判別する

接地抵抗計 (電池式) に関する記述として，誤っているものは。

イ．接地抵抗測定の前には，接地抵抗計の電池容量が正常であることを確認する。
ロ．接地抵抗測定の前には，端子間を開放して測定し，指示計の零点の調整をする。
ハ．接地抵抗測定の前には，接地極の地電圧が許容値以下であることを確認する。
ニ．接地抵抗測定の前には，補助極を適正な位置に配置することが必要である。

アナログ式回路計 (電池内蔵) の回路抵抗測定に関する記述として，誤っているものは。

イ．回路計の電池容量が正常であることを確認する。
ロ．抵抗測定レンジに切り換える。被測定物の概略値が想定される場合は，測定レンジの倍率を適正なものにする。
ハ．赤と黒の測定端子 (テストリード) を短絡し，指針が 0 Ωになるよう調整する。
ニ．被測定物に，赤と黒の測定端子 (テストリード) を接続し，その時の指示値を読む。なお，測定レンジの倍率表示がある場合は，読んだ指示値を倍率で割って測定値とする。

解説
361

導通試験は回路計 (テスタ) などを使用し，配線の断線や誤結線がないかを通電しない状態で確認する試験です。**充電の有無の確認は目的ではありません。**

答え
イ

解説
362

ロ．接地抵抗計を使用する際には，端子間を短絡して測定し，指示計の零点の調整をする必要があります。

答え
ロ

解説
363

ニ．回路計の測定レンジに倍率表示がある場合は，読んだ指示値に倍率を掛けて測定値とする必要があります。

答え
ニ

問題 364

R3年 下期午前 27

アナログ式回路計（電池内蔵）の回路抵抗測定に関する記述として，誤っているものは。

イ．回路計の電池容量が正常であることを確認する。

ロ．抵抗測定レンジに切り換える。被測定物の概略値が想定される場合は，測定レンジの倍率を適正なものにする。

ハ．赤と黒の測定端子（テストリード）を開放し，指針が 0 Ωになるよう調整する。

ニ．被測定物に，赤と黒の測定端子（テストリード）を接続し，その時の指示値を読む。なお，測定レンジの倍率表示がある場合は，読んだ指示値に倍率を乗じて測定値とする。

問題 365

R5年 上期午前 24，
R4年 下期午前 24，
R2年 下期午後 24，
H27年 下期 26

回路計（テスタ）に関する記述として，正しいものは。

イ．ディジタル式は電池を内蔵しているが，アナログ式は電池を必要としない。

ロ．電路と大地間の抵抗測定を行った。その測定値は電路の絶縁抵抗値として使用してよい。

ハ．交流又は直流電圧を測定する場合は，あらかじめ想定される値の直近上位のレンジを選定して使用する。

ニ．抵抗を測定する場合の回路計の端子における出力電圧は，交流電圧である。

解説 364

ハ．回路抵抗測定前には，赤と黒の測定端子（テストリード）を短絡し，指針が 0 Ωになるように調整します。

答え
ハ

解説 365

イ．ディジタル式・アナログ式ともに回路計には電池が必要になります。

ロ．電路と大地間の抵抗測定には，回路計を使用しますが，その値は絶縁抵抗値として使用できません。絶縁抵抗値の測定には，絶縁抵抗計を使用します。

ハ．正しい。

ニ．抵抗を測定する場合の回路計の端子における出力電圧は，直流電圧です。なお，絶縁抵抗計の出力電圧は直流電圧，接地抵抗計の出力電圧は交流電圧です。

答え
ハ

接地抵抗計 (電池式) に関する記述として，正しいものは。

イ．接地抵抗計はアナログ形のみである。

ロ．接地抵抗計の出力端子における電圧は，直流電圧である。

ハ．接地抵抗測定の前には，P 補助極 (電圧極)，被測定接地極 (E 極)，C 補助極 (電流極) の順に約 10 m 間隔で直線上に配置する。

ニ．接地抵抗測定の前には，接地極の地電圧が許容値以下であることを確認する。

アナログ計器とディジタル計器の特徴に関する記述として，誤っているものは。

イ．アナログ計器は永久磁石可動コイル形計器のように，電磁力等で指針を動かし，振れ角でスケールから値を読み取る。

ロ．ディジタル計器は測定入力端子に加えられた交流電圧などのアナログ波形を入力変換回路で直流電圧に変換し，次にA-D 変換回路に送り，直流電圧の大きさに応じたディジタル量に変換し，測定値が表示される。

ハ．電圧測定では，アナログ計器は入力抵抗が高いので被測定回路に影響を与えにくいが，ディジタル計器は入力抵抗が低いので被測定回路に影響を与えやすい。

ニ．アナログ計器は変化の度合いを読み取りやすく，測定量を直観的に判断できる利点を持つが，読み取り誤差を生じやすい。

イ. 接地抵抗計はアナログ形とディジタル形があります。

ロ. 接地抵抗計の出力端子における電圧は，交流電圧です。

ハ. 接地抵抗測定の前には，被測定接地極（E 極），P 補助極（電圧極），C 補助極（電流極）の順に約 10 m 間隔で直線上に配置します。

ニ. 正しい。

答え
二

電圧測定では，アナログ計器は入力抵抗が低いので被測定回路に影響を与えやすいです。

対して，ディジタル計器は入力抵抗が高いので被測定回路に影響を与えにくいです。

答え
ハ

02 検査に使用する電気計器

単相交流電源から負荷に至る回路において，電圧計，電流計，電力計の結線方法として，正しいものは。

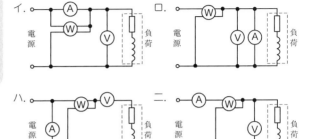

図の交流回路は，負荷の電圧，電流，電力を測定する回路である。図中に a，b，c で示す計器の組合せとして，正しいものは。

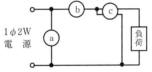

イ．a 電流計　　b 電圧計　　c 電力計
ロ．a 電力計　　b 電流計　　c 電圧計
ハ．a 電圧計　　b 電力計　　c 電流計
ニ．a 電圧計　　b 電流計　　c 電力計

解説
368

電流計，電圧計および電力計の接続方法は，下表のとおりです。

計器	記号	接続方法
電流計	(A)	負荷と直列に接続する
電圧計	(V)	負荷と並列に接続する
電力計	(W)	電流コイルは負荷と直列に接続し，電圧コイルは負荷と並列に接続する。

答え
(ニ)

解説
369

電流計，電圧計および電力計の接続方法は，下表のとおりです。
下表より，a. 電圧計，b. 電流計，c. 電力計の記号が当てはまります。

計器	記号	接続方法
電流計	(A)	負荷と直列に接続する
電圧計	(V)	負荷と並列に接続する
電力計	(W)	電流コイルは負荷と直列に接続し，電圧コイルは負荷と並列に接続する。

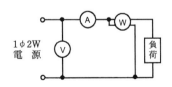

答え
(ニ)

低圧屋内電路に接続されている単相負荷の力率を求める場合，必要な測定器の組合せとして，正しいものは。

イ．周波数計　　電圧計　　電力計
ロ．周波数計　　電圧計　　電流計
ハ．電圧計　　　電流計　　電力計
ニ．周波数計　　電流計　　電力計

三相誘導電動機の回転方向を確認するため，三相交流の相順 (相回転) を調べるものは。

イ．回転計　　　ロ．検相器　　　ハ．検流計　　　ニ．回路計

一般に使用される回路計 (テスタ) によって測定できないものは。

イ．絶縁抵抗　　　ロ．回路抵抗
ハ．交流電圧　　　ニ．直流電圧

一般に使用される回路計 (テスタ) によって測定できないものは。

イ．直流電圧　　　ロ．交流電圧
ハ．回路抵抗　　　ニ．漏れ電流

解説
370

電圧をV，電流をI，電力をPとすると，力率$\cos\theta$は次の式で求めることができます。

$$\cos\theta = \frac{P}{VI}$$

よって，測定器の組合せの中で正しいものは，上記の量を測定する「電圧計　電流計　電力計」です。

答え

解説
371

三相の相順（相回転）を調べるときに使用するのは，検相器です。

答え

解説
372

一般的な回路計（テスタ）では，直流電圧，交流電圧，電流，回路抵抗などを測定することができますが，絶縁抵抗を測定することはできません。絶縁抵抗は，絶縁抵抗計（メガー）で測定するのが一般的です。

答え
イ

解説
373

一般的な回路計（テスタ）では，直流電圧，交流電圧，電流，回路抵抗などを測定することができますが，漏れ電流を測定することはできません。漏れ電流はクランプ形電流計で測定するのが一般的です。

答え

問題 374

R4年 上期午後 24,
H28年 下期 26

ネオン式検電器を使用する目的は。

イ．ネオン放電灯の照度を測定する。
ロ．ネオン管灯回路の導通を調べる。
ハ．電路の漏れ電流を測定する。
ニ．電路の充電の有無を確認する。

問題 375

H26年 下期 24

低圧検電器に関する記述として，誤っているものは。

イ．低圧交流電路の充電の有無を確認する場合，いずれかの一相
　　が充電されていないことを確認できた場合は，他の相につい
　　ての充電の有無を確認する必要がない。
ロ．電池を内蔵する検電器を使用する場合は，チェック機構 (テ
　　ストボタン) によって機能が正常に働くことを確認する。
ハ．低圧交流電路の充電の有無を確認する場合，検電器本体から
　　の音響や発光により充電の確認ができる。
ニ．検電の方法は，感電しないように注意して，検電器の握り部
　　を持ち検知部 (先端部) を被検電部に接触させて充電の有無
　　を確認する。

問題 376

R3年 上期午後 24

**低圧回路を試験する場合の測定器とその用途の組合せとして，
誤っているものは。**

イ．回路計 (テスタ)　と　導通試験
ロ．検相器　と　三相回路の相順 (相回転) の確認
ハ．電力計　と　消費電力量の測定
ニ．クランプ式電流計　と　負荷電流の測定

解説
374

ネオン式検電器は，電路の充電の有無を確認するために使用します。充電している箇所に触れさせたり，近づけたりするとネオン管が発光し，充電の有無を確認することができます。

答え
二

解説
375

検電器は電路の充電・帯電の有無について，音や光によって確認する器具です。
イ．検電器を用いて低圧交流電路の充電の有無を確認する際には，その電路のすべての相について確認する必要があります。

答え
イ

解説
376

ハ．消費電力量の測定には，電力量計を使用します。電力計は電力の測定に使用します。

答え
ハ

問題
377

R4 年 下期午後 24

低圧電路で使用する測定器とその用途の組合せとして，誤っているものは。

イ．絶縁抵抗計　　　と　絶縁不良箇所の確認
ロ．回路計 (テスタ)　と　導通の確認
ハ．検相器　　　　　と　電動機の回転速度の測定
ニ．検電器　　　　　と　電路の充電の有無の確認

問題
378

R3 年 下期午前 24,
H29 年 上期 24,
H27 年 上期 27

低圧回路を試験する場合の試験項目と測定器に関する記述として，誤っているものは。

イ．導通試験に回路計 (テスタ) を使用する。
ロ．絶縁抵抗測定に絶縁抵抗計を使用する。
ハ．負荷電流の測定にクランプ形電流計を使用する。
ニ．電動機の回転速度の測定に検相器を使用する。

問題
379

R3 年 下期午後 24,
R3 年 上期午前 24,
H29 年 下期 24

低圧電路で使用する測定器とその用途の組合せとして，正しいものは。

イ．電力計　と　消費電力量の測定
ロ．検電器　と　電路の充電の有無の確認
ハ．回転計　と　三相回路の相順 (相回転) の確認
ニ．回路計 (テスタ)　と　絶縁抵抗の測定

解説 377

ハ．電動機の回転速度の測定には回転計を使用します。検相器は三相交流の相順（相回転）を調べるときに使用します。

答え
ハ

解説 378

ニ．電動機の回転速度の測定には回転計を使用します。検相器は三相回路の相順を調べるのに使用します。

答え
ニ

解説 379

イ．消費電力量は，電力計ではなく電力量計で測定します。

ロ．検電器は電路の充電の有無を確認する器具なので，正しいです。

ハ．三相回路の相順の確認には，回転計ではなく検相器を使用します。

ニ．絶縁抵抗は，回路計（テスタ）ではなく絶縁抵抗計（メガー）で測定します。

答え
ロ

問題 380

R4 年 上期午前 27,
R2 年 下期午前 27,
H28 年 上期 27

直動式指示電気計器の目盛板に図のような記号がある。記号の意味及び測定できる回路で，正しいものは。

イ．永久磁石可動コイル形で目盛板を鉛直に立てて，直流回路で使用する。

ロ．永久磁石可動コイル形で目盛板を鉛直に立てて，交流回路で使用する。

ハ．可動鉄片形で目盛板を鉛直に立てて，直流回路で使用する。

ニ．可動鉄片形で目盛板を水平に置いて，交流回路で使用する。

問題 381

H30 年 上期 27

電気計器の目盛板に図のような記号があった。記号の意味として正しいものは。

イ．可動コイル形で目盛板を水平に置いて使用する。

ロ．可動コイル形で目盛板を鉛直に立てて使用する。

ハ．誘導形で目盛板を水平に置いて使用する。

ニ．可動鉄片形で目盛板を鉛直に立てて使用する。

解説 380

与えられた図において，左側の記号は可動コイル形計器を表し，右側の記号は計器の目盛板を鉛直に立てて使用することを表しています。また，可動コイル形計器は直流回路で使用します。

回路の種類	記号	計器の動作原理	記号	回路	計器の置き方	記号
直流	===	可動コイル形	∩	直流	鉛直	⊥
交流	∿	可動鉄片形	≩	交流	水平	▭
直流・交流	∿	整流形	▶▎	交流	傾斜（例：60°）	⁄60°
三相交流	≋	誘導形	⊙	交流		

答え
イ

解説 381

与えられた図において，左側の記号は可動鉄片形計器を表します。また，右側の記号は計器の目盛板を鉛直に立てて使用することを表しています。

回路の種類	記号	計器の動作原理	記号	回路	計器の置き方	記号
直流	===	可動コイル形	∩	直流	鉛直	⊥
交流	∿	可動鉄片形	≩	交流	水平	▭
直流・交流	∿	整流形	▶▎	交流	傾斜（例：60°）	⁄60°
三相交流	≋	誘導形	⊙	交流		

答え
二

06

電気工事に関する
基礎理論

01　電気抵抗

問題 382

R5年 下期午後2,
R5年 上期午前2,
R4年 上期午後2,
R3年 下期午後2,
H29年 下期3,
H27年 下期3

抵抗率 ρ [Ω·m]，直径 D [mm]，長さ L [m] の導線の電気抵抗 [Ω] を表す式は。

イ. $\dfrac{4\rho L}{\pi D^2}\times 10^6$

ロ. $\dfrac{\rho L^2}{\pi D^2}\times 10^6$

ハ. $\dfrac{4\rho L}{\pi D}\times 10^6$

ニ. $\dfrac{4\rho L^2}{\pi D}\times 10^6$

問題 383

R3年 下期午前2,
H26年 上期4

電気抵抗 R [Ω]，直径 D [mm]，長さ L [m] の導線の抵抗率 [Ω·m] を表す式は。

イ. $\dfrac{\pi DR}{4L\times 10^3}$

ロ. $\dfrac{\pi D^2 R}{L^2\times 10^6}$

ハ. $\dfrac{\pi D^2 R}{4L\times 10^6}$

ニ. $\dfrac{\pi DR}{4L^2\times 10^3}$

問題 384

R5年 下期午前2,
R2年 下期午前2,
H29年 上期3,
H27年 上期3

A，B 2本の同材質の銅線がある。A は直径 1.6 mm，長さ 20 m，B は直径 3.2 mm，長さ 40 m である。A の抵抗は B の抵抗の何倍か。

イ. 2　　ロ. 3　　ハ. 4　　ニ. 5

解説 382

導線の抵抗の公式より，抵抗率 $\rho[\Omega \cdot \mathrm{m}]$，直径 $D[\mathrm{mm}]$，長さ $L[\mathrm{m}]$の導線の電気抵抗 $R[\Omega]$を表す式は次のようになります。

$$R = \frac{4\rho L}{\pi D^2} \times 10^6 \ [\Omega]$$

答え
イ

解説 383

導線の抵抗率の公式より，電気抵抗 $R[\Omega]$，直径 $D[\mathrm{mm}]$，長さ $L[\mathrm{m}]$の導線の抵抗率 $\rho[\Omega \cdot \mathrm{m}]$を表す式は次のようになります。

$$\rho = \frac{\pi D^2 R}{4L \times 10^6} \ [\Omega \cdot \mathrm{m}]$$

答え
ハ

電気工事に関する基礎理論

解説 384

直径 1.6 mm，長さ 20 m の銅線 A の抵抗率を $\rho[\Omega \cdot \mathrm{m}]$とすると，銅線 A の電気抵抗 $R_\mathrm{A}[\Omega]$は，導線の抵抗の公式より，

$$R_\mathrm{A} = \frac{4\rho L}{\pi D^2} \times 10^6 = \frac{4\rho \times 20}{\pi \times 1.6^2} \times 10^6 = \frac{80\rho}{2.56\pi} \times 10^6 \ [\Omega]$$

同様に，直径 3.2 mm，長さ 40 m の銅線 B の抵抗率は銅線 A と等しく $\rho[\Omega \cdot \mathrm{m}]$とすると，銅線 B の電気抵抗 $R_\mathrm{B}[\Omega]$は，

$$R_\mathrm{B} = \frac{4\rho L}{\pi D^2} \times 10^6 = \frac{4\rho \times 40}{\pi \times 3.2^2} \times 10^6 = \frac{160\rho}{10.24\pi} \times 10^6 \ [\Omega]$$

2 つの銅線の抵抗の比をとると，

$$\frac{R_\mathrm{A}}{R_\mathrm{B}} = \frac{\dfrac{80\rho}{2.56\pi} \times 10^6}{\dfrac{160\rho}{10.24\pi} \times 10^6} = \frac{80}{160} \times \frac{10.24}{2.56} = \frac{1}{2} \times 4 = 2 \ 倍$$

答え
イ

A，B 2本の同材質の銅線がある。A は直径 1.6 mm，長さ 100 m，B は直径 3.2 mm，長さ 50 m である。A の抵抗は B の抵抗の何倍か。

イ. 1　　ロ. 2　　ハ. 4　　ニ. 8

直径 2.6 mm，長さ 10 m の銅導線と抵抗値が最も近い同材質の銅導線は。

ただし，円周率 $\pi = 3.14$ とする。

イ. 断面積 5.5 mm^2，長さ 10 m
ロ. 断面積 8 mm^2，長さ 10 m
ハ. 直径 1.6 mm，長さ 20 m
ニ. 直径 3.2 mm，長さ 5 m

解説 385

直径 1.6 mm，長さ 100 m の銅線 A の抵抗率を ρ [Ω・m]とすると，銅線 A の電気抵抗 R_A[Ω]は，導線の抵抗の公式より，

$$R_A = \frac{4\rho L}{\pi D^2} \times 10^6 = \frac{4\rho \times 100}{\pi \times 1.6^2} \times 10^6 = \frac{400\rho}{2.56\,\pi} \times 10^6\ [\Omega]$$

同様に，直径 3.2 mm，長さ 50 m の銅線 B の抵抗率は銅線 A と等しく ρ [Ω・m]とすると，銅線 B の電気抵抗 R_B[Ω]は，

$$R_B = \frac{4\rho L}{\pi D^2} \times 10^6 = \frac{4\rho \times 50}{\pi \times 3.2^2} \times 10^6 = \frac{200\rho}{10.24\,\pi} \times 10^6\ [\Omega]$$

2 つの銅線の抵抗の比をとると，

$$\frac{R_A}{R_B} = \frac{\dfrac{400\rho}{2.56\,\pi} \times 10^6}{\dfrac{200\rho}{10.24\,\pi} \times 10^6} = \frac{400}{200} \times \frac{10.24}{2.56} = 2 \times 4 = 8 \text{ 倍}$$

答え

二

解説 386

直径 2.6 mm の銅導線の断面積 A[mm^2]は，

$$A = \frac{\pi D^2}{4} = \frac{3.14 \times 2.6^2}{4} \fallingdotseq 5.3\ \text{mm}^2$$

したがって，問題文で示された銅導線と抵抗値が最も近いのは，断面積の値が近く，長さも等しいイの銅導線となります。

答え

イ

問題 387

R3年 上期午後2,
H26年 下期3

直径 2.6 mm，長さ 20 m の銅導線と抵抗値が最も近い同材質の銅導線は。

ただし，円周率 π =3.14 とする。

イ．断面積 8 mm², 長さ 40 m

ロ．断面積 8 mm², 長さ 20 m

ハ．断面積 5.5 mm², 長さ 40 m

ニ．断面積 5.5 mm², 長さ 20 m

問題 388

H27年 上期1

図のような回路で，端子 a-b 間の合成抵抗 [Ω] は。

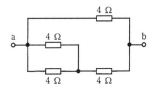

イ．1.5　　ロ．1.8　　ハ．2.4　　ニ．3.0

解説 387

直径 2.6 mm の銅導線の断面積 $A[\mathrm{mm}^2]$ は,

$$A = \frac{\pi D^2}{4} = \frac{3.14 \times 2.6^2}{4} \fallingdotseq 5.3 \ \mathrm{mm}^2$$

したがって,問題文で示された銅導線と抵抗値が最も近いのは,断面積の値が近く,長さも等しい二の銅導線となります。

答え

二

解説 388

まず,与えられた回路の抵抗を順に合成していくと,図1〜図3のようになります。

それぞれの図の赤枠で囲まれた部分の合成抵抗を計算すると,合成抵抗の公式(並列接続)および(直列接続)より,

図1:$R_1 = \dfrac{4 \times 4}{4+4} = \dfrac{16}{8} = 2 \ \Omega$

図2:$R_2 = 2+4 = 6 \ \Omega$

図3:$R_3 = \dfrac{4 \times 6}{4+6} = \dfrac{24}{10} = 2.4 \ \Omega$

したがって,端子 a-b 間の合成抵抗は $R_3 = 2.4 \ \Omega$ となります。

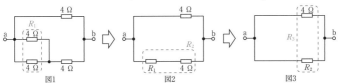

図1　図2　図3

答え

ハ

問題 389

図のような回路で，端子 a-b 間の合成抵抗 [Ω] は。

R1 年 下期 1

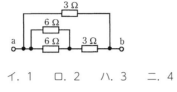

イ. 1　　ロ. 2　　ハ. 3　　ニ. 4

まず，与えられた回路の抵抗を順に合成していくと，図1〜図3のようになります。

それぞれの図の赤枠で囲まれた部分の合成抵抗を計算すると，合成抵抗の公式（並列接続）および（直列接続）より，

$$図1：R_1 = \frac{6 \times 6}{6+6} = \frac{36}{12} = 3 \ \Omega$$

$$図2：R_2 = 3+3 = 6 \ \Omega$$

$$図3：R_3 = \frac{3 \times 6}{3+6} = \frac{18}{9} = 2 \ \Omega$$

したがって，端子 a-b 間の合成抵抗は $R_3 = 2 \ \Omega$ となります。

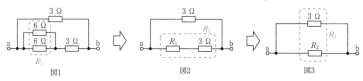

図1　　　　　　図2　　　　　　図3

CH
06

電気工事に関する基礎理論

答え
□

図のような回路で，端子 a-b 間の合成抵抗 [Ω] は。

H30 年 下期 1,
H26 年 上期 2

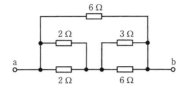

イ. 1　ロ. 2　ハ. 3　ニ. 4

まず，与えられた回路の抵抗を図1のように分けて考えると，それぞれの図の赤枠で囲まれた部分の合成抵抗は，抵抗が2個の場合の合成抵抗の公式（並列接続）より，

$$R_1 = \frac{2 \times 2}{2+2} = \frac{4}{4} = 1 \ \Omega \qquad R_2 = \frac{3 \times 6}{3+6} = \frac{18}{9} = 2 \ \Omega$$

したがって，図1の回路は図2のように描き替えることができます。

図2において，R_1 および R_2 の合成抵抗は，合成抵抗の公式（直列接続）より，

$$R_1 + R_2 = 1 + 2 = 3 \ \Omega$$

以上より，端子 a-b 間の合成抵抗 R_3 [Ω] は，抵抗が2個の場合の合成抵抗（並列接続）の公式より，

$$R_3 = \frac{6 \times 3}{6+3} = \frac{18}{9} = 2 \ \Omega$$

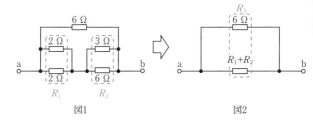

図1　　　　　　　　　　図2

問題
391

図のような回路で，端子 a-b 間の合成抵抗 [Ω] は。

R5 年 上期午後 1，
H28 年 上期 1

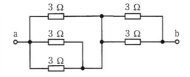

イ. 1.1   ロ. 2.5   ハ. 6   ニ. 15

解説 391

まず，与えられた回路の抵抗を図1のように分けて考えると，それぞれの図の赤枠で囲まれた部分の合成抵抗は，合成抵抗の公式（並列接続）より，

$$R_1 = \cfrac{1}{\cfrac{1}{3}+\cfrac{1}{3}+\cfrac{1}{3}} = \cfrac{1}{\cfrac{3}{3}} = 1 \ \Omega$$

$$R_2 = \frac{3\times3}{3+3} = \frac{9}{6} = 1.5 \ \Omega$$

よって，図1の回路は図2のように描き替えることができます。図2において，端子 a-b 間の合成抵抗は，合成抵抗の公式（直列接続）より，

$$R_1+R_2 = 1+1.5 = 2.5 \ \Omega$$

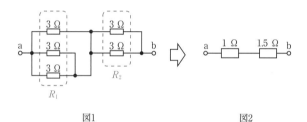

図1 図2

電気工事に関する基礎理論

答え

図のような回路で，端子 a-b 間の合成抵抗 [Ω] は。

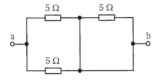

イ. 2.5　　ロ. 5　　ハ. 7.5　　ニ. 15

図のような回路で，スイッチ S₁ を閉じ，スイッチ S₂ を開いたときの，端子 a-b 間の合成抵抗 [Ω] は。

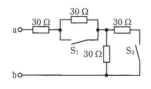

イ. 45　　ロ. 60　　ハ. 75　　ニ. 120

解説 392

与えられた回路において，図1のように右側の抵抗は配線によって短絡しているため，右上の抵抗に電流が流れず，右下の配線のみに電流が流れます。そのため，図1右上の5 Ωの抵抗は省略することができ，回路図は図2のように描き換えることができます。

したがって，a-b間の合成抵抗 $R[\Omega]$ は，合成抵抗の公式（並列接続）より，

$$R = \frac{5 \times 5}{5+5} = 2.5\ \Omega$$

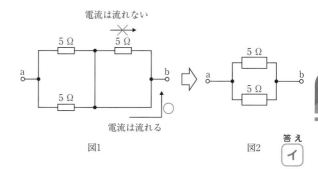

図1　　　　　　図2

答え
イ

解説 393

例えば電源を端子 a-b 間に接続して，スイッチ S_1 を閉じ，スイッチ S_2 を開いた場合，電流は図1の矢印のように流れるため，図2のような回路に描き替えることができます。

合成抵抗の公式（直列接続）より，図2の回路の合成抵抗 $R[\Omega]$ は，

$$R = 30+30 = 60\ \Omega$$

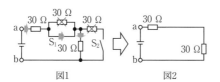

図1　　　　　　図2

答え
ロ

問題 394

R1年 下期 6,
H26年 下期 8

図のような単相 3 線式回路で,消費電力 100 W ,500 W の 2 つの負荷はともに抵抗負荷である。図中の×印点で断線した場合,a-b 間の電圧 [V] は。

ただし,断線によって負荷の抵抗値は変化しないものとする。

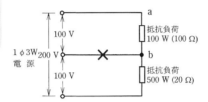

イ. 33　ロ. 100　ハ. 167　ニ. 200

問題 395

R4年 上期午前 7,
H28年 上期 7

図のような単相 3 線式回路において,消費電力 1000 W ,200 W の 2 つの負荷はともに抵抗負荷である。図中の×印点で断線した場合,a-b 間の電圧 [V] は。

ただし,断線によって負荷の抵抗値は変化しないものとする。

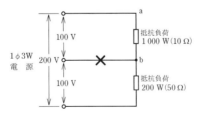

イ. 17　ロ. 33　ハ. 100　ニ. 167

解説 394

与えられた回路において，×印点で断線後は，図のように2つの抵抗負荷に単相 200 V の電圧が加わる回路となります。

2つの抵抗負荷の合成抵抗 $R[\Omega]$ は，合成抵抗の公式（直列接続）より，

$$R=100+20=120 \ \Omega$$

したがって，断線後の回路に流れる電流 $I[A]$ は，オームの法則より，

$$I=\frac{200}{R}=\frac{200}{120}\fallingdotseq 1.67 \ A$$

ここで，a-b 間の電圧 $V[V]$ は，100 W の抵抗負荷の両端に発生する電圧に等しいため，オームの法則より，

$$V=100\times I=100\times 1.67=167 \ V$$

答え

CH
06

電気工事に関する基礎理論

解説 395

与えられた回路において，×印点で断線後は，図のように2つの抵抗負荷に単相 200 V の電圧が加わる回路となります。

2つの抵抗負荷の合成抵抗 $R[\Omega]$ は，合成抵抗の公式（直列接続）より，

$$R=10+50=60 \ \Omega$$

したがって，断線後の回路に流れる電流 $I[A]$ は，オームの法則より，

$$I=\frac{200}{R}=\frac{200}{60}\fallingdotseq 3.33 \ A$$

ここで，a-b 間の電圧 $V[V]$ は，1000 W の抵抗負荷の両端に発生する電圧に等しいため，オームの法則より，

$$V=10\times I=10\times 3.33\fallingdotseq 33 \ V$$

答え

図のような単相 3 線式回路において，消費電力 100 W，200 W の 2 つの負荷はともに抵抗負荷である。図中の×印点で断線した場合，a-b 間の電圧 [V] は。

ただし，断線によって負荷の抵抗値は変化しないものとする。

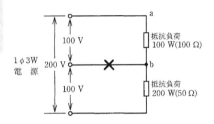

イ. 67   ロ. 100   ハ. 133   ニ. 150

図のような直流回路で，a-b 間の電圧 [V] は。

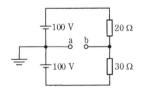

イ. 10   ロ. 20   ハ. 30   ニ. 40

与えられた回路において、×印点で断線後は、図のように2つの抵抗負荷に単相 200 V の電圧が加わる回路となります。

2つの抵抗負荷の合成抵抗 $R[\Omega]$ は、合成抵抗の公式（直列接続）より、

$$R=100+50=150 \ \Omega$$

したがって、断線後の回路に流れる電流 $I[A]$ は、オームの法則より、

$$I=\frac{200}{R}=\frac{200}{150}≒1.33 \ A$$

ここで、a-b 間の電圧 $V[V]$ は、100 W の抵抗負荷の両端に発生する電圧に等しいため、オームの法則より、

$$V=100 \times I=100 \times 1.33=133 \ V$$

答え
ハ

与えられた回路全体に流れる電流 $I[A]$ は、オームの法則より、

$$I=\frac{100+100}{20+30}=\frac{200}{50}=4 \ A$$

20 Ω の抵抗に発生する電圧 $V[V]$ は、オームの法則より、

$$V=20 \times I=20 \times 4=80 \ V$$

ここで、端子 a は接地されているため、その電位は 0 V となります。

したがって、a-b 間の電圧 $V_{ab}[V]$ は、上側の電源電圧 100V から 20Ω の抵抗に発生する電圧 $V=80$ V を差し引いた値に等しくなるため、

$$V_{ab}=100-80=20 \ V$$

答え
ロ

図のような直流回路で，a-b 間の電圧 [V] は。

R4 年 下期午後 1，
H29 年 下期 1

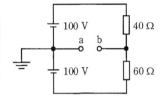

イ. 20　　ロ. 30　　ハ. 40　　ニ. 50

与えられた回路全体に流れる電流 I[A] は，オームの法則より，

$$I=\frac{100+100}{40+60}=\frac{200}{100}=2\ \text{A}$$

40 Ω の抵抗に発生する電圧 V は，オームの法則より，

$$V=40\times2=80\ \text{V}$$

ここで，端子 a は接地されているため，その電位は 0 V となります。

したがって，a-b 間の電圧 V_{ab}［V］は，上側の電源電圧 100 V から 40 Ω の抵抗に発生する電圧 V=80 V を差し引いた値に等しくなるため，

$$V_{ab}=100-80=20\ \text{V}$$

答え

イ

問題 399

図のような回路で，スイッチ S を閉じたとき，a-b 端子間の電圧 [V] は。

R1 年 上期 1,
H27 年 下期 1

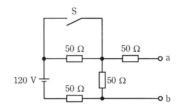

イ. 30　　ロ. 40　　ハ. 50　　ニ. 60

解説 399

与えられた回路のスイッチ S を閉じた場合，電流は図1のように流れます。同図で×印で示した抵抗には電流が流れないため無視することができ，回路は図2のように描き替えることができます。合成抵抗の公式（直列接続）より，図2の回路の合成抵抗 $R[\Omega]$ は，

$$R=50+50=100\ \Omega$$

電源の電圧を $E=120$ V とすると，回路に流れる電流 $I[\mathrm{A}]$ は，オームの法則より，

$$I=\frac{E}{R}=\frac{120}{100}=1.2\ \mathrm{A}$$

以上より，a-b 端子間の電圧 $V[\mathrm{V}]$ は，オームの法則より，

$$V=50\times1.2=60\ \mathrm{V}$$

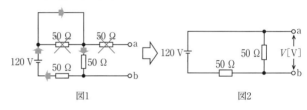

図1 　　　　　　　　図2

電気工事に関する基礎理論

答え

二

413

図のような回路で，スイッチSを閉じたとき，a-b端子間の電圧 [V] は。

R5年 上期午前 1,
R4年 上期午後 1,
R3年 上期午前 1,
H30年 上期 1

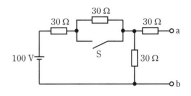

イ. 30　ロ. 40　ハ. 50　ニ. 60

与えられた回路のスイッチSを閉じた場合，電流は図1のように流れます。同図で×印で示した抵抗には電流が流れないため無視することができ，回路は図2のように描き替えることができます。合成抵抗の公式（直列接続）より，図2の回路の合成抵抗 $R[\Omega]$ は，

$R=30+30=60\ \Omega$

電源の電圧を $E=100\text{V}$ とすると，回路に流れる電流 $I[\text{A}]$ は，オームの法則より，

$$I=\frac{E}{R}=\frac{100}{60}=\frac{5}{3}\ \text{A}$$

以上より，a-b端子間の電圧 $V[\text{V}]$ は，オームの法則より，

$$V=30\times\frac{5}{3}=50\ \text{V}$$

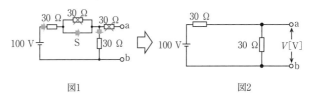

図1　　　　　　　　　　　　　　　　図2

CH 06

電気工事に関する基礎理論

答え

ハ

図のような回路で，電流計Ⓐの値が 2 A を示した。このときの電圧計Ⓥの指示値 [V] は。

R3年 下期午後 1

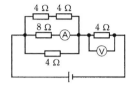

イ. 16   ロ. 32   ハ. 40   ニ. 48

電流計Ⓐに直列接続された $8\,\Omega$ の抵抗に発生する電圧は，オームの法則より，

$8 \times 2 = 16$ V

よって，$8\,\Omega$ の抵抗の上部にある，直列接続された 2 つの $4\,\Omega$ の抵抗に流れる電流 I_1 [A] は，オームの法則より，

$$I_1 = \frac{16}{4+4} = 2 \text{ A}$$

また，$8\,\Omega$ の抵抗の下部にある，$4\,\Omega$ の抵抗に流れる電流 I_2 [A] は，オームの法則より，

$$I_2 = \frac{16}{4} = 4 \text{ A}$$

したがって，回路全体に流れる電流 I [A] は，

$I = I_1 + 2 + I_2 = 2 + 2 + 4 = 8$ A

以上より，$4\,\Omega$ の抵抗に並列接続された電圧計Ⓥの指示値 V [V] は，オームの法則より，

$V = 4 \times 8 = 32$ V

問 題
402

R4 年 上期午前 1,
H28 年 下期 1

図のような回路で，電流計Ⓐの値が 1 A を示した。このときの
電圧計Ⓥの指示値 [V] は。

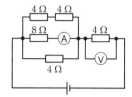

イ. 16　　ロ. 32　　ハ. 40　　ニ. 48

電流計Ⓐに直列接続された 8 Ωの抵抗に発生する電圧は，オームの法則より，

$$8 \times 1 = 8 \text{ V}$$

よって，8 Ωの抵抗の上部にある，直列接続された 2 つの 4 Ωの抵抗に流れる電流 I_1 [A] は，オームの法則より，

$$I_1 = \frac{8}{4+4} = 1 \text{ A}$$

また，8 Ωの抵抗の下部にある，4 Ωの抵抗に流れる電流 I_2 [A] は，オームの法則より，

$$I_2 = \frac{8}{4} = 2 \text{ A}$$

したがって，回路全体に流れる電流 I [A] は，

$$I = I_1 + 1 + I_2 = 1 + 1 + 2 = 4 \text{ A}$$

以上より，4 Ωの抵抗に並列接続された電圧計Ⓥの指示値 V [V] は，オームの法則より，

$$V = 4 \times I = 4 \times 4 = 16 \text{ V}$$

答え

イ

図のような直流回路に流れる電流 I[A]は。

R4 年 下期午前 1,
R2 年 下期午前 1,
H26 年 下期 2

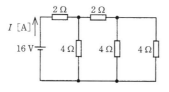

イ. 1   ロ. 2   ハ. 4   ニ. 8

まず，与えられた回路の抵抗を順に合成していくと，図1〜図4になります。

それぞれの図の赤枠で囲まれた部分の合成抵抗を計算すると，合成抵抗の公式（並列接続）および（直列接続）より，

図1：$R_1 = \dfrac{4 \times 4}{4+4} = \dfrac{16}{8} = 2 \ \Omega$

図2：$R_2 = 2+2 = 4 \ \Omega$

図3：$R_3 = \dfrac{4 \times 4}{4+4} = \dfrac{16}{8} = 2 \ \Omega$

図4：$R_4 = 2+2 = 4 \ \Omega$

したがって，回路全体の抵抗は $R_4 = 4 \ \Omega$ となります。

以上より，回路に流れる電流 $I[\mathrm{A}]$ は，オームの法則より，

$$I = \dfrac{16}{4} = 4 \ \mathrm{A}$$

CH
06

電気工事に関する基礎理論

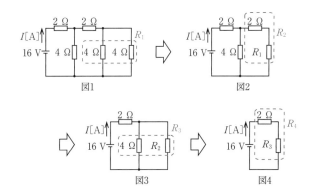

図1　図2

図3　図4

答 え
ハ

03 発熱量と電力量

問題 404

R2年 下期午後 3,
R2年 下期午前 3,
H30年 上期 4,
H28年 上期 4

電線の接続不良により，接続点の接触抵抗が 0.2 Ω となった。この電線に 15 A の電流が流れると，接続点から 1 時間に発生する熱量 [kJ] は。

ただし，接触抵抗の値は変化しないものとする。

イ. 11　　ロ. 45　　ハ. 72　　ニ. 162

問題 405

R5年 下期午後 3,
R3年 上期午前 3

電線の接続不良により，接続点の接触抵抗が 0.2 Ω となった。この電線に 10 A の電流が流れると，接続点から 1 時間に発生する熱量 [kJ] は。

ただし，接触抵抗の値は変化しないものとする。

イ. 72　　ロ. 144　　ハ. 288　　ニ. 576

問題 406

R4年 上期午後 3

電線の接続不良により，接続点の接触抵抗が 0.2 Ω となった。この接続点での電圧降下が 2 V のとき，接続点から 1 時間に発生する熱量 [kJ] は。

ただし，接触抵抗及び電圧降下の値は変化しないものとする。

イ. 72　　ロ. 144　　ハ. 288　　ニ. 576

解説 404

接続点の接触抵抗が 0.2 Ω となった電線に 15 A の電流が流れた場合，接続点から 1 時間（=60分×60秒= 3600秒）に発生する熱量 Q[kJ] は，ジュールの公式（発熱量を求める公式）より，

$$Q=15^2×0.2×3600=162000 \text{ J} → 162 \text{ kJ}$$

答え

二

解説 405

接続点の接触抵抗が 0.2 Ω となった電線に 10 A の電流が流れた場合，接続点から 1 時間（=60分×60秒= 3600秒）に発生する熱量 Q[kJ] は，ジュールの公式（発熱量を求める公式）より，

$$Q=10^2×0.2×3600=72000 \text{ J} → 72 \text{ kJ}$$

答え

イ

解説 406

接続点の接触抵抗が 0.2 Ω，接続点での電圧降下が 2 V のとき，接続点に流れる電流は，

$$\frac{2}{0.2} =10 \text{ A}$$

接続点の接触抵抗が 0.2 Ω となった電線に 10 A の電流が流れた場合，接続点から 1 時間（=60分×60秒= 3600秒）に発生する熱量 Q[kJ] は，ジュールの公式（発熱量を求める公式）より，

$$Q=10^2×0.2×3600=72000 \text{ J} → 72 \text{ kJ}$$

答え

イ

CH
06

電気工事に関する基礎理論

問題 407

消費電力が 500 W の電熱器を，1 時間 30 分使用したときの発熱量 [kJ] は。

R3 年 下期午後 3,
R1 年 下期 3,
H26 年 下期 1

イ．450　　ロ．750　　ハ．1800　　ニ．2700

問題 408

消費電力が 400 W の電熱器を 1 時間 20 分使用した時の発熱量 [kJ] は。

R5 年 下期午前 3,
R3 年 下期午前 3,
R3 年 上期午後 3,
H29 年 下期 4

イ．960　　ロ．1920　　ハ．2400　　ニ．2700

問題 409

抵抗器に 100 V の電圧を印加したとき，4 A の電流が流れた。1 時間 20 分の間に抵抗器で発生する熱量 [kJ] は。

R4 年 下期午後 3,
R4 年 上期午前 3

イ．960　　ロ．1920　　ハ．2400　　ニ．2700

424

解説 407

消費電力が 500 W の電熱器を 1 時間 30 分 (=90分×60秒=5400秒) 使用したときの発熱量 Q[kJ] は, ジュールの公式 (発熱量を求める公式) より,

$Q=500×5400=2700000$ J → 2700 kJ

答え

$二$

解説 408

消費電力が 400 W の電熱器を 1 時間 20 分 (=80分×60秒=4800秒) 使用したときの発熱量 Q[kJ] は, ジュールの公式 (発熱量を求める公式) より,

$Q=400×4800=1920000$ J → 1920 kJ

答え

$□$

解説 409

抵抗器に 100 V の電圧を印加したとき, 4 A の電流が流れたため, 抵抗器で消費される電力 W[W] は,

$W=100×4=400$ W

したがって, 1 時間 20 分 (=80分×60秒= 4800秒) の間に抵抗器で発生する熱量 Q[kJ] は, ジュールの公式 (発熱量を求める公式) より,

$Q=400×4800=1920000$ J → 1920 kJ

答え

$□$

問題 410

R5 年 上期午後 3

抵抗に 15 A の電流を 1 時間 30 分流したとき，電力量が 4.5 kW・h であった。抵抗に加えた電圧 [V] は。

イ. 24　　ロ. 100　　ハ. 200　　ニ. 400

問題 411

R5 年 上期午前 3

抵抗に 100 V の電圧を 2 時間 30 分加えたとき，電力量が 4 kW・h であった。抵抗に流れる電流 [A] は。

イ. 16　　ロ. 24　　ハ. 32　　ニ. 40

解説 410

電力量$W[\text{W}\cdot\text{h}]$は，電力を$P[\text{W}]$，時間を$T[\text{h}]$とすると，次の式で求めることができます。

$$W=PT[\text{W}\cdot\text{h}]$$

電力$P[\text{W}]$は，電圧を$V[\text{V}]$，電流を$I[\text{A}]$とすると，次の式で求めることができます。

$$P=VI[\text{W}]$$

よって，抵抗に加えた電圧$[\text{V}]$は，

$$W=VIT[\text{V}]$$

$$4.5\times10^3=V\times15\times1.5$$

$$\therefore V=\frac{4.5\times10^3}{15\times1.5}=200\text{ V}$$

答え
ハ

解説 411

抵抗が消費する電力量$W[\text{W}\cdot\text{h}]$は，抵抗に流れる電流を$I[\text{A}]$とすると，

$$W=100\times I\times2.5=250\,I[\text{W}\cdot\text{h}]$$

問題文より，電力量$W=4\text{ kW}\cdot\text{h}=4000\text{ W}\cdot\text{h}$であるから，抵抗に流れる電流$I[\text{A}]$は，

$$250I=4000$$

$$\therefore I=\frac{4000}{250}=16\text{ A}$$

答え
イ

問題 412

R4 年 下期午後 2,
R3 年 上期午前 2

抵抗 $R[\Omega]$ に電圧 $V[\mathrm{V}]$ を加えると，電流 $I[\mathrm{A}]$ が流れ，$P[\mathrm{W}]$ の電力が消費される場合，抵抗 $R[\Omega]$ を示す式として，誤っているものは。

イ．$\dfrac{V}{I}$ ロ．$\dfrac{P}{I^2}$ ハ．$\dfrac{V^2}{P}$ ニ．$\dfrac{PI}{V}$

解説 412

オームの法則より，電流 I [A] を表す式は，

$$I = \frac{V}{R} \text{ [A]} \cdots ①$$

また，電力の公式より，電力 P [W] は，

$$P = V \times I \text{ [W]} \cdots ②$$

式①を式②に代入すると，

$$P = V \times \left(\frac{V}{R} \right) = \frac{V^2}{R} \text{ [W]} \cdots ③$$

式③を変形すると，抵抗 R [Ω] は，

$$R = \frac{V^2}{P} \text{ [Ω]} \cdots ④（選択肢ハ）$$

また，オームの法則より，抵抗 R [Ω] を表す式は，

$$R = \frac{V}{I} \text{ [Ω]}（選択肢イ）$$

さらに，式②を変形すると，電圧 V [V] は，

$$V = \frac{P}{I} \text{ [V]} \cdots ⑤$$

式⑤を式④に代入すると，抵抗 R [Ω] は，

$$R = \frac{\left(\dfrac{P}{I} \right)^2}{P} = \frac{P}{I^2} \text{ [Ω]}（選択肢ロ）$$

以上より，抵抗 R [Ω] を示す式として誤っているのは，選択肢二になります。

CH 06

電気工事に関する基礎理論

答え

二

問題 413

R5年 下期午後 1,
R3年 上期午後 1

図のような回路で，8 Ωの抵抗での消費電力 [W] は。

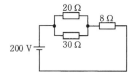

イ. 200　　ロ. 800　　ハ. 1200　　ニ. 2000

問題 414

R4年 下期午前 3,
R1年 上期 3,
H30年 下期 4,
H27年 下期 4

電熱器により，90 kg の水の温度を 20 K 上昇させるのに必要な電力量 [kW・h] は。
ただし，水の比熱は 4.2 kJ/(kg・K) とし，熱効率は 100 ％とする。

イ. 0.7　　ロ. 1.4　　ハ. 2.1　　ニ. 2.8

解説 413

まず，与えられた回路の抵抗を順に合成していくと，図1〜図2のようになります。

このうち，図1の赤枠で囲まれた部分の合成抵抗 R_1 [Ω] は，合成抵抗の公式（並列接続）より，

$$R_1 = \frac{20 \times 30}{20 + 30} = \frac{600}{50} = 12 \ \Omega$$

オームの法則より，図2の回路全体に流れる電流 I [A] は，

$$I = \frac{200}{R_1 + 8} = \frac{200}{12 + 8} = 10 \ A$$

電力の公式より，8 Ω の抵抗で消費する電力 P [W] は，

$$P = I^2 \times 8 = 10^2 \times 8 = 800 \ W$$

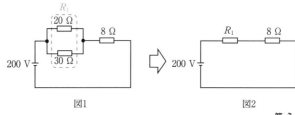

図1

図2

答え

□

解説 414

90 kg の水の温度を 20 K 上昇させるのに必要な電力量 W [kW·h] は，水の温度を上昇させるのに必要な電力量の公式および熱効率が 100 % であることより，

$$W = 90 \times 4.2 \times 20 \times 1 = 7560 \ kW \cdot s$$

発熱量と電力量の公式「3600 W·s=1 W·h」から，

「$1 \ W \cdot s = \dfrac{1}{3600} \ W \cdot h$」となるので，

$$7560 \ kW \cdot s = \frac{7560}{3600} \ kW \cdot h = 2.1 \ kW \cdot h$$

答え

ハ

04 交流回路

最大値が 148 V の正弦波交流電圧の実効値 [V] は。

イ. 85   ロ. 105   ハ. 148   ニ. 209

【注】本問題の計算で$\sqrt{2}$, $\sqrt{3}$ 及び円周率 π を使用する場合の数値は次によること。

$\sqrt{2} = 1.41$, $\sqrt{3} = 1.73$, $\pi = 3.14$

図のような正弦波交流回路の電源電圧 v に対する電流 i の波形として，正しいものは。

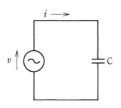

イ.

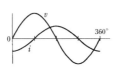

ロ.

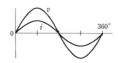

ハ.

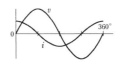

ニ.

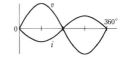

432

解説 415

正弦波交流電圧の実効値は，最大値を$\sqrt{2}$（ $≒1.41$ ）で割ればよいので，

$$148 \div \sqrt{2} ≒ 105 \text{ V}$$

答え

□

解説 416

コンデンサ C に電圧を加えると，その位相から 90° 進んだ電流が流れます。したがって，電流 i の位相が電圧 v より進んでいるハの波形が正解となります。

答え
ハ

図のような交流回路において，抵抗 8 Ω の両端の電圧 $V[\mathrm{V}]$ は。

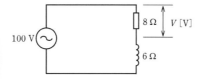

イ. 43　　ロ. 57　　ハ. 60　　ニ. 80

図のような交流回路において，抵抗 12 Ω の両端の電圧 $V[\mathrm{V}]$ は。

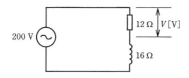

イ. 86　　ロ. 114　　ハ. 120　　ニ. 160

解説 417

抵抗とコイルを直列接続した回路の合成インピーダンスの公式より，回路のインピーダンス $Z[\Omega]$ は，

$$Z=\sqrt{8^2+6^2}=10\ \Omega$$

与えられた回路に流れる電流 $I[\mathrm{A}]$ は，電源の電圧を $V=100\ \mathrm{V}$ とすると，交流回路のオームの法則より，

$$I=\frac{V}{Z}=\frac{100}{10}=10\ \mathrm{A}$$

したがって，8 Ω の抵抗の両端の電圧 $V_\mathrm{R}[\mathrm{V}]$ は，オームの法則より，

$$V_\mathrm{R}=8\times I=8\times10=80\ \mathrm{V}$$

答え

ニ

CH 06

電気工事に関する基礎理論

解説 418

抵抗とコイルを直列接続した回路の合成インピーダンスの公式より，回路のインピーダンス $Z[\Omega]$ は，

$$Z=\sqrt{12^2+16^2}=20\ \Omega$$

与えられた回路に流れる電流 $I[\mathrm{A}]$ は，電源の電圧を $V=200\ \mathrm{V}$ とすると，交流回路のオームの法則より，

$$I=\frac{V}{Z}=\frac{200}{20}=10\ \mathrm{A}$$

したがって，12 Ω の抵抗の両端の電圧 $V_\mathrm{R}[\mathrm{V}]$ は，オームの法則より，

$$V_\mathrm{R}=12\times I=12\times10=120\ \mathrm{V}$$

答え

ハ

問題 419

R4年 上期午後 4,
H30年 上期 2,
H27年 下期 2

コイルに 100 V，50 Hz の交流電圧を加えたら 6 A の電流が流れた。このコイルに 100 V，60 Hz の交流電圧を加えたときに流れる電流 [A] は。

ただし，コイルの抵抗は無視できるものとする。

イ. 4 ロ. 5 ハ. 6 ニ. 7

問題 420

R5年 下期午後 4,
R3年 下期午前 4

図のような抵抗とリアクタンスとが直列に接続された回路の消費電力 [W] は。

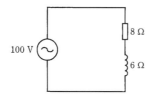

イ. 600 ロ. 800 ハ. 1000 ニ. 1250

コイルに流れる電流 I[A] は，電圧を V[V]，周波数を f[Hz]，インダクタンスを L[H] とすると，次の式で求めることができます。

$$I=\frac{V}{2\pi fL}\,[\mathrm{A}]$$

上式より，電圧 V とインダクタンス L が一定であれば，電流 I は周波数 f に反比例します。

したがって，60 Hz の交流電圧を加えたときの電流 I[A] は，

$$I=6\times\frac{50}{60}=5\ \mathrm{A}$$

答え

CH
06

電気工事に関する基礎理論

抵抗とコイルを直列接続した合成インピーダンスの公式より，回路のインピーダンス Z[Ω] は，

$$Z=\sqrt{8^2+6^2}=10\ \Omega$$

与えられた回路に流れる電流 I[A] は，電源の電圧を $V=100$ V とすると，交流回路のオームの法則より，

$$I=\frac{V}{Z}=\frac{100}{10}=10\ \mathrm{A}$$

問題文の「回路の消費電力」とは，8 Ω の抵抗で消費される電力に等しくなります。

したがって，8 Ω の抵抗で消費される電力 P[W] は，電力の公式より，

$$P=I^2\times8=10^2\times8=800\ \mathrm{W}$$

答え

問題 421

R5年 上期午前 4

図のような回路で，抵抗Rに流れる電流が 4 A，リアクタンス X に流れる電流が 3 A であるとき，この回路の消費電力 [W] は。

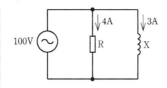

イ. 300 ロ. 400 ハ. 500 ニ. 700

問題 422

R5年 上期午後 4

単相交流回路で 200 V の電圧を力率 90 %の負荷に加えたとき，15 A の電流が流れた。負荷の消費電力 [kW] は。

イ. 2.4 ロ. 2.7 ハ. 3.0 ニ. 3.3

問題 423

R3年 下期午後 4，
H26年 下期 5

単相 200 V の回路に，消費電力 2.0 kW，力率 80 %の負荷を接続した場合，回路に流れる電流 [A] は。

イ. 7.2 ロ. 8.0 ハ. 10.0 ニ. 12.5

解説 421

与えられた回路の抵抗の値 $R[\Omega]$ は，オームの法則より，

$$R=\frac{100}{4}=25 \ \Omega$$

問題文の「回路の消費電力」とは，上記の $R[\Omega]$ の抵抗で消費される電力に等しくなります。
したがってその値は，電力の公式より，

$$4^2 \times 25 = 400 \ \text{W}$$

答え
□

解説 422

負荷の消費電力 $P[\text{kW}]$ は，電圧を $V[\text{V}]$，電流を $I[\text{A}]$，力率を $\cos\theta$ とすると，次の式で求めることができます。

$$P=VI\cos\theta \times 10^{-3}[\text{kW}]$$

よって，負荷の消費電力 $P[\text{kW}]$ は，

$$P=200 \times 15 \times 0.9 \times 10^{-3} = 2.7 \ \text{kW}$$

答え
□

CH
06

電気工事に関する基礎理論

解説 423

負荷の消費電力 $P[\text{kW}]$ は，電圧を $V[\text{V}]$，電流を $I[\text{A}]$，力率を $\cos\theta$ とすると，次の式で求めることができます。

$$P=VI\cos\theta \times 10^{-3} \ [\text{kW}]$$

したがって，電流 $I[\text{A}]$ は，上式を変形して，

$$I=\frac{P}{V\cos\theta} \times 10^3 = \frac{2.0}{200 \times 0.8} \times 10^3 = 12.5 \ \text{A}$$

答え
二

図のような回路で，電源電圧が 24 V，抵抗 $R = 4$ Ω に流れる電流が 6 A，リアクタンス $X_L = 3$ Ω に流れる電流が 8 A であるとき，回路の力率 [%] は。

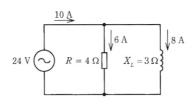

イ．43　　ロ．60　　ハ．75　　ニ．80

図のような交流回路で，電源電圧 204 V，抵抗の両端の電圧が 180 V，リアクタンスの両端の電圧が 96 V であるとき，負荷の力率 [%] は。

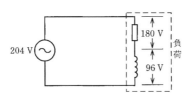

イ．35　　ロ．47　　ハ．65　　ニ．88

解説 424

問題で示されたような抵抗とリアクタンスの並列回路の場合，回路の力率 $\cos\theta$ は回路全体に流れる電流 $I[\mathrm{A}]$ と抵抗に流れる電流 $I_\mathrm{R}[\mathrm{A}]$ の比となり，次の式で求めることができます。

$$\cos\theta = \frac{I_\mathrm{R}}{I}$$

問題で示された回路において，I=10 A，I_R=6 A であるから，上式にこれらの値を代入して，

$$\cos\theta = \frac{6}{10} = 0.6 \rightarrow 60\ \%$$

答え

CH
06

電気工事に関する基礎理論

解説 425

与えられた図で示されたような抵抗とリアクタンスの直列回路の場合，負荷の力率 $\cos\theta$ は電源の電圧 $V[\mathrm{V}]$ と抵抗の両端の電圧 $V_\mathrm{R}[\mathrm{V}]$ の比となり，次の式で求めることができます。

$$\cos\theta = \frac{V_\mathrm{R}}{V}$$

与えられた回路において，V=204 V，V_R=180 V であるから，上式にこれらの値を代入すると，力率 $\cos\theta\ [\%]$は，

$$\cos\theta = \frac{180}{204} \fallingdotseq 0.88 \rightarrow 88\ \%$$

答え

ニ

R4 年 下期午後 4,
R2 年 下期午前 4

図のような交流回路の力率 [%] を示す式は。

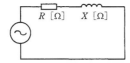

イ. $\dfrac{100RX}{R^2+X^2}$ ロ. $\dfrac{100R}{\sqrt{R^2+X^2}}$ ハ. $\dfrac{100X}{\sqrt{R^2+X^2}}$ ニ. $\dfrac{100R}{R+X}$

抵抗とコイルを直列接続した回路の合成インピーダンスの公式より，与えられた回路のインピーダンス $Z[\Omega]$ は，

$$Z=\sqrt{R^2+X^2}\ [\Omega]$$

また，回路に流れる電流 $I[A]$ は，電源の電圧を $V[V]$ とすると，交流回路のオームの法則より，

$$I=\frac{V}{Z}=\frac{V}{\sqrt{R^2+X^2}}\ [A]$$

したがって，抵抗の両端の電圧 $V_R\ [V]$ は，オームの法則より，

$$V_R=RI=\frac{RV}{\sqrt{R^2+X^2}}\ [V]$$

抵抗とリアクタンスの直列回路の場合，負荷の力率 $\cos\theta\ [\%]$ は電源の電圧 $V[V]$ と抵抗の両端の電圧 $V_R\ [V]$ の比となり，次の式で求めることができます。

$$\cos\theta=\frac{V_R}{V}\times100=\frac{100R}{\sqrt{R^2+X^2}}\ [\%]$$

図のような交流回路で，負荷に対してコンデンサ C を設置して，力率を 100 %に改善した。このときの電流計の指示値は。

H29 年 上期 4,
H27 年 上期 4

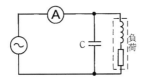

イ．零になる。

ロ．コンデンサ設置前と比べて変化しない。

ハ．コンデンサ設置前と比べて増加する。

ニ．コンデンサ設置前と比べて減少する。

解説
427

まず，コンデンサ C の設置前に電流計に流れる電流を I_{A0}［A］とすると，図 1 のようなベクトル図を描くことができます。次に，負荷に対して並列にコンデンサ C を設置すると，コンデンサに電流 I_C が流れます。負荷に流れる電流を I_L［A］とすると，電流計に流れる電流 I_{A1}［A］は，

$$I_{A1}=I_L+I_C$$

となり，ベクトル図で表すと図 2 のようになります。

ここで，2 つの図を比較すると，図 1 の I_{A0} と図 2 の I_L の大きさが等しいことがわかります。そして，図 2 の三角形の辺の大きさを比較すると，I_{A1} の方が I_L（図 1 の I_{A0}）よりも小さいことがわかります。

以上より，電流計の指示値はコンデンサ設置前と比べて減少します。

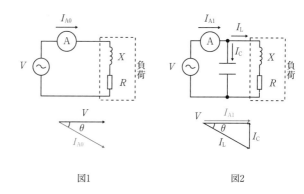

図1　　　　　　　　　図2

答え
二

【注】本問題の計算で$\sqrt{2}$, $\sqrt{3}$ 及び円周率 π を使用する場合の数値は次によること。
$\sqrt{2} = 1.41$, $\sqrt{3} = 1.73$, $\pi = 3.14$

問題 428

R5年 上期午後 5,
R4年 下期午後 5,
R3年 下期午後 5,
H27年 下期 5

図のような三相 3 線式回路に流れる電流 I [A] は。

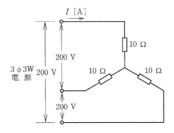

イ. 8.3 ロ. 11.6 ハ. 14.3 ニ. 20.0

問題 429

R3年 上期午後 5

図のような三相 3 線式回路に流れる電流 I [A] は。

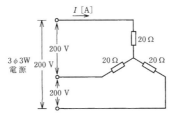

イ. 2.9 ロ. 5.0 ハ. 5.8 ニ. 10.0

問題 430

R1年 下期 5

図のような三相 3 線式回路に流れる電流 I [A] は。

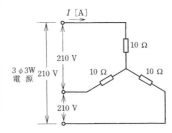

イ. 8.3 ロ. 12.1 ハ. 14.3 ニ. 20.0

解説
428

与えられた回路図において，10 Ω の抵抗の両端の電圧（相電圧）$V[V]$ は，線間電圧を相電圧に変換する公式より，

$$V = \frac{200}{\sqrt{3}} = \frac{200}{1.73} ≒ 116 \text{ V}$$

したがって，回路に流れる電流，すなわち 10 Ω の抵抗に流れる電流 $I[A]$ は，オームの法則より，

$$I = \frac{V}{10} = \frac{116}{10} = 11.6 \text{ A}$$

答え
□

解説
429

与えられた回路図において，20 Ω の抵抗の両端の電圧（相電圧）$V[V]$ は，線間電圧を相電圧に変換する公式より，

$$V = \frac{200}{\sqrt{3}} = \frac{200}{1.73} ≒ 116 \text{ V}$$

したがって，回路に流れる電流，すなわち20 Ω の抵抗に流れる電流 $I[A]$ は，オームの法則より，

$$I = \frac{V}{20} = \frac{116}{20} = 5.8 \text{ A}$$

答え
ハ

解説
430

与えられた回路図において，10 Ω の抵抗の両端の電圧（相電圧）$V[V]$ は，線間電圧を相電圧に変換する公式より，

$$V = \frac{210}{\sqrt{3}} = \frac{210}{1.73} ≒ 121 \text{ V}$$

したがって，回路に流れる電流，すなわち 10 Ω の抵抗に流れる電流 $I[A]$ は，オームの法則より，

$$I = \frac{V}{10} = \frac{121}{10} = 12.1 \text{ A}$$

答え

問題
431

H30 年 下期 5

図のような三相3線式回路に流れる電流 I[A] は。

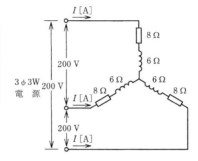

イ. 8.3 　ロ. 11.6 　ハ. 14.3 　ニ. 20.0

問題
432

R5 年 下期午後 5,
R3 年 下期午前 5,
H30 年 上期 5,
H28 年 下期 5,
H26 年 下期 4

図のような三相負荷に三相交流電圧を加えたとき，各線に 20 A
の電流が流れた。線間電圧 E[V] は。

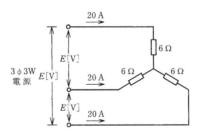

イ. 120 　ロ. 173 　ハ. 208 　ニ. 240

解説
431

与えられた回路図において，回路の相電圧 $V[\mathrm{V}]$ は，線間電圧を相電圧に変換する公式より，

$$V = \frac{200}{\sqrt{3}} = \frac{200}{1.73} \fallingdotseq 116 \text{ V}$$

また，回路の一相分のインピーダンス $Z[\Omega]$ は，抵抗とコイルを直列接続した回路の合成インピーダンスの公式より，

$$Z = \sqrt{8^2 + 6^2} = 10 \ \Omega$$

したがって，一相当たりに流れる電流 $I[\mathrm{A}]$ は，交流回路のオームの法則より，

$$I = \frac{V}{Z} = \frac{116}{10} = 11.6 \text{ A}$$

答え
□

解説
432

与えられた回路において，20 A の電流が 6 Ω の抵抗に流れたときに発生する抵抗の両端の電圧 $V[\mathrm{V}]$ は，オームの法則より，

$$V = 6 \times 20 = 120 \text{ V}$$

上で求めた $V[\mathrm{V}]$ は一相当たりの相電圧であり，これを $\sqrt{3}$ 倍したものが線間電圧 $E[\mathrm{V}]$ となります。

$$E = \sqrt{3} \times V = 1.73 \times 120 = 207.6 \rightarrow 208 \text{ V}$$

答え
ハ

図のような三相負荷に三相交流電圧を加えたとき，各線に 15 A の電流が流れた。線間電圧 $E[\mathrm{V}]$ は。

R2 年 下期午後 5

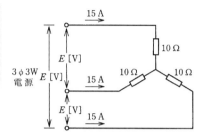

イ. 150　　ロ. 212　　ハ. 260　　ニ. 300

図のような電源電圧 $E[\mathrm{V}]$ の三相 3 線式回路で，図中の×印点で断線した場合，断線後の a-c 間の抵抗 $R[\Omega]$ に流れる電流 $I[\mathrm{A}]$ を示す式は。

R5 年 下期午前 5,
R4 年 下期午前 5,
H27 年 上期 5

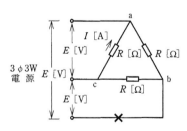

イ. $\dfrac{E}{2R}$　　ロ. $\dfrac{E}{\sqrt{3}R}$　　ハ. $\dfrac{E}{R}$　　ニ. $\dfrac{3E}{2R}$

解説 433

与えられた回路において，15 A の電流が 10 Ω の抵抗に流れた
ときに発生する抵抗の両端の電圧 $V[\text{V}]$ は，オームの法則より，

$V=10\times15=150\ \text{V}$

上で求めた $V[\text{V}]$ は一相当たりの相電圧であり，これを$\sqrt{3}$倍し
たものが線間電圧 $E[\text{V}]$ となります。

$E=\sqrt{3}\times V=1.73\times150=259.5 \rightarrow 260\ \text{V}$

答え

ハ

解説 434

与えられた図において×印点で断線した場合，a-c 間の電圧は断
線前と変わらず $E[\text{V}]$ です。

よって，a-c 間の抵抗 $R[\Omega]$ に流れる電流 $I[\text{A}]$ は，

$I=\dfrac{E}{R}\ [\text{A}]$

答え

ハ

図のような三相3線式200Vの回路で, c-o間の抵抗が断線した。断線前と断線後のa-o間の電圧 V の値 [V] の組合せとして, 正しいものは。

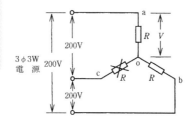

イ. 断線前 116　断線後 116

ロ. 断線前 116　断線後 100

ハ. 断線前 100　断線後 116

ニ. 断線前 100　断線後 100

図のような三相3線式回路の全消費電力 [kW] は。

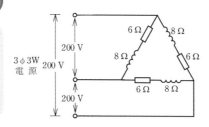

イ. 2.4　　ロ. 4.8　　ハ. 7.2　　ニ. 9.6

a-b 間の電圧を V_{ab}=200 V とすると，まず断線前の a-o 間の電圧 V[V] は，線間電圧を相電圧に変換する公式より，

$$V=\frac{V_{ab}}{\sqrt{3}}=\frac{200}{1.73}≒116\ V$$

次に c-o 間の抵抗が断線すると，V_{ab} を 2 つの抵抗 R[Ω] で分担します。このとき，それぞれの抵抗 R に加わる電圧は等しく，電圧 V_{ab} の $\frac{1}{2}$ となるため，

$$V_{ao}=\frac{1}{2}×V_{ab}=\frac{1}{2}×200=100\ V$$

答え
□

CH 06

電気工事に関する基礎理論

与えられた回路の一相分のインピーダンスを Z[Ω]，相電圧を V=200 V とすると，相電流 I_p[A] は，交流回路のオームの法則より，

$$I_p=\frac{V}{Z}=\frac{200}{\sqrt{6^2+8^2}}=\frac{200}{10}=20\ A$$

したがって，三相 3 線式回路の全消費電力 P_3[kW] は，全消費電力（三相電力）の公式より，

$$P_3=3×I_p^2×6=3×20^2×6=7200\ W=7.2\ kW$$

答え
ハ

問題
437

図のような三相 3 線式回路の全消費電力 [kW] は。

R5 年 上期午前 5,
R4 年 上期午後 5,
R1 年 上期 5

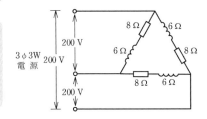

イ. 2.4　　ロ. 4.8　　ハ. 9.6　　ニ. 19.2

問題
438

定格電圧 $V[\mathrm{V}]$，定格電流 $I[\mathrm{A}]$ の三相誘導電動機を定格状態で時間 $t[\mathrm{h}]$ の間，連続運転したところ，消費電力量が $W[\mathrm{kW \cdot h}]$ であった。この電動機の力率 [%] を表す式は。

R2 年 下期午前 5,
H28 年 上期 5

イ. $\dfrac{W}{3VIt} \times 10^5$　　ロ. $\dfrac{\sqrt{3}VI}{Wt} \times 10^5$

ハ. $\dfrac{3VI}{W} \times 10^5$　　ニ. $\dfrac{W}{\sqrt{3}VIt} \times 10^5$

与えられた回路の一相分のインピーダンスを Z [Ω]，相電圧を V=200 V とすると，相電流 I_p [A] は，交流回路のオームの法則より，

$$I_p=\frac{V}{Z}=\frac{200}{\sqrt{8^2+6^2}}=\frac{200}{10}=20\ A$$

したがって，三相 3 線式回路の全消費電力 P_3 [kW] は，全消費電力（三相電力）の公式より，

$$P_3=3\times I_p^{\ 2}\times 8=3\times 20^2\times 8=9600\ W=9.6\ kW$$

答え
ハ

CH 06

電気工事に関する基礎理論

三相誘導電動機の消費電力 P[kW] は，力率を $\cos\theta$ とすると，次の式で求めることができます。

$$P=\sqrt{3}\ VI\cos\theta\times 10^{-3}\ [kW]$$

消費電力量 W[kW・h] は，電力量の公式より，

$$W=Pt=\sqrt{3}\ VIt\cos\theta\times 10^{-3}\ [kW\cdot h]$$

したがって，力率 $\cos\theta$ は，

$$\cos\theta=\frac{W}{\sqrt{3}VIt}\times 10^3$$

単位を [%] で表すためには 100 を掛ければよいので，

$$\cos\theta=\frac{W}{\sqrt{3}VIt}\times 10^3\times 100=\frac{W}{\sqrt{3}VIt}\times 10^5\ [\%]$$

答え
ニ

07

配電理論および
配線設計

01 電圧降下と電力損失

問題 439

H29 年 下期 6

図のように，電線のこう長 L[m] の配線により，抵抗負荷に電力を供給した結果，負荷電流が 10 A であった。配線における電圧降下 $V_1 - V_2$[V] を表す式として，正しいものは。

ただし，電線の電気抵抗は長さ 1 m 当たり r[Ω] とする。

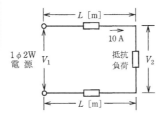

イ. rL　ロ. $2rL$　ハ. $10rL$　ニ. $20rL$

問題 440

R4 年 下期午後 6,
R2 年 下期午後 6,
H30 年 下期 6,
H30 年 上期 6,
H29 年 上期 6

図のように，電線のこう長 8 m の配線により，消費電力 2000 W の抵抗負荷に電力を供給した結果，負荷の両端の電圧は 100 V であった。配線における電圧降下 [V] は。

ただし，電線の電気抵抗は長さ 1000 m 当たり 5.0 Ω とする。

```
        ┌───── 8 m ─────┐
  ○──[      ]──────┐
1φ2W            抵抗負荷  │
電源          2 000 W  │ 100 V
  ○──[      ]──────┘
        ├───── 8 m ─────┤
```

イ. 0.2　ロ. 0.8　ハ. 1.6　ニ. 2.4

解説 439

1 m の抵抗が r [Ω] である電線の，長さ L [m] における電気抵抗 R [Ω] は，

$$R=rL\ [\Omega]$$

抵抗負荷に流れる電流を I [A] とすると，配線による電圧降下 (V_1-V_2) [V] は，単相 2 線式の電圧降下の公式より，

$$V_1-V_2=2RI=2\times rL\times 10=20rL\ [\text{V}]$$

答え

二

解説 440

消費電力 $P=2000$ W の抵抗負荷に流れる電流 I [A] は，電力の公式 $(P=VI)$ を変形して，

$$P=100\times I$$

$$I=\frac{P}{100}=\frac{2000}{100}=20\ \text{A}$$

また，電気抵抗が 1000m あたり 5.0 Ω の電線 8 m の電気抵抗 R [Ω] は，

$$R=\frac{8}{1000}\times 5=0.04\ \Omega$$

したがって，配線による電圧降下 V [V] は，単相 2 線式の電圧降下の公式より，

$$V=2RI=2\times 0.04\times 20=1.6\ \text{V}$$

答え

ハ

CH 07

配電理論および配線設計

459

問題 441

R4 年 下期午前 6

図のような単相 2 線式電線路において，線路の長さは 50 m，負荷電流は 25 A で，抵抗負荷が接続されている。線路の電圧降下（V_s—V_r）を 4 V 以内にするための電線の最小太さ（断面積）［mm²］は。ただし，電線の抵抗は表のとおりとする。

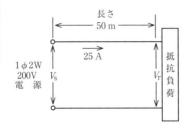

電線の太さ［mm²］	1 km 当たりの導体抵抗［Ω/km］
5.5	3.33
8	2.31
14	1.30
22	0.82

イ．5.5　ロ．8　ハ．14　ニ．22

問題 442

R3 年 下期午後 6，
R3 年 上期午後 6，
R1 年 上期 6，
H27 年 下期 6

図のような単相 2 線式回路において，c-c' 間の電圧が 100 V のとき，a-a' 間の電圧［V］は。
ただし，r は電線の電気抵抗［Ω］とする。

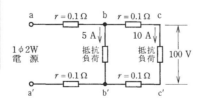

イ．102　ロ．103　ハ．104　ニ．105

460

解説 441

1 km 当たりの導体抵抗を ρ [Ω/km] とすると，50 m の線路に用いられる電線の電気抵抗 r [Ω] は，

$$r = \frac{50}{1000} \times \rho = 0.05\,\rho \ [\Omega]$$

このとき，線路による電圧降下 $(V_s - V_r)$ [V] は，単相 2 線式回路の電圧降下の公式より，

$$V_s - V_r = 2rI = 2 \times 0.05\,\rho \times 25 = 2.5\,\rho \ [\mathrm{V}]$$

電圧降下 $(V_s - V_r)$ が 4 V となるときの ρ の値は，

$$2.5\,\rho = 4$$

$$\therefore \rho = 1.6 \ \Omega/\mathrm{km}$$

すなわち，電圧降下 $(V_s - V_r)$ を 4 V 以内にするためには，1 km 当たりの導体抵抗が上記の ρ の値より小さければよいことになります。

与えられた表のうち，上記の条件を満たす電線の最小太さは，1 km 当たりの導体抵抗が 1.30 Ω/km となる 14 mm² となります。

答え

ハ

解説 442

与えられた回路の b-b' 間の電圧 V_b [V] は，オームの法則より，

$$V_b = r \times 10 + 100 + r \times 10$$

$$= 0.1 \times 10 + 100 + 0.1 \times 10 = 102 \ \mathrm{V}$$

また，a-b 間および a'-b' 間の抵抗 $r = 0.1\ \Omega$ に流れる電流 I [A] は，2 つの抵抗負荷に流れる電流の合計に等しく，

$$I = 5 + 10 = 15 \ \mathrm{A}$$

したがって，a-a' 間の電圧 V [V] は，オームの法則より，

$$V = r \times I + V_b + r \times I$$

$$= 0.1 \times 15 + 102 + 0.1 \times 15 = 105 \ \mathrm{V}$$

答え

二

CH 07

配電理論および配線設計

461

図のような単相 2 線式回路において，d-d' 間の電圧が 100 V の
とき a-a' 間の電圧 [V] は。

ただし，r_1，r_2 及び r_3 は電線の電気抵抗 [Ω] とする。

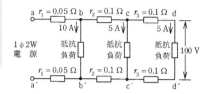

イ. 102　ロ. 103　ハ. 104　ニ. 105

解説
443

与えられた回路の c-c' 間の電圧 $V_c[\mathrm{V}]$ は，オームの法則より，

$$V_c = r_3 \times 5 + 100 + r_3 \times 5$$
$$= 0.1 \times 5 + 100 + 0.1 \times 5 = 101 \text{ V}$$

また，b-c 間および b'-c' 間の抵抗 $r_2 = 0.1\ \Omega$ に流れる電流 $I_2[\mathrm{A}]$ は，2 つの抵抗負荷に流れる電流の合計に等しく，

$$I_2 = 5 + 5 = 10 \text{ A}$$

これより，与えられた回路の b-b' 間の電圧 $V_b[\mathrm{V}]$ は，オームの法則より，

$$V_b = r_2 \times I_2 + V_c + r_2 \times I_2$$
$$= 0.1 \times 10 + 101 + 0.1 \times 10 = 103 \text{ V}$$

また，a-b 間および a'-b' 間の抵抗 $r_1 = 0.05\ \Omega$ に流れる電流 $I_1[\mathrm{A}]$ は，3 つの抵抗負荷に流れる電流の合計に等しく，

$$I_1 = 10 + 5 + 5 = 20 \text{ A}$$

したがって，a-a' 間の電圧 $V[\mathrm{V}]$ は，オームの法則より，

$$V = r_1 \times I_1 + V_b + r_1 \times I_1$$
$$= 0.05 \times 20 + 103 + 0.05 \times 20 = 105 \text{ V}$$

答え

二

図のように，単相2線式電線路で，抵抗負荷 A，B，C にそれぞれ負荷電流 10 A が流れている。

電源電圧が 210 V であるとき抵抗負荷 C の両端電圧 $V_C[V]$ は。

ただし，r は電線の抵抗 [Ω] とする。

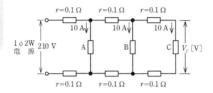

イ．198　ロ．200　ハ．202　ニ．204

与えられた回路の抵抗負荷 B の両端電圧 V_B[V] を，V_C[V] を用いて表すと，オームの法則より，

$$V_B = r \times 10 + V_C + r \times 10$$
$$= 0.1 \times 10 + V_C + 0.1 \times 10$$
$$= V_C + 2 \, [V]$$

また，抵抗負荷 A と抵抗負荷 B のそれぞれの両端に接続されている抵抗 $r = 0.1 \, \Omega$ に流れる電流 I_2[A] は，抵抗負荷 B と抵抗負荷 C に流れる電流の合計に等しく，

$$I_2 = 10 + 10 = 20 \, A$$

これより，与えられた回路の抵抗負荷 A の両端電圧 V_A[V] は，オームの法則より，

$$V_A = r \times I_2 + V_B + r \times I_2$$
$$= 0.1 \times 20 + V_C + 2 + 0.1 \times 20$$
$$= V_C + 6 \, [V]$$

また，電源と抵抗負荷 A のそれぞれの両端に接続されている抵抗 $r = 0.1 \, \Omega$ に流れる電流 I_1[A] は，抵抗負荷 A，抵抗負荷 B，抵抗負荷 C に流れる電流の合計に等しく，

$$I_1 = 10 + 10 + 10 = 30 \, A$$

電源電圧は 210 V であるため，オームの法則より，

$$210 = r \times I_1 + V_A + r \times I_1$$
$$210 = 0.1 \times 30 + V_C + 6 + 0.1 \times 30$$

式を整理すると，抵抗負荷 C の両端電圧 V_C[V] は，

$$V_C = 210 - 3 - 6 - 3 = 198 \, V$$

答え
イ

図のような単相 3 線式回路で，電線 1 線当たりの抵抗が $r[\Omega]$，負荷電流が $I[A]$，中性線に流れる電流が 0 A のとき，電圧降下 $(V_S - V_r)[V]$ を示す式は。

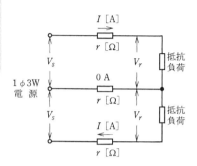

イ. $2rI$　　ロ. $3rI$　　ハ. rI　　ニ. $\sqrt{3}\,rI$

問題
446

R4 年 上期午後 7,
R3 年 下期午前 7,
H30 年 下期 7,
H30 年 上期 7,
H28 年 上期 6

図のような単相 3 線式回路において，電線 1 線当たりの抵抗が 0.1 Ω のとき，a-b 間の電圧 [V] は。

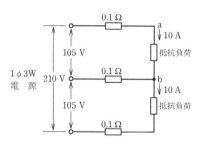

イ. 102　　ロ. 103　　ハ. 104　　ニ. 105

解説 445

与えられた回路の電圧降下 $(V_s - V_r)$ [V] は，単相3線式の電圧降下 (中性線に電流が流れない場合) の公式より，

$$V_s - V_r = rI \text{ [V]}$$

答え
ハ

解説 446

与えられた回路より，2つの抵抗負荷に流れる電流は 10 A で等しいため，中性線には電流は流れません。

したがって，回路の電圧降下 v [V] は，単相3線式の電圧降下 (中性線に電流が流れない場合) の公式より，

$$v = 0.1 \times I = 0.1 \times 10 = 1 \text{ V}$$

以上より，a-b 間の電圧 V_{ab} [V] は，端子間の電圧 105 V から電圧降下 v を差し引いた値に等しくなり，

$$V_{ab} = 105 - v = 105 - 1 = 104 \text{ V}$$

答え
ハ

CH
07

配電理論および配線設計

図のような単相3線式回路において，電線1線当たりの抵抗が
0.1 Ωのとき，a-b 間の電圧 [V] は。

H28 年 下期 6

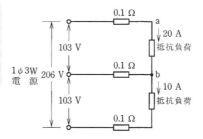

イ. 99　ロ. 100　ハ. 101　ニ. 102

図のような単相3線式回路において，電線1線当たりの抵抗が
0.1 Ω，抵抗負荷に流れる電流がともに 15 A のとき，この電線
路の電力損失 [W] は。

R4 年 下期午前 7,
R4 年 下期午後 7,
R3 年 下期午後 7,
R2 年 下期午後 7,
R2 年 下期午前 7,
H27 年 下期 7

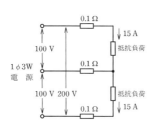

イ. 23　ロ. 39　ハ. 45　ニ. 68

解説
447

与えられた回路より，2つの抵抗負荷に流れる電流を I_1=20 A および I_2=10 A とすると，中性線に流れる電流 I[A] は，

$I=I_1-I_2=20-10=10$ A

上側の電圧線および中性線における電圧降下 v_a[V] ， v_b[V] は，

$v_a=0.1\times I_1=0.1\times20=2$ V

$v_b=0.1\times I=0.1\times10=1$ V

以上より，端子 a-b 間の電圧 v_{ab}[V] は，

$v_{ab}=103-v_a-v_b=103-2-1=100$ V

答え

□

解説
448

問題で与えられた回路より，2つの抵抗負荷に流れる電流は 15 A で等しいため，中性線には電流は流れません。

したがって，電力損失 P_L[W] は，単相3線式の電力損失（中性線に電流が流れない場合）の公式より，

$P_L=15^2\times0.1\times2=45$ W

答え

ハ

469

問題 449

R5年 上期午前 7

図1のような単相2線式回路を，図2のような単相3線式回路に変更した場合，配線の電力損失はどうなるか。

ただし，負荷電圧は 100 V 一定で，負荷 A，負荷 B はともに消費電力 1 kW の抵抗負荷で，電線の抵抗は 1 線当たり 0.2 Ω とする。

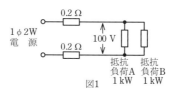

図1

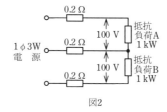

図2

イ．0 になる。　　ロ．小さくなる。
ハ．変わらない。　ニ．大きくなる。

問題 450

R4年 上期午前 24,
R2年 下期午前 24,
H30年 下期 25,
H27年 上期 24

単相 3 線式 100/200 V の屋内配線で，絶縁被覆の色が赤色，白色，黒色の 3 種類の電線が使用されていた。この屋内配線で電線相互間及び電線と大地間の電圧を測定した。その結果としての電圧の組合せで，適切なものは。

ただし，中性線は白色とする。

イ．黒色線と大地間　　100 V　ハ．赤色線と黒色線間　200 V
　　白色線と大地間　　200 V　　　白色線と大地間　　　0 V
　　赤色線と大地間　　　0 V　　　黒色線と大地間　　100 V
ロ．黒色線と白色線間　100 V　ニ．黒色線と白色線間　200 V
　　黒色線と大地間　　　0 V　　　黒色線と大地間　　100 V
　　赤色線と大地間　　200 V　　　赤色線と大地間　　　0 V

解説 449

図1の回路に流れる電流 $I[\text{A}]$ は抵抗負荷 A に流れる電流 $I_\text{A}[\text{A}]$ および抵抗負荷 B に流れる電流 $I_\text{B}[\text{A}]$ の和であることより，

$$I = I_\text{A}+I_\text{B} = \frac{1000}{100} + \frac{1000}{100} = 20 \text{ A}$$

図1の回路の電力損失 $P_1[\text{W}]$ は，電線1線当たりの抵抗を $r[\Omega]$ とすると，単相2線式の電力損失の公式より，

$$P_1=2I^2\,r=2\times 20^2 \times 0.2=160 \text{ W}$$

図2の回路に流れる電流 $I[\text{A}]$ は，抵抗負荷 A に流れる電流 $I_\text{A}[\text{A}]$ および抵抗負荷 B に流れる電流 $I_\text{B}[\text{A}]$ と等しく，

$$I = I_\text{A} = I_\text{B} = \frac{1000}{100} = 10 \text{ A}$$

また，$I_\text{A}=I_\text{B}$ であることより，図2の回路の中性線には電流は流れません。

図2の回路の電力損失 $P_2[\text{W}]$ は，電線1線当たりの抵抗を $r[\Omega]$ とすると，単相3線式の電力損失の公式（中性線に電流が流れない場合）より，

$$P_2=2I^2\,r=2\times 10^2 \times 0.2=40 \text{ W}$$

上記より，$P_1>P_2$ となるため，図1の回路を図2の回路に変更した場合，配線の電力損失は小さくなります。

答え

☐

解説 450

3種類の電線相互間および電線と大地の間の電圧は，下図のように赤色線と黒色線間は 200 V，黒色線（赤色線）と大地間は 100 V です。

また，中性線である白色線は接地されているため，白色線と大地間の電圧は 0 V になります。

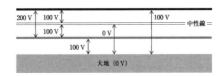

答え

ハ

CH 07

配電理論および配線設計

図のような単相3線式回路で，スイッチaだけを閉じたときの電流計Ⓐの指示値 I_1[A] とスイッチa及びbを閉じたときの電流計Ⓐの指示値 I_2[A] の組合せとして，適切なものは。

ただし，Ⓗは定格電圧100Vの電熱器である。

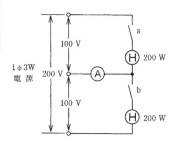

イ． I_1　2　 I_2　2　　ロ． I_1　2　 I_2　0

ハ． I_1　2　 I_2　4　　ニ． I_1　4　 I_2　0

問題
452

R5年 上期午後 25,
R4年 下期午後 25,
R1年 上期 24,
H30年 下期 27,
H26年 上期 24

図のような単相3線式回路で，開閉器を閉じて機器Aの両端の電圧を測定したところ150Vを示した。この原因として，考えられるものは。

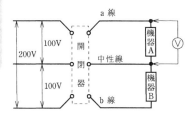

イ．機器Aの内部で断線している。

ロ．a線が断線している。

ハ．b線が断線している。

ニ．中性線が断線している。

解説 451

まず，スイッチ a だけを閉じたとき，回路の上側の電熱器には定格電圧 V_1=100 V が加わり，回路の消費電力は P_1=200 W となります。したがって，流れる電流 I_1[A] は，電力の公式を変形して，

$$P_1=V_1 I_1$$

$$I_1 = \frac{P_1}{V_1} = \frac{200}{100} = 2 \text{ A}$$

次に，スイッチ a および b を閉じたときは，2 つの電熱器に流れる電流が等しくなるため，電流計Ⓐには電流が流れません。すなわち，I_2=0 A になります。

答え

□

解説 452

与えられた図のような単相 3 線式回路の中性線を基準に考えると，機器 A と機器 B に加わる電圧はそれぞれ 100 V になります。しかし，中性線が断線すると，a 線および b 線に接続された負荷の大きさが等しくない場合，断線後の a 線 -b 線間の電圧 200 V を均等に分担することができないため，どちらかの負荷に 100 V を超える電圧が加わってしまいます。

問題文の条件より，機器 A に 150 V の電圧（100 V を超える電圧）が加わっているため，上記の条件に一致し，中性線が断線していると考えられます。

答え

二

問題 453

R1 年 下期 7,
H26 年 上期 6

図のような三相 3 線式回路で，電線 1 線当たりの抵抗が 0.15 Ω，線電流が 10 A のとき，電圧降下 $(V_s - V_r)$ [V] は。

【注】本問題の計算で$\sqrt{2}$，$\sqrt{3}$及び円周率 π を使用する場合の数値は次によること。

$\sqrt{2} = 1.41$, $\sqrt{3} = 1.73$, $\pi = 3.14$

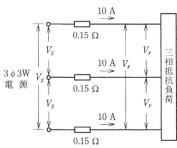

イ．1.5   ロ．2.6   ハ．3.0   ニ．4.5

問題 454

R2 年 下期午前 6

図のような三相 3 線式回路において，電線 1 線当たりの抵抗が r [Ω]，線電流が I [A] のとき，この電線路の電力損失 [W] を示す式は。

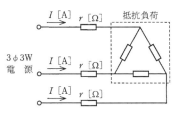

イ．$\sqrt{3}\,I^2 r$ ロ．$3Ir$ ハ．$3I^2 r$ ニ．$\sqrt{3}\,Ir$

与えられた回路の電圧降下 $(V_\mathrm{s} - V_\mathrm{r})\,[\mathrm{V}]$ は，三相 3 線式の電圧降下の公式より，

$$V_\mathrm{s} - V_\mathrm{r} = \sqrt{3} \times 0.15 \times 10 = 1.73 \times 0.15 \times 10 \fallingdotseq 2.6 \ \mathrm{V}$$

答え

与えられた回路図において，$I\,[\mathrm{A}]$ の電流が $r\,[\Omega]$ の抵抗に流れたときの電力損失 $P_1\,[\mathrm{W}]$ は，電力の公式より，

$$P_1 = I^2\, r\,[\mathrm{W}]$$

上で求めた $P_1\,[\mathrm{W}]$ は一相当たりの電力損失であるため，これを 3 倍したものが三相 3 線式回路全体の電力損失 $P\,[\mathrm{W}]$ となります。

$$P = 3 \times P_1 = 3I^2\, r\,[\mathrm{W}]$$

CH
07

配電理論および配線設計

答え
ハ

問題 455

図のような三相3線式回路で，電線1線当たりの抵抗値が0.15 Ω，線電流が10 A のとき，この配線の電力損失 [W] は。

R5年 下期午後 6,
H28年 下期 8

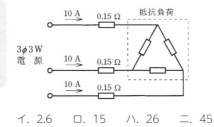

イ. 2.6 ロ. 15 ハ. 26 ニ. 45

問題 456

図のような三相交流回路において，電線1線当たりの抵抗が 0.15 Ω，線電流が10 A のとき，この配線の電力損失 [W] は。

R5年 上期午前 6,
R3年 上期午前 7,
H27年 上期 6

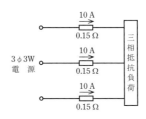

イ. 15 ロ. 26 ハ. 30 ニ. 45

与えられた回路において，電線1線あたりの電力損失 $P_1[\mathrm{W}]$ は，電力の公式より，

$\qquad P_1=10^2 \times 0.15=15\ \mathrm{W}$

したがって，電線路全体の電力損失 $P_3[\mathrm{W}]$ は，電線3線分の電力損失を計算すればよく，

$\qquad P_3=3P_1=3 \times 15=45\ \mathrm{W}$

答え

解説
456

与えられた回路において，電線1線あたりの電力損失 $P_1[\mathrm{W}]$ は，電力の公式より

$\qquad P_1=10^2 \times 0.15=15\ \mathrm{W}$

したがって，電線路全体の電力損失 $P_3[\mathrm{W}]$ は，電線3線分の電力損失を計算すればよく，

$\qquad P_3=3P_1=3 \times 15=45\ \mathrm{W}$

答え
二

問題
457

図のような三相3線式回路で，線電流が10Aのとき，この電線路の電力損失 [W] は。

ただし，電線1線の抵抗は1m当たり0.01Ωとする。

H26年 下期 7

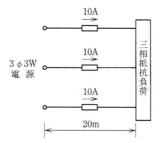

イ．20　ロ．35　ハ．40　ニ．60

解説 457

与えられた回路において，20 m の電線 1 線あたりの抵抗 $r[\Omega]$ は，

$r=0.01\times20=0.2\ \Omega$

したがって，電線 1 線あたりの電力損失 $P_1[\mathrm{W}]$ は，電力の公式より

$P_1=10^2\times0.2=20\ \mathrm{W}$

以上より，電線路全体の電力損失 $P_3[\mathrm{W}]$ は，電線 3 線分の電力損失を計算すればよく，

$P_3=3P_1=3\times20=60\ \mathrm{W}$

答え

CH
07

配電理論および配線設計

02 許容電流

問題 458

R4 年 下期午後 23,
R3 年 上期午後 23,
H30 年 下期 23

低圧屋内配線工事で，600V ビニル絶縁電線を合成樹脂管に収めて使用する場合，その電線の許容電流を求めるための電流減少係数に関して，同一管内の電線数と電線の電流減少係数との組合せで，誤っているものは。

ただし，周囲温度は 30 ℃以下とする。

イ．2 本　0.80　　ロ．4 本　0.63
ハ．5 本　0.56　　ニ．6 本　0.56

問題 459

R4 年 下期午前 8,
R3 年 上期午後 8,
H29 年 下期 7,
H27 年 上期 7

金属管による低圧屋内配線工事で，管内に直径 1.6 mm の 600V ビニル絶縁電線（軟銅線）3 本を収めて施設した場合，電線 1本当たりの許容電流 [A] は。

ただし，周囲温度は 30 ℃以下，電流減少係数は 0.70 とする。

イ．19　　ロ．24　　ハ．27　　ニ．34

解説 458

絶縁電線を同一管内（合成樹脂管，金属管など）に収める場合，下表より 3 本以下の電流減少係数は 0.70 です。したがって，イの「2 本　0.80」の組み合わせは誤りです。

電線数	電流減少係数
3本以下	0.70
4本	0.63
5本または6本	0.56
7本以上15本以下	0.49

答え

解説 459

直径 1.6 mm の 600V ビニル絶縁電線（軟銅線）の許容電流は，下表より 27 A です。

直径	許容電流
1.6 mm	27 A
2.0 mm	35 A
2.6 mm	48 A
3.2 mm	62 A

問題文より，電線を金属管に 3 本収めたときの電流減少係数は 0.70 であるため，電線 1 本当たりの許容電流を求める公式で求めた値の小数点第一位を 7 捨 8 入して，許容電流を算出します。

許容電流 $= 27 \times 0.70 = 18.9 \rightarrow 19$ A

答え

低圧屋内配線工事に使用する 600V ビニル絶縁ビニルシースケーブル丸形（銅導体），導体の直径 2.0 mm，3 心の許容電流 [A] は。

ただし，周囲温度は 30 ℃以下，電流減少係数は 0.70 とする。

イ. 19　　ロ. 24　　ハ. 33　　ニ. 35

問題
461

R4年 下期午後 8,
R4年 上期午後 8,
R4年 上期午前 8,
R3年 下期午前 8,
R1年 上期 8,
H30年 上期 8,
H29年 上期 7,
H28年 下期 7,
H27年 下期 8,
H26年 下期 9

金属管による低圧屋内配線工事で，管内に直径 2.0 mm の 600V ビニル絶縁電線（軟銅線）5 本を収めて施設した場合，電線 1 本当たりの許容電流 [A] は。

ただし，周囲温度は 30 ℃以下，電流減少係数は 0.56 とする。

イ. 15　　ロ. 19　　ハ. 27　　ニ. 35

解説 460

直径 2.0 mm の 600V ビニル絶縁ビニルシースケーブル丸形
(銅導体)の許容電流は，下表より 35 A です。

直径	許容電流
1.6 mm	27 A
2.0 mm	35 A
2.6 mm	48 A
3.2 mm	62 A

問題文より，3 心の場合の電流減少係数は 0.70 であるため，導
体 1 本当たりの許容電流を求める公式で求めた値の小数点第一
位を 7 捨 8 入して，許容電流を算出します。

許容電流 $=35 \times 0.70 = 24.5 \rightarrow 24$ A

答え

解説 461

直径 2.0 mm の 600V ビニル絶縁電線(軟銅線)の許容電流は，
下表より 35 A です。

直径	許容電流
1.6 mm	27 A
2.0 mm	35 A
2.6 mm	48 A
3.2 mm	62 A

問題文より，電線を金属管に 5 本収めたときの電流減少係数は
0.56 であるため，電線 1 本当たりの許容電流を求める公式で求
めた値の小数点第一位を 7 捨 8 入して，許容電流を算出します。

許容電流 $=35 \times 0.56 = 19.6 \rightarrow 19$ A

答え

金属管による低圧屋内配線工事で，管内に断面積 3.5 mm² の 600V ビニル絶縁電線（軟銅線）3 本を収めて施設した場合，電線 1 本当たりの許容電流 [A] は。

ただし，周囲温度は 30 ℃以下，電流減少係数は 0.70 とする。

イ. 19 　　ロ. 26 　　ハ. 34 　　ニ. 49

問題
463

R5年 上期午前 8,
R3年 上期午前 8,
R2年 下期午前 8,
R1年 下期 8,
H26年 上期 7

合成樹脂製可とう電線管（PF 管）による低圧屋内配線工事で，管内に断面積 5.5 mm² の 600V ビニル絶縁電線（軟銅線）7 本を収めて施設した場合，電線 1 本当たりの許容電流 [A] は。

ただし，周囲温度は 30 ℃以下，電流減少係数は 0.49 とする。

イ. 13 　　ロ. 17 　　ハ. 24 　　ニ. 29

解説 462

断面積 3.5 mm² の 600V ビニル絶縁電線（軟銅線）の許容電流は，下表より 37 A です。

断面積	許容電流
2 mm²	27 A
3.5 mm²	37 A
5.5 mm²	49 A
8 mm²	61 A
14 mm²	88 A

問題文より，電線を金属管に 3 本収めて施設したときの電流減少係数は 0.70 であるため，電線 1 本当たりの許容電流を求める公式で求めた値の小数点第一位を 7 捨 8 入して，許容電流を算出します。

許容電流 $=37 \times 0.70 = 25.9 \rightarrow 26$ A

答え

解説 463

断面積 5.5 mm² の 600V ビニル絶縁電線（軟銅線）の許容電流は，下表より 49 A です。

配電理論および配線設計

断面積	許容電流
2 mm²	27 A
3.5 mm²	37 A
5.5 mm²	49 A
8 mm²	61 A
14 mm²	88 A

問題文より，電線を PF 管に 7 本収めたときの電流減少係数は 0.49 であるため，電線 1 本当たりの許容電流を求める公式で求めた値の小数点第一位を 7 捨 8 入して，許容電流を算出します。

許容電流 $=49 \times 0.49 = 24.01 \rightarrow 24$ A

答え

ビニル絶縁電線（単線）の抵抗又は許容電流に関する記述として，誤っているものは。

R4 年 下期午前 2,
R4 年 上期午前 2,
R1 年 上期 2,
H30 年 上期 3,
H28 年 上期 3

イ．許容電流は，周囲の温度が上昇すると，大きくなる。

ロ．許容電流は，導体の直径が大きくなると，大きくなる。

ハ．電線の抵抗は，導体の長さに比例する。

二．電線の抵抗は，導体の直径の 2 乗に反比例する。

許容電流から判断して，公称断面積 1.25 mm^2 のゴムコード（絶縁物が天然ゴムの混合物）を使用できる最も消費電力の大きな電熱器具は。

ただし，電熱器具の定格電圧は 100 V で，周囲温度は 30 ℃以下とする。

R3 年 下期午前 12,
R2 年 下期午前 12,
H27 年 上期 13

イ．600 W の電気炊飯器

ロ．1000 W のオーブントースター

ハ．1500 W の電気湯沸器

二．2000 W の電気乾燥機

解説 464

イ．許容電流は，周囲の温度が上昇すると，熱の放散が悪くなるため小さくなります。

ロ．直径が大きく，電線が太いほどたくさんの電流を流すことができます。

ハ，ニ．抵抗率 $\rho\,[\Omega\cdot\mathrm{m}]$，直径 $D\,[\mathrm{mm}]$，長さ $L\,[\mathrm{m}]$ の電線の電気抵抗 $R\,[\Omega]$ を表す式は，導線の抵抗の公式より，

$$R=\frac{4\,\rho\,L}{\pi\,D^{2}}\times10^{6}\,[\Omega]$$

上式より，抵抗 $R\,[\Omega]$ は L に比例し，D^{2} に反比例します。

答え

解説 465

下表より，断面積 1.25 mm² のゴムコードの許容電流は 12 A です。また，電熱器具の定格電圧は 100 V であるため，電力の公式より，このゴムコードは 100 V × 12 A=1200 W までの電熱器具を使用できます。選択肢で示された電熱器具のうち，使用できる最も消費電力の大きなものは 1000 W のオーブントースターです。

●ゴムコードの許容電流（周囲温度が 30 ℃以下の場合）

断面積	許容電流
0.75 mm²	7 A
1.25 mm²	12 A
2 mm²	17 A

答え

ロ

問題 **466**

定格電流 12 A の電動機 5 台が接続された単相 2 線式の低圧屋内幹線がある。この幹線の太さを決定するための根拠となる電流の最小値 [A] は。

ただし，需要率は 80 %とする。

R4年 上期午前 9,
R2年 下期午後 9,
H27年 上期 8

イ．48　　ロ．60　　ハ．66　　ニ．75

解説
466

問題文より,「定格電流 12 A の電動機が 5 台」接続されており,
かつ需要率は 80 % であるため,電動機の定格電流の合計値
I_M[A] は,

$$I_M=12\times5\times0.8=48\ \text{A}$$

また,その他の負荷としては何も接続されていないため,その定格電流の合計値 I_L[A] は,

$$I_L=0\ \text{A}$$

上記より $I_M>I_L$ かつ I_M は 50 A 以下であるため,幹線の許容電流 I_W[A] は,

$$I_W \geqq 1.25I_M+I_L=1.25\times48+0=60\ \text{A}$$

以上より,幹線の許容電流の最小値は 60 A となります。

条件		低圧幹線の許容電流I_W
$I_M \leqq I_L$		$I_W \geqq I_M+I_L$
$I_M>I_L$	$I_M \leqq 50$ A	$I_W \geqq 1.25I_M+I_L$
	$I_M > 50$ A	$I_W \geqq 1.1I_M+I_L$

なお,需要率とは,「総設備容量」に対する「最大需要電力」の割合をいい,次の式で表されます。

$$需要率 = \frac{最大需要電力}{総設備容量}\times100\ [\%]$$

CH
07

配電理論および配線設計

答え
□

図のように，三相の電動機と電熱器が低圧屋内幹線に接続されている場合，幹線の太さを決める根拠となる電流の最小値 [A] は。ただし，需要率は 100 %とする。

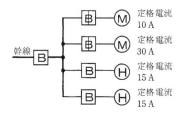

イ. 70　　ロ. 74　　ハ. 80　　ニ. 150

与えられた回路より，電動機は定格電流が 10 A と 30 A のもの
が 1 台ずつ接続されており，かつ需要率は 100 % であるため，
電動機の定格電流の合計値 I_M[A] は，

I_M=10+30=40 A

また，その他の負荷は定格電流が 15 A の電熱器が 2 台接続さ
れており，かつ需要率は 100 % であるため，これらの定格電流
の合計値 I_L[A] は，

I_L=15+15=30 A

上記より $I_M > I_L$ かつ I_M は 50 A 以下であるため，幹線の許容電
流 I_W[A] は，

$I_W \geq 1.25I_M + I_L = 1.25 \times 40 + 30 = 80$ A

以上より，幹線の許容電流の最小値は 80 A となります。

条件		低圧幹線の許容電流 I_W
$I_M \leq I_L$		$I_W \geq I_M + I_L$
$I_M > I_L$	$I_M \leq 50$ A	$I_W \geq 1.25I_M + I_L$
	$I_M > 50$ A	$I_W \geq 1.1I_M + I_L$

なお，需要率 100 % とは，すべての需要設備を同時にフル稼働
させる場合をいいます。

配電理論および配線設計

問題 **468**

H29 年 下期 8

図のように，三相の電動機と電熱器が低圧屋内幹線に接続されている場合，幹線の太さを決める根拠となる電流の最小値 [A] は。ただし，需要率は 100 ％とする。

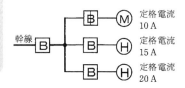

イ. 45　　ロ. 50　　ハ. 55　　ニ. 60

与えられた回路より，電動機は定格電流が 10 A のものが 1 台であり，かつ需要率は 100 % であるため，電動機の定格電流の合計値 $I_\mathrm{M}[\mathrm{A}]$ は，

I_M=10 A

また，その他の負荷は定格電流が 15 A と 20 A の電熱器が 1 台ずつ接続されており，かつ需要率は 100 % であるため，これらの定格電流の合計値 $I_\mathrm{L}[\mathrm{A}]$ は，

I_L=15+20=35 A

上記より $I_\mathrm{M} \leqq I_\mathrm{L}$ であるため，幹線の許容電流 $I_\mathrm{W}[\mathrm{A}]$ は，

$I_\mathrm{W} \geqq I_\mathrm{M}+I_\mathrm{L}$=10+35=45 A

以上より，幹線の許容電流の最小値は 45 A となります。

条件		低圧幹線の許容電流 I_W
$I_\mathrm{M} \leqq I_\mathrm{L}$		$I_\mathrm{W} \geqq I_\mathrm{M}+I_\mathrm{L}$
$I_\mathrm{M} > I_\mathrm{L}$	$I_\mathrm{M} \leqq 50$ A	$I_\mathrm{W} \geqq 1.25 I_\mathrm{M}+I_\mathrm{L}$
	$I_\mathrm{M} > 50$ A	$I_\mathrm{W} \geqq 1.1 I_\mathrm{M}+I_\mathrm{L}$

図のように，三相の電動機と電熱器が低圧屋内幹線に接続されている場合，幹線の太さを決める根拠となる電流の最小値 [A] は。ただし，需要率は 100 ％とする。

R2 年 下期午前 9，
H26 年 上期 8

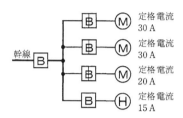

イ. 95　　ロ. 103　　ハ. 115　　ニ. 255

与えられた回路より，電動機は定格電流 30 A のものが 2 台，定格電流 20 A のものが 1 台接続されており，かつ需要率は 100 % であるため，これらの定格電流の合計値 I_M[A] は，

$I_M = 30 \times 2 + 20 = 80$ A

また，その他の負荷としては定格電流 15 A の電熱器が 1 台接続されており，かつ需要率は 100 % であるため，これらの定格電流の合計値 I_L[A] は，

$I_L = 15$ A

上記より $I_M > I_L$ かつ I_M は 50 A より大きいため，幹線の許容電流 I_W[A] は，

$I_W \geq 1.1 I_M + I_L = 1.1 \times 80 + 15 = 103$ A

以上より，幹線の許容電流の最小値は 103 A となります。

条件		低圧幹線の許容電流 I_W
$I_M \leq I_L$		$I_W \geq I_M + I_L$
$I_M > I_L$	$I_M \leq 50$ A	$I_W \geq 1.25 I_M + I_L$
	$I_M > 50$ A	$I_W \geq 1.1 I_M + I_L$

図のように，三相の電動機と電熱器が低圧屋内幹線に接続されて
いる場合，幹線の太さを決める根拠となる電流の最小値 [A] は。
ただし，需要率は 100 %とする。

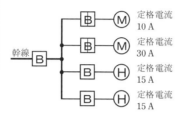

イ．70　　ロ．74　　ハ．80　　ニ．150

与えられた回路より、電動機は定格電流 10 A のものが 1 台、定格電流 30 A のものが 1 台接続されており、かつ需要率は 100 % であるため、これらの定格電流の合計値 I_M[A] は、

$I_M=10+30=40$ A

また、その他の負荷としては定格電流 15 A の電熱器が 2 台接続されており、かつ需要率は 100 % であるため、これらの定格電流の合計値 I_L[A] は、

$I_L=15×2=30$ A

上記より $I_M>I_L$ かつ I_M は 50 A 以下であるため、幹線の許容電流 I_W[A] は、

$I_W \geqq 1.25I_M+I_L=1.25×40+30=80$ A

以上より、幹線の許容電流の最小値は **80 A** となります。

条件		低圧幹線の許容電流 I_W
$I_M \leqq I_L$		$I_W \geqq I_M+I_L$
$I_M>I_L$	$I_M \leqq 50$ A	$I_W \geqq 1.25I_M+I_L$
	$I_M > 50$ A	$I_W \geqq 1.1I_M+I_L$

答え
ハ

図のような電熱器Ⓗ1台と電動機Ⓜ2台が接続された単相2線式の低圧屋内幹線がある。この幹線の太さを決定する根拠となる電流 $I_W[A]$ と幹線に施設しなければならない過電流遮断器の定格電流を決定する根拠となる電流 $I_B[A]$ の組合せとして，適切なものは。

ただし，需要率は 100 % とする。

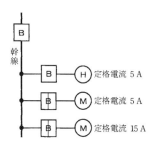

イ. I_W 27 I_B 55
ロ. I_W 27 I_B 65
ハ. I_W 30 I_B 55
ニ. I_W 30 I_B 65

与えられた図において，電動機は定格電流 5 A のものと定格電流 15 A のものが接続されており，かつ需要率は 100 % であるため，電動機の定格電流の合計値 I_M[A] は，

I_M=5+15=20 A

また，その他の負荷は定格電流 5 A の電熱器が 1 台接続されており，かつ需要率は 100 % であるため，これらの定格電流の合計値 I_L[A] は，

I_L=5 A

上記より $I_M > I_L$ かつ I_M は 50 A 以下であるため，幹線の許容電流 I_W[A] は，

$I_W \geqq 1.25I_M + I_L$=1.25×20+5=30 A

以上より，幹線の許容電流の最小値は 30 A となります。

条件		低圧幹線の許容電流 I_W
$I_M \leqq I_L$		$I_W \geqq I_M + I_L$
$I_M > I_L$	$I_M \leqq 50$ A	$I_W \geqq 1.25I_M + I_L$
	$I_M > 50$ A	$I_W \geqq 1.1I_M + I_L$

次に，電動機がある場合の過電流遮断器の定格電流を，条件に沿って求めます。

① 電動機の定格電流の合計 I_M[A] の 3 倍に電動機以外の電気機器の定格電流の合計 I_L[A] を加えた値

② 低圧幹線の許容電流 I_W[A] を 2.5 倍した値

上記の①，②を計算し，いずれか小さい値を選びます。

①　$3I_M + I_L$…3×20+5=65 A

②　$2.5I_W$…2.5×30=75 A

①の方が小さいため，過電流遮断器の定格電流を決定する根拠となる電流 I_B[A] は，

I_B=65 A

CH
07

配電理論および配線設計

答え
二

問題 472

H29 年 下期 10,
H29 年 上期 10

図のように，定格電流 100 A の配線用遮断器で保護された低圧屋内幹線から VVR ケーブル太さ 5.5 mm^2（許容電流 34 A）で低圧屋内電路を分岐する場合，a-b 間の長さの最大値 [m] は。ただし，低圧屋内幹線に接続される負荷は，電灯負荷とする。

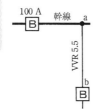

イ．3　ロ．5　ハ．8　ニ．制限なし

問題 473

H26 年 上期 9

図のように定格電流 60 A の過電流遮断器で保護された低圧屋内幹線から分岐して，5 m の位置に過電流遮断器を施設するとき，a-b 間の電線の許容電流の最小値 [A] は。

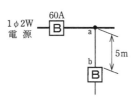

イ．15　ロ．21　ハ．27　ニ．33

解説 472

問題文より，分岐回路の許容電流は 34 A であり，分岐元の過電流遮断器である配線用遮断器の定格電流 100 A の 35 % 未満（100×0.35=35 A）で接続する場合であることが分かります。

解釈 149 条 1 項 1 号より，分岐回路の許容電流が分岐元の過電流遮断器の定格電流の 35 % 未満である場合，a-b 間の長さの最大値は 3 m となります。

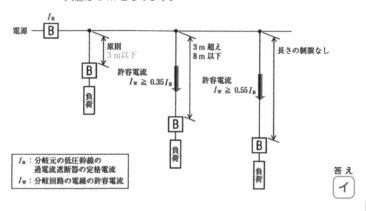

答え
イ

解説 473

与えられた回路のように，分岐点から 5 m の位置に過電流遮断器を施設する場合，解釈 149 条 1 項 1 号の「分岐した低圧幹線の長さが 3 m を超え 8 m 以下」の条件に該当します。このとき，分岐回路の許容電流は分岐元の過電流遮断器の定格電流の 35 % 以上とする必要があります。

与えられた回路より，分岐元の過電流遮断器の定格電流は 60 A であるため，a-b 間の電線の許容電流の最小値 I_W[A] は，

$$I_W=60×0.35=21 \text{ A}$$

答え
ロ

配電理論および配線設計

問題
474

R1年 上期 9,
H30年 上期 9,
H27年 上期 9

図のように定格電流 100 A の過電流遮断器で保護された低圧屋内幹線から分岐して，6 m の位置に過電流遮断器を施設するとき，a-b 間の電線の許容電流の最小値 [A] は。

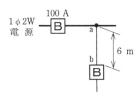

イ. 25　　ロ. 35　　ハ. 45　　ニ. 55

問題
475

R4年 下期午後 9,
R1年 下期 9,
H28年 上期 9

図のように定格電流 50 A の過電流遮断器で保護された低圧屋内幹線から分岐して，7 m の位置に過電流遮断器を施設するとき，a-b 間の電線の許容電流の最小値 [A] は。

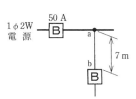

イ. 12.5　　ロ. 17.5　　ハ. 22.5　　ニ. 27.5

解説 474

与えられた回路のように，分岐点から 6 m の位置に過電流遮断器を施設する場合，解釈 149 条 1 項 1 号の「分岐した低圧幹線の長さが 3 m を超え 8 m 以下」の条件に該当します。このとき，分岐回路の許容電流は分岐元の過電流遮断器の定格電流の 35 %以上とする必要があります。

与えられた回路より，分岐元の過電流遮断器の定格電流は 100 A であるため，a-b 間の電線の許容電流の最小値 I_w[A] は，

$$I_w = 100 \times 0.35 = 35 \text{ A}$$

解説 475

与えられた回路のように，分岐点から 7 m の位置に過電流遮断器を施設する場合，解釈 149 条 1 項 1 号の「分岐した低圧幹線の長さが 3 m を超え 8 m 以下」の条件に該当します。このとき，分岐回路の許容電流は分岐元の過電流遮断器の定格電流の 35 %以上とする必要があります。

与えられた回路より，分岐元の過電流遮断器の定格電流は 50 A であるため，a-b 間の電線の許容電流の最小値 I_w[A] は，

$$I_w = 50 \times 0.35 = 17.5 \text{ A}$$

配電理論および配線設計

図のように定格電流 60 A の過電流遮断器で保護された低圧屋内幹線から分岐して，10 m の位置に過電流遮断器を施設するとき，a-b 間の電線の許容電流の最小値 [A] は。

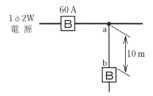

イ. 15　　ロ. 21　　ハ. 27　　ニ. 33

与えられた回路のように，分岐点から 10 m の位置に過電流遮断器を施設する場合，解釈 149 条 1 項 1 号の「分岐した低圧幹線の長さが 8 m 超」の条件に該当します。このとき，分岐回路の許容電流は分岐元の過電流遮断器の定格電流の 55 % 以上とする必要があります。

与えられた回路より，分岐元の過電流遮断器の定格電流は 60 A であるため，a-b 間の電線の許容電流の最小値 I_W [A] は，

$$I_W = 60 \times 0.55 = 33 \text{ A}$$

図のように，定格電流 100 A の配線用遮断器で保護された低圧屋内幹線から VVR ケーブルで低圧屋内電路を分岐する場合，a-b 間の長さ L と電線の太さ A の組合せとして，不適切なものは。

ただし，VVR ケーブルの太さと許容電流の関係は表のとおりとする。

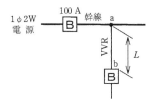

電線の太さ A	許容電流
直径2.0 mm	24 A
断面積5.5 mm²	34 A
断面積8 mm²	42 A
断面積14 mm²	61 A

イ．L：1 m　A：2.0 mm　　ロ．L：2 m　A：5.5 mm²

ハ．L：10 m　A：8 mm²　　ニ．L：15 m　A：14 mm²

イ，ロ．電線の太さ A が直径 2.0 mm および断面積 5.5 mm² の
　　　とき，与えられた表より許容電流はそれぞれ I_W=24 A，
　　　34 A で，分岐元の過電流遮断器の定格電流 I_B=100 A
　　　のそれぞれ 24 ％ および 34 ％ となります。
　　　　I_W が I_B の 35 ％ 未満の場合，下図より，a-b 間の長さ
　　　は 3 m 以下とする必要があります。一方，選択肢の分
　　　岐回路の a-b 間の長さはそれぞれ 1 m，2 m であるた
　　　め，イ，ロは適切です。

ハ．電線の太さ A が断面積 8 mm² のとき，与えられた表より許
　　容電流は I_W=42 A となり，I_B=100 A の 42 ％ となります。
　　　I_W が I_B の 35 ％ 以上 55 ％ 未満の場合，下図より a-b 間の
　　長さは 3 m を超え 8 m 以下とする必要があります。一方，
　　選択肢の分岐回路の a-b 間の長さは 10 m であるため，ハ
　　は不適切となります。

ニ．電線の太さ A が断面積 14 mm² のとき，与えられた表より
　　許容電流は I_W=61 A となり，I_B=100 A の 61 ％ となります。
　　　I_W が I_B の 55 ％ 以上の場合，下図より a-b 間の長さの制限
　　はありません。よって，ニは適切です。

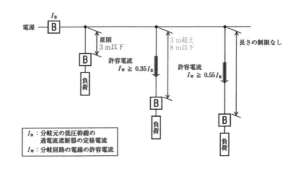

答え

ハ

507

低圧屋内配線の分岐回路の設計で，配線用遮断器の定格電流とコンセントの組合せとして，不適切なものは。

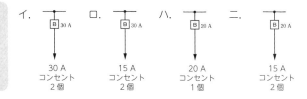

イ．
30 A
コンセント
2 個

ロ．
15 A
コンセント
2 個

ハ．
20 A
コンセント
1 個

ニ．
15 A
コンセント
2 個

低圧屋内配線の分岐回路の設計で，配線用遮断器，分岐回路の電線の太さ及びコンセントの組合せとして，不適切なものは。

ただし，分岐点から配線用遮断器までは 3 m，配線用遮断器からコンセントまでは 8 m とし，電線の数値は分岐回路の電線 (軟銅線) の太さを示す。

また，コンセントは兼用コンセントではないものとする。

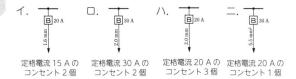

イ．
定格電流 15 A の
コンセント 2 個

ロ．
定格電流 30 A の
コンセント 2 個

ハ．
定格電流 20 A の
コンセント 3 個

ニ．
定格電流 20 A の
コンセント 1 個

解説
478

□. 定格電流 30 A の配線用遮断器を設置する場合，コンセント
の定格電流は 20 A 以上 30 A 以下である必要があります。

配線用遮断器の種類	コンセントの定格電流	電線（軟銅線）の太さ
定格電流20 A以下	20 A以下	直径1.6 mm以上
定格電流20 Aを超え 30 A以下	20 A以上30 A以下	直径2.6 mm以上 （断面積5.5 mm²以上）

なお，コンセントの数は無視してかまいません。

答え

□

解説
479

□. 定格電流 30 A の配線用遮断器を設置する場合，分岐回路の
電線の太さは 2.6 mm 以上である必要があります。

配線用遮断器の種類	コンセントの定格電流	電線（軟銅線）の太さ
定格電流20 A以下	20 A以下	直径1.6 mm以上
定格電流20 Aを超え 30 A以下	20 A以上30 A以下	直径2.6 mm以上 （断面積5.5 mm²以上）

なお，分岐点から配線用遮断器までの距離，配線用遮断器からコ
ンセントまでの距離，およびコンセントの数は無視してかまいま
せん。

答え

□

R5 年 上期午後 10,
R4 年 下期午後 10,
R4 年 上期午後 10,
R3 年 上期午前 10,
H30 年 下期 10,
H29 年 下期 9,
H28 年 下期 9,
H28 年 上期 10,
H27 年 下期 10,
H27 年 上期 10,
H26 年 下期 10,
H26 年 上期 10,
H25 年 下期 10

低圧屋内配線の分岐回路の設計で，配線用遮断器，分岐回路の電線の太さ及びコンセントの組合せとして，適切なものは。

ただし，分岐点から配線用遮断器までは 3 m，配線用遮断器からコンセントまでは 8 m とし，電線の数値は分岐回路の電線 (軟銅線) の太さを示す。

また，コンセントは兼用コンセントではないものとする。

イ． Ⓑ 30 A
2.0 mm
定格電流 30 A の
コンセント 1 個

ロ． Ⓑ 20 A
1.6 mm
定格電流 30 A の
コンセント 2 個

ハ． Ⓑ 30 A
5.5 mm²
定格電流 15 A の
コンセント 2 個

二． Ⓑ 20 A
2.0 mm
定格電流 20 A の
コンセント 1 個

R5 年 上期午前 10,
R2 年 下期午後 10

低圧屋内配線の分岐回路の設計で，配線用遮断器，分岐回路の電線の太さ及びコンセントの組合せとして，適切なものは。

ただし，分岐点から配線用遮断器までは 3 m，配線用遮断器からコンセントまでは 8 m とし，電線の数値は分岐回路の電線 (軟銅線) の太さを示す。

また，コンセントは兼用コンセントではないものとする。

イ． Ⓑ 20 A
2.0 mm
定格電流 30 A の
コンセント 1 個

ロ． Ⓑ 30 A
2.0 mm
定格電流 30 A の
コンセント 1 個

ハ． Ⓑ 40 A
8 mm²
定格電流 30 A の
コンセント 1 個

二． Ⓑ 30 A
2.6 mm
定格電流 15 A の
コンセント 2 個

イ．定格電流 30 A の配線用遮断器を設置する場合，分岐回路の
電線の太さは 2.6 mm 以上である必要があります。

一方，選択肢の分岐回路の電線の太さは 2.0 mm であるた
め，イは不適切となります。

ロ．定格電流 20 A の配線用遮断器を設置する場合，コンセント
の定格電流は 20 A 以下である必要があります。

一方，選択肢のコンセントの定格電流は 30 A であるため，
ロは不適切となります。

ハ．定格電流 30 A の配線用遮断器を設置する場合，コンセント
の定格電流は 20 A 以上 30 A 以下である必要があります。

一方，選択肢のコンセントの定格電流は 15 A であるため，
ハは不適切となります。

ニ．コンセントの定格電流，分岐回路の電線の太さともに適切です。

なお，分岐点から配線用遮断器までの距離，配線用遮断
器からコンセントまでの距離，およびコンセントの数は
無視してかまいません。

答え
二

イ．定格電流 20 A の配線用遮断器を設置する場合，コンセント
の定格電流は 20 A 以下である必要があります。

一方，選択肢のコンセントの定格電流は 30 A であるため，
イは不適切となります。

ロ．定格電流 30 A の配線用遮断器を設置する場合，分岐回路の
電線の太さは 2.6 mm 以上である必要があります。

一方，選択肢の分岐回路の電線の太さは 2.0 mm であるた
め，ロは不適切となります。

ハ．コンセントの定格電流，分岐回路の電線の太さともに適切です。

ニ．定格電流 30 A の配線用遮断器を設置する場合，コンセント
の定格電流は 20 A 以上 30 A 以下である必要があります。

一方，選択肢のコンセントの定格電流は 15 A であるため，
ニは不適切となります。

なお，分岐点から配線用遮断器までの距離，配線用遮断
器からコンセントまでの距離，およびコンセントの数は
無視してかまいません。

答え
ハ

CH
07

配電理論および配線設計

511

問題 482

R5年 下期午前 10,
R3年 下期午前 10,
R2年 下期午前 10

低圧屋内配線の分岐回路の設計で，配線用遮断器，分岐回路の電線の太さ及びコンセントの組合せとして，適切なものは。

ただし，分岐点から配線用遮断器までは 3 m，配線用遮断器からコンセントまでは 8 m とし，電線の数値は分岐回路の電線 (軟銅線) の太さを示す。

また，コンセントは兼用コンセントではないものとする。

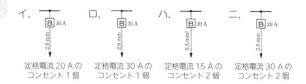

イ.
定格電流 20 A の
コンセント 1 個

ロ.
定格電流 30 A の
コンセント 1 個

ハ.
定格電流 15 A の
コンセント 2 個

ニ.
定格電流 30 A の
コンセント 2 個

問題 483

R4年 上期午前 10,
R3年 下期午後 10,
R1年 下期 10

定格電流 30 A の配線用遮断器で保護される分岐回路の電線 (軟銅線) の太さと，接続できるコンセントの図記号の組合せとして，適切なものは。

ただし，コンセントは兼用コンセントではないものとする。

イ. 断面積　5.5 mm²

ロ. 断面積　3.5 mm²

ハ. 直径　2.0 mm

ニ. 断面積　5.5 mm²

解説
482

イ．コンセントの定格電流，分岐回路の電線の太さともに適切です。

ロ．定格電流 20 A の配線用遮断器を設置する場合，コンセントの定格電流は 20 A 以下である必要があります。

一方，選択肢のコンセントの定格電流は 30 A であるため，ロは不適切となります。

ハ．定格電流 30 A の配線用遮断器を設置する場合，コンセントの定格電流は 20 A 以上 30 A 以下である必要があります。

一方，選択肢のコンセントの定格電流は 15 A であるため，ハは不適切となります。

ニ．定格電流 20 A の配線用遮断器を設置する場合，コンセントの定格電流は 20 A 以下である必要があります。

一方，選択肢のコンセントの定格電流は 30 A であるため，ニは不適切となります。

なお，分岐点から配線用遮断器までの距離，配線用遮断器からコンセントまでの距離，およびコンセントの数は無視してかまいません。

答え

イ

解説
483

定格電流 30 A の配線用遮断器で保護される分岐回路にコンセントを接続する場合，コンセントの定格電流は 20 A 以上 30 A 以下である必要があります。また，定格電流 30 A の配線用遮断器の分岐回路に使用できる電線の太さは直径 2.6 mm 以上，断面積 5.5 mm^2 以上となります。

イ，ロ．図記号に電流表記がないコンセントの定格電流は 15 A であるため，不適切となります。

ハ．分岐回路の電線の太さが直径 2.0 mm であるため，不適切となります。

ニ．コンセントの定格電流，分岐回路の電線の太さともに適切です。

答え

ニ

⑤で示す機器の定格電流の最大値 [A] は。

R3 年 上期午後 35,
R3 年 上期午前 37,
H30 年 上期 37,
H26 年 下期 36

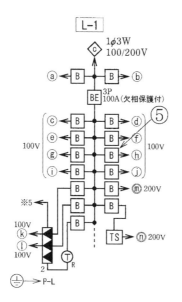

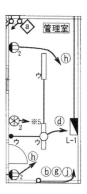

イ. 15　ロ. 20　ハ. 25　ニ. 30

⑤の図記号は配線用遮断器を表します。⑤をたどると⑪に接続されており，定格電流に関する傍記がない２口コンセントが２つ接続されています。定格電流に関する傍記のないコンセントの定格電流は 15 A です。このとき，配線用遮断器は下表より定格電流 20 A 以下のものが適用できます。すなわち，最大値は 20 A となります。

配線用遮断器の種類	コンセントの定格電流
定格電流20 A以下	20 A以下
定格電流20 Aを超え30 A以下	20 A以上30 A以下

問題 485

R5年下期午後15,
R3年下期午後15,
H30年下期11,
H28年下期11

漏電遮断器に関する記述として，誤っているものは。

イ．高速形漏電遮断器は，定格感度電流における動作時間が0.1秒以下である。

ロ．漏電遮断器には，漏電電流を模擬したテスト装置がある。

ハ．漏電遮断器は，零相変流器によって地絡電流を検出する。

ニ．高感度形漏電遮断器は，定格感度電流が1000 mA以下である。

問題 486

R5年上期午前30

「電気設備に関する技術基準を定める省令」における電路の保護対策について記述したものである。次の空欄（A）及び（B）の組合せとして，正しいものは。

電路の [(A)] には，過電流による過熱焼損から電線及び電気機械器具を保護し，かつ，火災の発生を防止できるよう，過電流遮断器を施設しなければならない。

また，電路には，[(B)] が生じた場合に，電線若しくは電気機械器具の損傷，感電又は火災のおそれがないよう，[(B)] 遮断器の施設その他の適切な措置を講じなければならない。ただし，電気機械器具を乾燥した場所に施設する等 [(B)] による危険のおそれがない場合は，この限りでない。

イ．（A）必要な箇所　　　　（B）地絡

ロ．（A）すべての分岐回路　（B）過電流

ハ．（A）必要な箇所　　　　（B）過電流

ニ．（A）すべての分岐回路　（B）地絡

解説 485

二．高感度形漏電遮断器とは，定格感度電流が 30 mA 以下の漏電遮断器のことをいいます。

なお，定格感度電流とは，漏電遮断器が動作する漏えい電流のことをいいます。零相変流器は，漏電遮断器に内蔵され地絡電流を検出する機器であり，漏電した際に電流が他の部分に流れることで，本来釣り合うはずの行きと帰りの電流の値が釣り合わなくなることを利用して，漏電を検知します。

答え
二

解説 486

電路の保護対策について，「電気設備に関する技術基準を定める省令」には，「電路の必要な箇所には，過電流による過熱焼損から電線及び電気機械器具を保護し，かつ，火災の発生を防止できるよう，過電流遮断器を施設しなければならない。また，電路には，地絡が生じた場合に，電線若しくは電気機械器具の損傷，感電又は火災のおそれがないよう，地絡遮断器の施設その他の適切な措置を講じなければならない。ただし，電気機械器具を乾燥した場所に施設する等地絡による危険のおそれがない場合は，この限りでない。」と記載されています。

CH 07

配電理論および配線設計

答え
イ

低圧電路に使用する定格電流 20 A の配線用遮断器に 40 A の電流が継続して流れたとき，この配線用遮断器が自動的に動作しなければならない時間 [分] の限度 (最大の時間) は。

イ. 1　ロ. 2　ハ. 4　ニ. 60

低圧電路に使用する定格電流が 20 A 配線用遮断器に 25 A の電流が継続して流れたとき，この配線用遮断器が自動的に動作しなければならない時間 [分] の限度 (最大の時間) は。

イ. 20　ロ. 30　ハ. 60　ニ. 120

低圧電路に使用する定格電流 30 A の配線用遮断器に 37.5 A の電流が継続して流れたとき，この配線用遮断器が自動的に動作しなければならない時間 [分] の限度 (最大の時間) は。

イ. 2　ロ. 4　ハ. 60　ニ. 120

解説 487

下表より，定格電流が 20 A の配線用遮断器に定格電流の 2 倍の 40 A の電流が継続して流れたとき，配線用遮断器は 2 分以内に自動的に動作しなければなりません。

●配線用遮断器の遮断時間

定格電流	時間	
	定格電流の1.25倍の電流	定格電流の2倍の電流
30 A以下	60分以内	2分以内
30 Aを超え50 A以下		4分以内

答え

解説 488

下表より，定格電流が 20 A の配線用遮断器に定格電流の 1.25 倍の 25 A の電流が継続して流れたとき，配線用遮断器は 60 分以内に自動的に動作しなければなりません。

●配線用遮断器の遮断時間

定格電流	時間	
	定格電流の1.25倍の電流	定格電流の2倍の電流
30 A以下	60分以内	2分以内
30 Aを超え50 A以下		4分以内

答え

解説 489

下表より，定格電流が 30 A の配線用遮断器に定格電流の 1.25 倍の 37.5 A の電流が継続して流れたとき，配線用遮断器は 60 分以内に自動的に動作しなければなりません。

●配線用遮断器の遮断時間

定格電流	時間	
	定格電流の1.25倍の電流	定格電流の2倍の電流
30 A以下	60分以内	2分以内
30 Aを超え50 A以下		4分以内

答え

過電流遮断器として低圧電路に施設する定格電流 40 A のヒューズに 80 A の電流が連続して流れたとき，溶断しなければならない時間 [分] の限度 (最大の時間) は。

ただし，ヒューズは水平に取り付けられているものとする。

イ. 3　　ロ. 4　　ハ. 6　　ニ. 8

下表より，定格電流が 40 A の水平に取り付けたヒューズに定格電流の 2 倍の 80 A の電流が連続して流れたとき，ヒューズは 4 分以内に溶断しなければなりません。

●ヒューズの溶断時間 (水平に取り付けた場合)

定格電流	時間	
	定格電流の1.6倍の電流	定格電流の2倍の電流
30 A以下	60分以内	2分以内
30 Aを超え60 A以下		4分以内

08

複線図

コンセント等と電灯の組み合わせの回路

問題 491

⑪で示す部分の配線を器具の裏面から見たものである。正しいものは。

ただし、電線の色別は、白色は電源からの接地側電線、黒色は電源からの非接地側電線とする。

R5年 上期午後 41,
R4年 下期午後 45,
R3年 下期午前 41

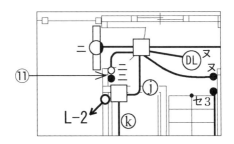

イ.

ロ.

ハ.

ニ.

524

⑪の配線器具に関係する部分を抜き出します。

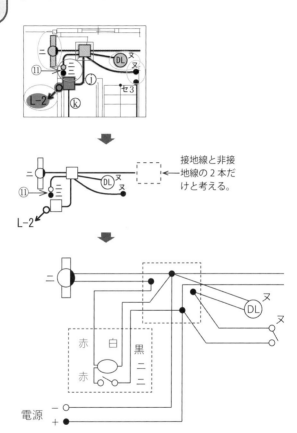

接地線と非接地線の2本だけと考える。

抜き出した単線図から複線図を描くと，⑪の部分のうち，パイロットランプ（選択肢の器具の上側）に結線されているのは白線および赤線，スイッチ（選択肢の器具の下側）に結線されているのは黒線および赤線になります。

以上より，正しい配線は選択肢ハになります。

答え
ハ

R5年 上期午前 45,
R4年 下期午前 44,
R4年 上期午後 47,
R4年 上期午前 46,
H28年 下期 46

⑮で示す部分の配線を器具の裏面から見たものである。正しいものは。

ただし，電線の色別は，白色は電源からの接地側電線，黒色は電源からの非接地側電線，赤色は負荷に結線する電線とする。

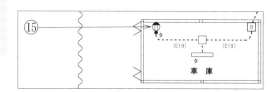

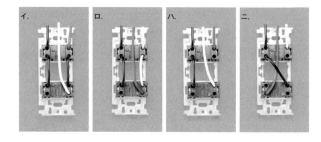

⑮の配線器具に関係する部分を抜き出します。

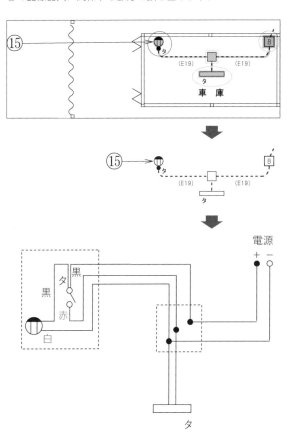

抜き出した単線図から複線図を描くと，⑮の部分のうち，スイッチ（選択肢の器具の上側）に結線されているのは黒線および赤線，コンセント（選択肢の器具の下側）に結線されているのは黒線および白線になります。

以上より，正しい配線は選択肢ハになります。

答え

ハ

CH
08

複線図

図に示す一般的な低圧屋内配線の工事で，スイッチボックス部分の回路は。ただし，ⓐは電源からの非接地側電線（黒色），ⓑは電源からの接地側電線（白色）を示し，負荷には電源からの接地側電線が直接に結線されているものとする。なお，パイロットランプは 100 V 用を使用する。

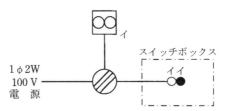

○ は確認表示灯（パイロットランプ）を示す。

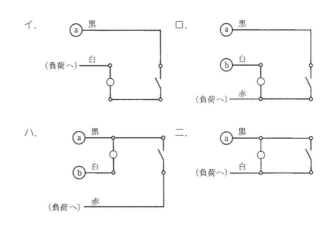

問題の単線図を複線図に描き換えます。パイロットランプは，負荷に電気が流れているときにランプが点灯する同時点滅回路なので，パイロットランプを負荷と並列につなぎます。

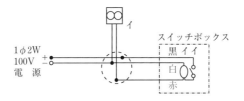

複線図から，スイッチボックス部分の回路はロになります。

図に示す一般的な低圧屋内配線の工事で，スイッチボックス部分におけるパイロットランプの異時点滅（負荷が点灯していないときパイロットランプが点灯）回路は。

ただし，ⓐは電源からの非接地側電線（黒色），ⓑは電源からの接地側電線（白色）を示し，負荷には電源からの接地側電線が直接に結線されているものとする。

なお，パイロットランプは 100 V 用を使用する。

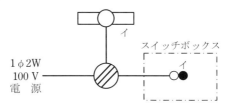

パイロットランプ◯ は，異時点滅とする。

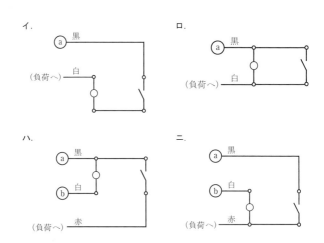

問題の単線図を複線図に描き換えます。パイロットランプは，負荷に電気が流れていないときにランプが点灯する異時点滅回路なので，パイロットランプをスイッチと並列につなぎます。

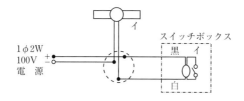

複線図から，スイッチボックス部分の回路はロになります。

答え

問題
495

R5年 上期午前 46,
H26年 上期 46

⑯で示す部分に使用するケーブルで，適切なものは。

【注意】1. 屋内配線の工事は，特記のある場合を除き 600 V ビニ
ル絶縁ビニルシースケーブル平形 (VVF) を用いたケーブ
ル工事である。

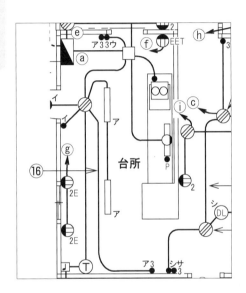

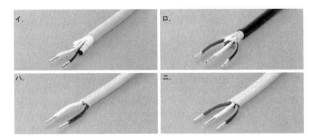

⑯の先に接続されている機器は3路スイッチのみとなりますので，配線数は3線となります。

　3心のケーブルは選択肢ロまたは選択肢ニとなりますが，問題の注意文に，「1. 屋内配線の工事は，特記のある場合を除き600Vビニル絶縁ビニルシースケーブル平形 (VVF) を用いたケーブル工事である」とあるので，⑯の部分に使用するケーブルは選択肢ニの3心のVVFケーブルです。

④の部分の最少電線本数 (心線数) は。

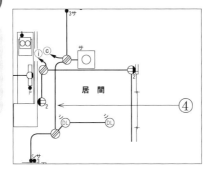

居　間

④

イ. 2　　ロ. 3　　ハ. 4　　ニ. 5

④の電線の本数に関係する部分を抜き出します。

STEP① 指定された電線の両端につながっているボックスや電気機器
STEP② ①のボックスにつながっている電気機器や①のスイッチに対応する電気機器（セットとなる3路スイッチを含む）
STEP③ 電源（電源までの経路に存在する①，② 以外の電気機器は全てないものと考える）

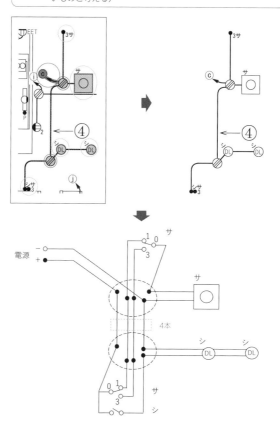

抜き出した単線図から複線図を描くと，④の電線の本数は4本になります。

答え
ハ

CH
08

複線図

問題
497

⑧で示す部分の最少電線本数 (心線数) は。

R5年 上期午後 38,
R4年 下期午後 37

3階平面図

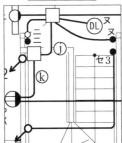

2階平面図

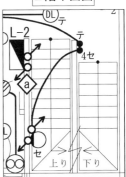

1階平面図

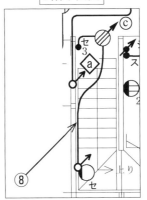

イ. 2 ロ. 3 ハ. 4 ニ. 5

⑧の電線の本数に関係する部分を抜き出します。

STEP① 指定された電線の両端につながっているボックスや電気機器
STEP② ①のボックスにつながっている電気機器や①のスイッチに対応する電気機器（セットとなる3路スイッチを含む）
STEP③ 電源（電源までの経路に存在する①、⑦以外の電気機器は全てないものと考える）

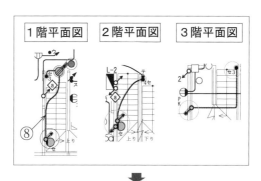

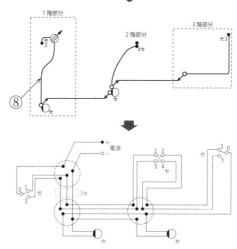

抜き出した単線図から複線図を描くと、⑧の電線の本数は3本になります。

答え

ロ

⑫で示す部分の配線工事に必要なケーブルは。

ただし，心線数は最少とする。

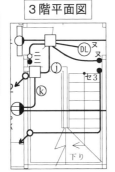

3階平面図

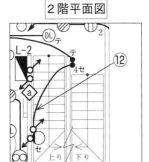

2階平面図

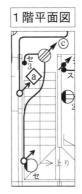

1階平面図

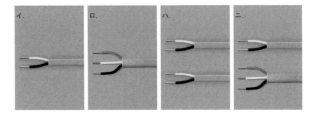

イ.　ロ.　ハ.　ニ.

⑫の電線の本数に関係する部分を抜き出します。

STEP① 指定された電線の両端につながっているボックスや電気機器
STEP② ①のボックスにつながっている電気機器や①のスイッチに対応する電気機器（セットとなる3路スイッチを含む）
STEP③ 電源（電源までの経路に存在する①，②以外の電気機器は全てないものと考える）

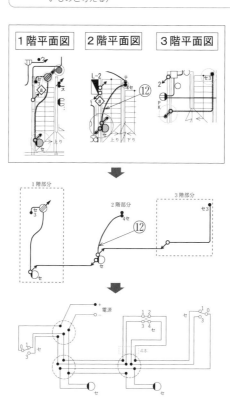

抜き出した単線図から複線図を描くと，⑫の電線の本数は4本になります。よって，⑫の部分に使用するケーブルは2心のVVFケーブル2本です。

答え

ハ

⑩で示す部分の最少電線本数 (心線数) は。

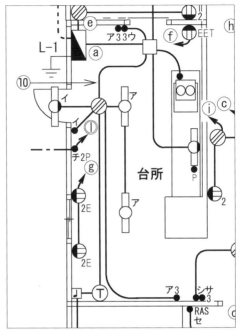

イ. 2　ロ. 3　ハ. 4　ニ. 5

⑩の電線の本数に関係する部分を抜き出します。

STEP① 指定された電線の両端につながっているボックスや電気機器
STEP② ①のボックスにつながっている電気機器や①のスイッチに対応する電気機器（セットとなる3路スイッチを含む）
STEP③ 電源（電源までの経路に存在する①，②以外の電気機器は全てないものと考える）

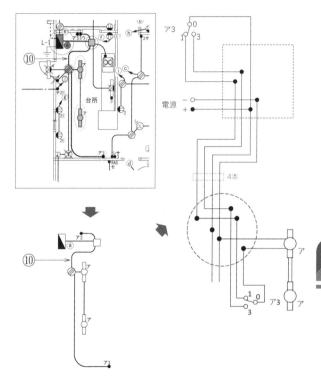

抜き出した単線図から複線図を描くと，⑩の電線の本数は4本になります。

答え
ハ

CH
08

複線図

541

⑯で示す部分の配線工事に必要なケーブルは。

ただし，心線数は最少とする。

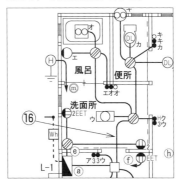

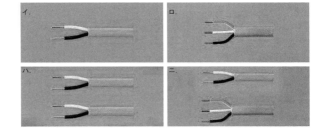

⑯の電線の本数に関係する部分を抜き出します。

STEP① 指定された電線の両端につながっているボックスや電気機器
STEP② ①のボックスにつながっている電気機器や①のスイッチに対応する電気機器（セットとなる３路スイッチを含む）
STEP③ 電源（電源までの経路に存在する①，②以外の電気機器は全てないものと考える）

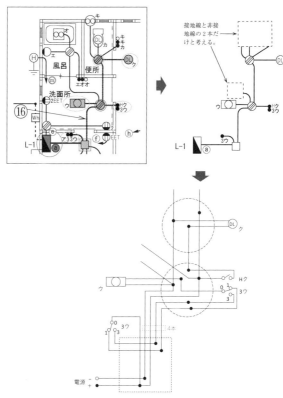

抜き出した単線図から複線図を描くと，⑯の電線の本数は４本になります。よって，⑯の部分に使用するケーブルは２心のVVFケーブル２本です。

答え

⑭で示す部分の配線工事に必要なケーブルは。
ただし，使用するケーブルの心線数は最少とする。

R4 年 上期午後 44,
H27 年 下期 45

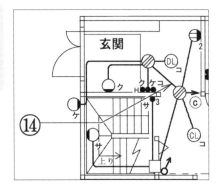

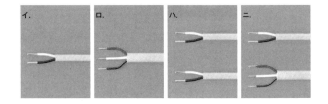

⑭の電線の本数に関係する部分を抜き出します。

STEP① 指定された電線の両端につながっているボックスや電気機器
STEP② ①のボックスにつながっている電気機器や①のスイッチに対応する電気機器(セットとなる3路スイッチを含む)
STEP③ 電源(電源までの経路に存在する①, ②以外の電気機器は全てないものと考える)

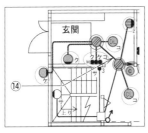

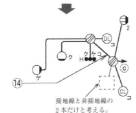

接地線と非接地線の
2本だけと考える。

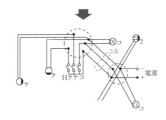

抜き出した単線図から複線図を描くと,⑭の電線の本数は3本になります。よって,⑭の部分に使用するケーブルは3心のVVFケーブル1本です。

答え

問題
502

⑧で示す部分の最少電線本数（心線数）は。

R4年 上期午後 38

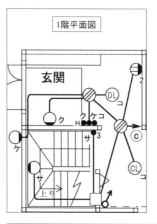

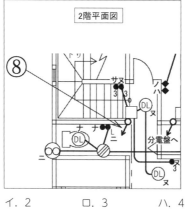

イ. 2   ロ. 3   ハ. 4   ニ. 5

| 解説 502 | ⑧の電線の本数に関係する部分を抜き出します。 |

STEP① 指定された電線の両端につながっているボックスや電気機器
STEP② ①のボックスにつながっている電気機器や①のスイッチに対応する電気機器（セットとなる3路スイッチを含む）
STEP③ 電源（電源までの経路に存在する①，②以外の電気機器は全てないものと考える）

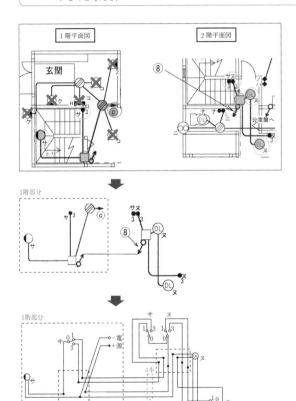

抜き出した単線図から複線図を描くと，⑧の電線の本数は4本になります。

答え
ハ

⑭で示す部分の配線工事に必要なケーブルは。
ただし，心線数は最少とする。

R4年 上期午前 44，
R3年 下期午後 46

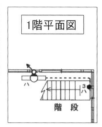

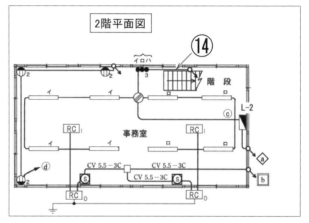

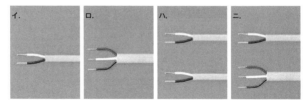

| イ. | ロ. | ハ. | ニ. |

⑭の電線の本数に関係する部分を抜き出します。

STEP① 指定された電線の両端につながっているボックスや電気機器
STEP② ①のボックスにつながっている電気機器や①のスイッチに対応する電気機器（セットとなる３路スイッチを含む）
STEP③ 電源（電源までの経路に存在する①，②以外の電気機器は全てないものと考える）

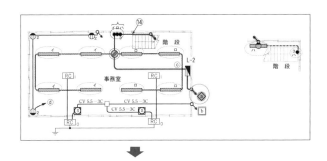

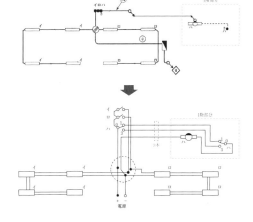

抜き出した単線図から複線図を描くと，⑭の電線の本数は３本になります。よって，⑭の部分に使用するケーブルは３心のVVFケーブル１本です。

答え

①で示す部分の最少電線本数（心線数）は。

1階平面図

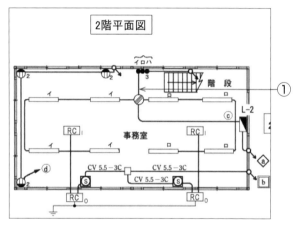

2階平面図

事務室

階　段

CV 5.5−3C　　CV 5.5−3C

CV 5.5−3C

L−2

イ. 3　　　ロ. 4　　　ハ. 5　　　二. 6

①の電線の本数に関係する部分を抜き出します。

STEP① 指定された電線の両端につながっているボックスや電気機器
STEP② ①のボックスにつながっている電気機器や①のスイッチに対応する電気機器（セットとなる3路スイッチを含む）
STEP③ 電源（電源までの経路に存在する①，②以外の電気機器は全てないものと考える）

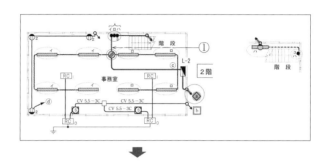

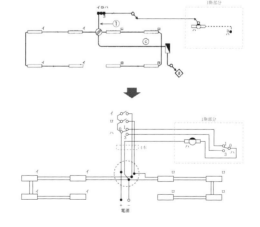

抜き出した単線図から複線図を描くと，①の電線の本数は4本になります。

答え

CH
08

複線図

③で示す部分の最少電線本数（心線数）は。

R3年 下期午前 33,
R1 年 上期 37,
H28 年 上期 38

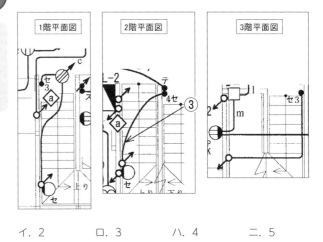

イ. 2	ロ. 3	ハ. 4	ニ. 5

③の電線の本数に関係する部分を抜き出します。

STEP① 指定された電線の両端につながっているボックスや電気機器
STEP② ①のボックスにつながっている電気機器や①のスイッチに対応する電気機器（セットとなる3路スイッチを含む）
STEP③ 電源（電源までの経路に存在する①，②以外の電気機器は全てないものと考える）

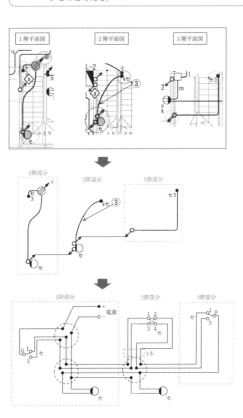

抜き出した単線図から複線図を描くと，③の電線の本数は4本になります。

答え
ハ

⑭で示す部分の配線工事に必要なケーブルは。
ただし，心線数は最少とする。

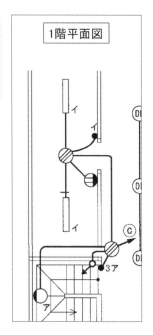

1階平面図

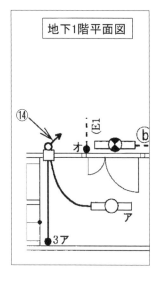

地下1階平面図

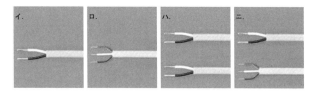

イ.

ロ.

ハ.

ニ.

⑭の電線の本数に関係する部分を抜き出します。

STEP① 指定された電線の両端につながっているボックスや電気機器
STEP② ①のボックスにつながっている電気機器や①のスイッチに対応する電気機器（セットとなる3路スイッチを含む）
STEP③ 電源（電源までの経路に存在する①，②以外の電気機器は全てないものと考える）

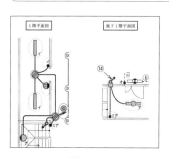

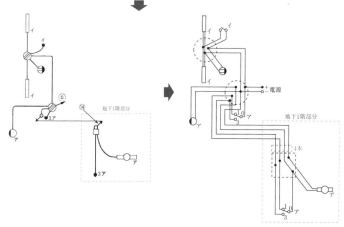

抜き出した単線図から複線図を描くと，⑭の電線の本数は4本になります。よって，⑭の部分に使用するケーブルは2心のVVFケーブル2本です。

答え
ハ

⑨で示す部分の最少電線本数（心線数）は。

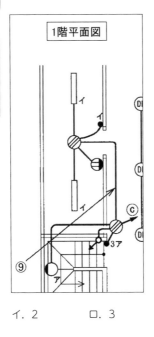

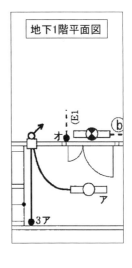

イ. 2   ロ. 3   ハ. 4   ニ. 5

⑨の電線の本数に関係する部分を抜き出します。

STEP① 指定された電線の両端につながっているボックスや電気機器
STEP② ①のボックスにつながっている電気機器や①のスイッチに対応する電気機器（セットとなる３路スイッチを含む）
STEP③ 電源（電源までの経路に存在する①，②以外の電気機器は全てないものと考える）

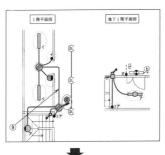

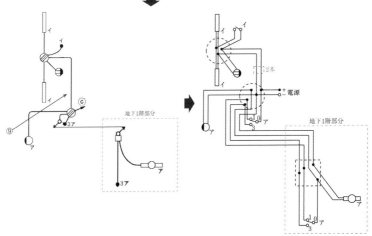

抜き出した単線図から複線図を描くと，⑨の電線の本数は２本になります。

答え

⑩で示す部分の最少電線本数（心線数）は。

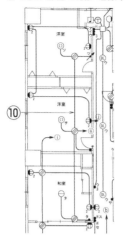

イ. 2
ロ. 3
ハ. 4
ニ. 5

⑯で示す部分の配線工事に必要なケーブルは。
ただし，心線数は最少とする。

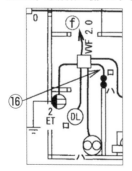

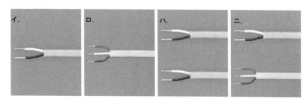

イ.　ロ.　ハ.　ニ.

解説
508

⑩から負荷側はツの電気機器しかなく，⑩から電源側にはツに関係する電気機器は無いため，⑩の部分はツの電気機器に対して電源を供給する電線 2 本のみで足ります。

答え
イ

解説
509

⑯の電線の本数に関係する部分を抜き出します。

STEP① 指定された電線の両端につながっているボックスや電気機器
STEP② ①のボックスにつながっている電気機器や①のスイッチに対応する電気機器（セットとなる 3 路スイッチを含む）
STEP③ 電源（電源までの経路に存在する①，②以外の電気機器は全てないものと考える）

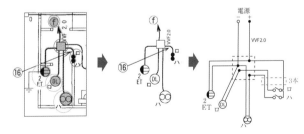

抜き出した単線図から複線図を描くと，⑯の電線の本数は 3 本になります。よって，⑯の部分に使用するケーブルは 3 心のVVF ケーブル 1 本です。

答え
ロ

②で示す部分の最少電線本数（心線数）は。

R2年 下期午前32

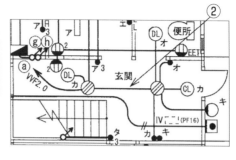

イ. 2   ロ. 3   ハ. 4   ニ. 5

②の電線の本数に関係する部分を抜き出します。

STEP① 指定された電線の両端につながっているボックスや電気機器
STEP② ①のボックスにつながっている電気機器や①のスイッチに対応する電気機器（セットとなる3路スイッチを含む）
STEP③ 電源（電源までの経路に存在する①，②以外の電気機器は全てないものと考える）

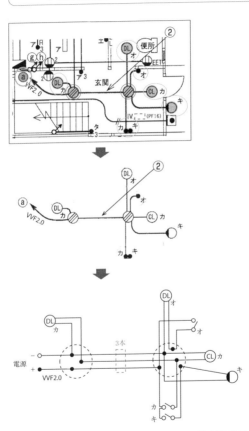

抜き出した単線図から複線図を描くと，②の電線の本数は3本になります。

答え

⑪で示す部分の配線工事に必要なケーブルは。
ただし，心線数は最少とする。

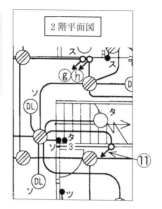

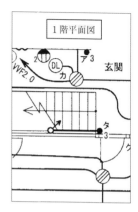

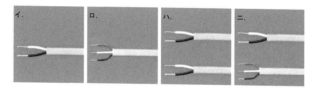

⑪の電線の本数に関係する部分を抜き出します。

STEP① 指定された電線の両端につながっているボックスや電気機器
STEP② ①のボックスにつながっている電気機器や①のスイッチに対応する電気機器（セットとなる３路スイッチを含む）
STEP③ 電源（電源までの経路に存在する①，②以外の電気機器は全てないものと考える）

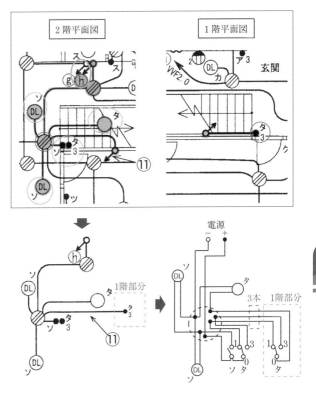

抜き出した単線図から複線図を描くと，⑪の電線の本数は３本になります。よって，⑪の部分に使用するケーブルは３心のVVFケーブル１本です。

答え
□

⑫で示す部分の配線工事に使用するケーブルは。

ただし，心線数は最少とする。

【注意】1. 屋内配線の工事は，特記のある場合を除き 600 V ビニル絶縁ビニルシースケーブル平形（VVF）を用いたケーブル工事である。

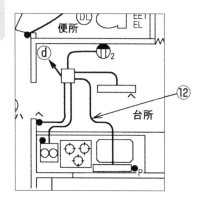

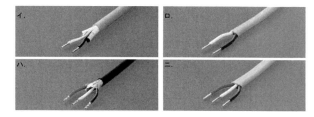

⑫の電線の本数に関係する部分を抜き出します。

STEP① 指定された電線の両端につながっているボックスや電気機器
STEP② ①のボックスにつながっている電気機器や①のスイッチに対応する電気機器（セットとなる３路スイッチを含む）
STEP③ 電源（電源までの経路に存在する①，②以外の電気機器は全てないものと考える）

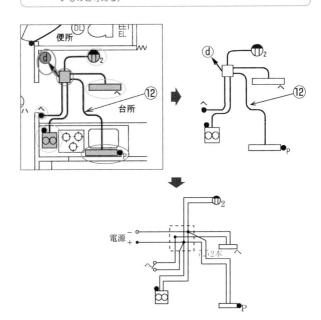

抜き出した単線図から複線図を描くと，⑫の電線の本数は２本になります。また，問題文の【注意】1.に，「屋内配線の工事は，特記のある場合を除き 600 V ビニル絶縁ビニルシースケーブル平形（VVF）を用いたケーブル工事である」とあるので，使用するケーブルは 600 V ビニル絶縁ビニルシースケーブル平形（VVF）になります。

よって，⑫の部分に使用するケーブルは２心の VVF ケーブル１本です。

答え
□

問題 **513**

R1 年 下期 38

⑧で示す部分の最少電線本数 (心線数) は。

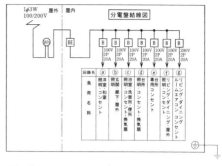

イ. 2　　　　ロ. 3　　　　ハ. 4　　　　ニ. 5

問題 **514**

H30 年 下期 40

⑩の部分の最少電線本数 (心線数) は。

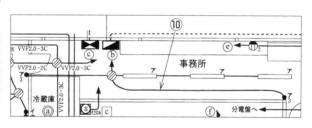

イ. 2　　　　ロ. 3　　　　ハ. 4　　　　ニ. 5

⑧で示す部分は、単相3線式電源と250 V 25 A 接地極付コンセントを接続する電路です。よって、電源線2本と接地線1本が必要なので、最少電線本数は3本となります。

答え
□

⑩の電線の本数に関係する部分を抜き出します。

STEP① 指定された電線の両端につながっているボックスや電気機器
STEP② ①のボックスにつながっている電気機器や①のスイッチに対応する電気機器（セットとなる3路スイッチを含む）
STEP③ 電源（電源までの経路に存在する①、②以外の電気機器は全てないものと考える）

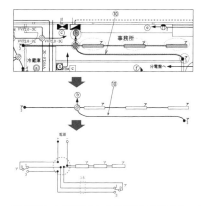

抜き出した単線図から複線図を描くと、⑩の電線の本数は3本になります。

答え
□

⑨で示す部分の最少電線本数（心線数）は。

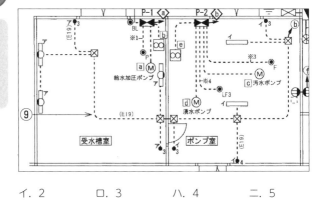

イ. 2   ロ. 3   ハ. 4   ニ. 5

⑨の電線の本数に関係する部分を抜き出します。

> STEP① 指定された電線の両端につながっているボックスや電気機器
> STEP② ①のボックスにつながっている電気機器や①のスイッチに対応する電気機器（セットとなる3路スイッチを含む）
> STEP③ 電源（電源までの経路に存在する①, ②以外の電気機器は全てないものと考える）

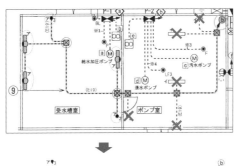

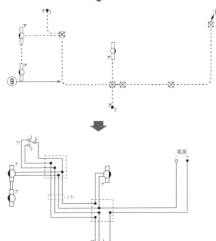

抜き出した単線図から複線図を描くと，⑨の電線の本数は4本になります。

答え

ハ

②の部分の最少電線本数（心線数）は。

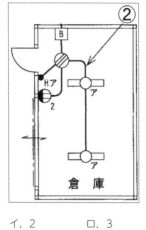

イ. 2   ロ. 3   ハ. 4   ニ. 5

②の電線の本数に関係する部分を抜き出します。

STEP① 指定された電線の両端につながっているボックスや電気機器
STEP② ①のボックスにつながっている電気機器や①のスイッチに対応する電気機器（セットとなる3路スイッチを含む）
STEP③ 電源（電源までの経路に存在する①，②以外の電気機器は全てないものと考える）

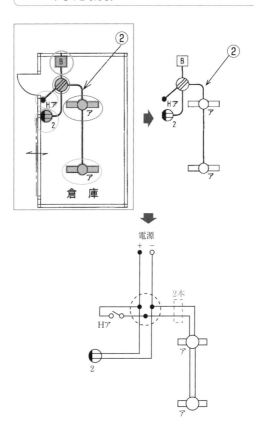

抜き出した単線図から複線図を描くと，②の電線の本数は2本になります。

答え

⑧で示す部分の最少電線本数（心線数）は。

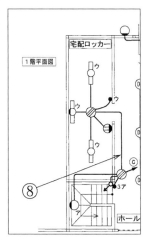

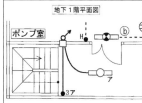

イ. 2 　　　 ロ. 3 　　　 ハ. 4 　　　 ニ. 5

⑧の電線の本数に関係する部分を抜き出します。

STEP① 指定された電線の両端につながっているボックスや電気機器
STEP② ①のボックスにつながっている電気機器や①のスイッチに対応する電気機器（セットとなる3路スイッチを含む）
STEP③ 電源（電源までの経路に存在する①，②以外の電気機器は全てないものと考える）

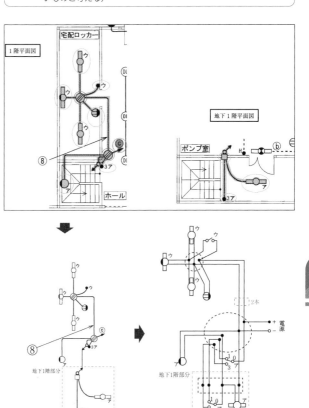

抜き出した単線図から複線図を描くと，⑧の電線の本数は2本になります。

答え

イ

CH
08

複線図

⑬で示す部分の配線工事に必要なケーブルは。

ただし，使用するケーブルの心線数は最少とする。

H28 年 下期 43

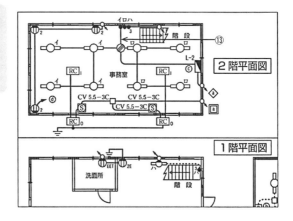

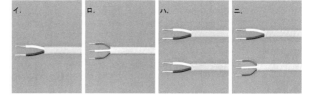

⑬の電線の本数に関係する部分を抜き出します。

STEP① 指定された電線の両端につながっているボックスや電気機器
STEP② ①のボックスにつながっている電気機器や①のスイッチに対応する電気機器（セットとなる3路スイッチを含む）
STEP③ 電源（電源までの経路に存在する①，②以外の電気機器は全てないものと考える）

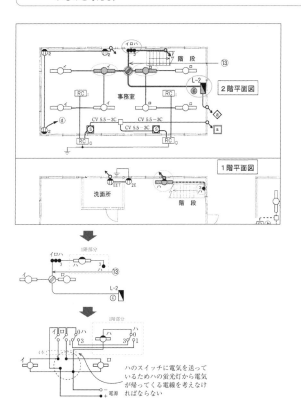

抜き出した単線図から複線図を描くと，⑬の電線の本数は 4 本になります。よって，⑬の部分に使用するケーブルは 2 心のVVF ケーブル 2 本です。

答え

①で示す部分の最少電線本数（心線数）は。

ただし，電源からの接地側電線は，スイッチを経由しないで照明器具に配線する。

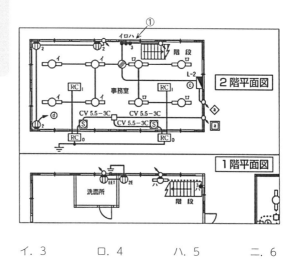

イ. 3 　　　　ロ. 4 　　　　ハ. 5 　　　　ニ. 6

①の電線の本数に関係する部分を抜き出します。

> STEP① 指定された電線の両端につながっているボックスや電気機器
> STEP② ①のボックスにつながっている電気機器や①のスイッチに対応する電気機器（セットとなる３路スイッチを含む）
> STEP③ 電源（電源までの経路に存在する①，②以外の電気機器は全てないものと考える）

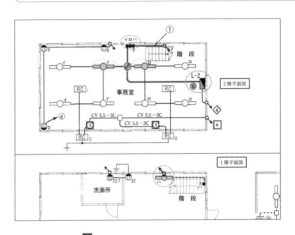

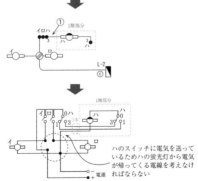

ハのスイッチに電気を送っているためハの蛍光灯から電気が帰ってくる電線を考えなければならない

抜き出した単線図から複線図を描くと，①の電線の本数は３本になります。

答え
イ

⑬で示す部分の配線工事に必要なケーブルは。

ただし，使用するケーブルの心線数は最少とする。

【注意】1. 屋内配線の工事は，特記のある場合を除き 600 V ビニル絶縁ビニルシースケーブル平形 (VVF) を用いたケーブル工事である。

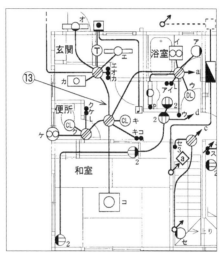

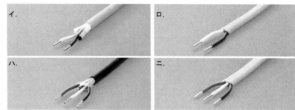

⑬の電線の本数に関係する部分を抜き出します。

STEP① 指定された電線の両端につながっているボックスや電気機器
STEP② ①のボックスにつながっている電気機器や①のスイッチに対応する電気機器（セットとなる３路スイッチを含む）
STEP③ 電源（電源までの経路に存在する①，②以外の電気機器は全てないものと考える）

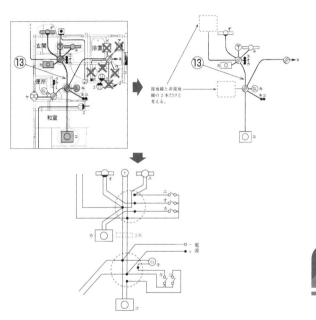

抜き出した単線図から複線図を描くと，⑬の電線の本数は２本になります。また，問題文の【注意】1. に，「屋内配線の工事は，特記のある場合を除き 600 V ビニル絶縁ビニルシースケーブル平形（VVF）を用いたケーブル工事である」とあるので，使用するケーブルは 600 V ビニル絶縁ビニルシースケーブル平形（VVF）になります。

よって，⑬の部分に使用するケーブルは２心の VVF ケーブル１本です。

答え

⑦で示す部分の最少電線本数（心線数）は。

ただし，電源からの接地側電線は，スイッチを経由しないで照明器具に配線する。

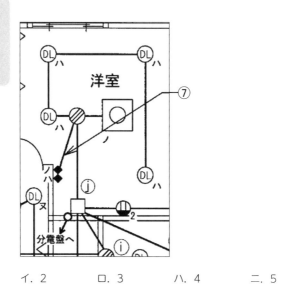

イ. 2 　　　　ロ. 3 　　　　ハ. 4 　　　　ニ. 5

⑦の電線の本数に関係する部分を抜き出します。

STEP① 指定された電線の両端につながっているボックスや電気機器
STEP② ①のボックスにつながっている電気機器や①のスイッチに対応する電気機器（セットとなる3路スイッチを含む）
STEP③ 電源（電源までの経路に存在する①，②以外の電気機器は全てないものと考える）

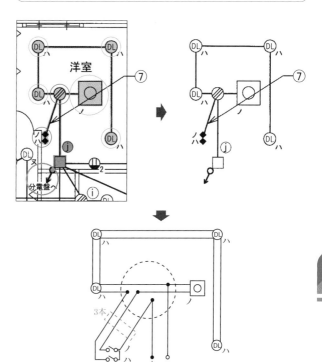

抜き出した単線図から複線図を描くと，⑦の電線の本数は3本になります。

答え

⑯で示す部分の配線工事に必要なケーブルは。
ただし，心線数は最少とする。

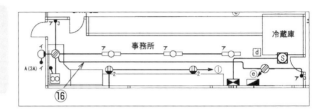

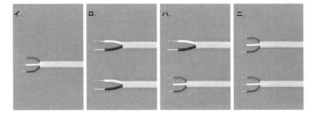

解説
522

⑯の電線の本数に関係する部分を抜き出します。

> STEP① 指定された電線の両端につながっているボックスや電気機器
> STEP② ①のボックスにつながっている電気機器や①のスイッチに対応する電気機器（セットとなる3路スイッチを含む）
> STEP③ 電源（電源までの経路に存在する①，②以外の電気機器は全てないものと考える）

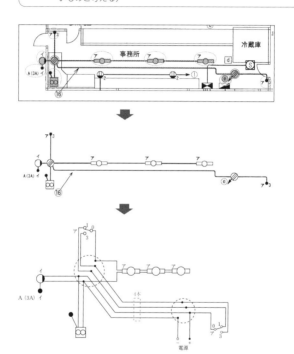

抜き出した単線図から複線図を描くと，⑯の電線の本数は4本になります。よって，⑯の部分に使用するケーブルは2心のVVFケーブル2本です。

③で示す部分の最少電線本数（心線数）は。

R5年下期午後33,
H27年上期34

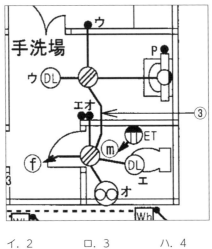

イ. 2 　　　　ロ. 3 　　　　ハ. 4 　　　　ニ. 5

③の電線の本数に関係する部分を抜き出します。

STEP① 指定された電線の両端につながっているボックスや電気機器
STEP② ①のボックスにつながっている電気機器や①のスイッチに対応する電気機器（セットとなる3路スイッチを含む）
STEP③ 電源（電源までの経路に存在する①，② 以外の電気機器は全てないものと考える）

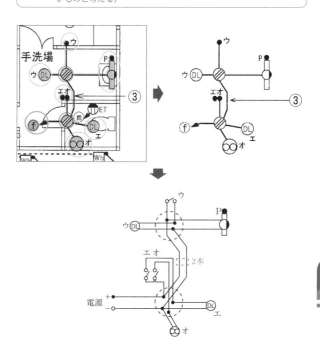

抜き出した単線図から複線図を描くと，③の電線の本数は2本になります。

⑧で示す部分の最少電線本数（心線数）は。

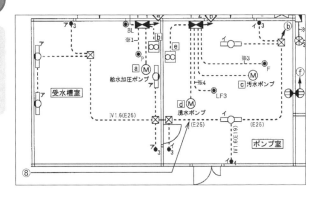

イ. 4 　　　　ロ. 5 　　　　ハ. 6 　　　　ニ. 7

⑧の電線の本数に関係する部分を抜き出します。

STEP① 指定された電線の両端につながっているボックスや電気機器
STEP② ①のボックスにつながっている電気機器や①のスイッチに対応する電気機器（セットとなる３路スイッチを含む）
STEP③ 電源（電源までの経路に存在する①、②以外の電気機器は全てないものと考える）

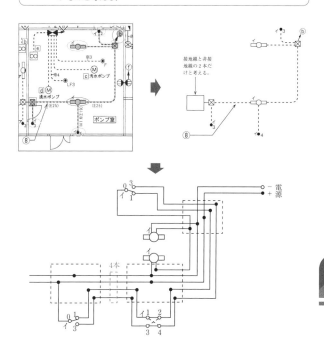

抜き出した単線図から複線図を描くと，⑧の電線の本数は４本になります。

⑪で示す部分に使用するケーブルで，適切なものは。

【注意】1. 屋内配線の工事は，特記のある場合を除き 600 V ビニル絶縁ビニルシースケーブル平形（VVF）を用いたケーブル工事である。

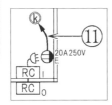

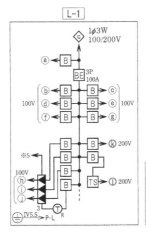

凡例 図中に示す配線回路番号は、次のとおり。

◇a◇ ～ ◇c◇：幹線（三相3線200V又は 単相3線100/200V）

ⓐ ～ ⓔ：三相200V   ⓚ ～ ⓛ：単相200V

ⓐ ～ ⓙ：単相100V   ※1～※5：制御配線

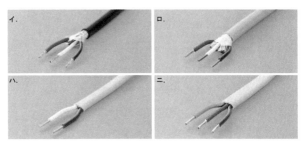

問題文の【注意】1. に,「屋内配線の工事は,特記のある場合を除き 600 V ビニル絶縁ビニルシースケーブル平形 (VVF) を用いたケーブル工事である」とあるので,使用するケーブルは 600 V ビニル絶縁ビニルシースケーブル平形 (VVF) になります。また,配線図より,⑪のケーブルは 250 V ,20 A 接地極付コンセントに接続するため,接地線 (緑) を含む 3 心の VVF ケーブルを使用するのが適切です。

答え
二

③の部分の最少電線本数（心線数）は。
ただし，電源からの接地側電線は，スイッチを経由しないで照明
器具に配線する。

H26 年 上期 33

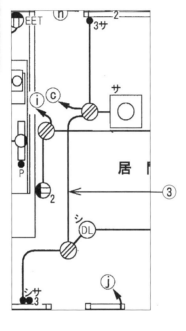

イ. 2   ロ. 3   ハ. 4   ニ. 5

③の電線の本数に関係する部分を抜き出します。

STEP① 指定された電線の両端につながっているボックスや電気機器
STEP② ①のボックスにつながっている電気機器や①のスイッチに対応す
る電気機器（セットとなる3路スイッチを含む）
STEP③ 電源（電源までの経路に存在する①，②以外の電気機器は全てな
いものと考える）

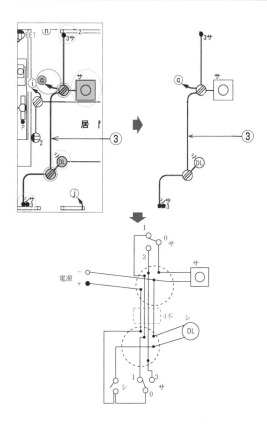

抜き出した単線図から複線図を描くと，③の電線の本数は4本
になります。

答え
ハ

問題
527

R5年 上期午後 19,
H27年 上期 19,
H26年 上期 19

低圧屋内配線工事で，600 V ビニル絶縁電線（軟銅線）をリングスリーブ用圧着工具とリングスリーブ E 形を用いて終端接続を行った。接続する電線に適合するリングスリーブの種類と圧着マーク（刻印）の組合せで，不適切なものは。

イ．直径 1.6 mm 2 本の接続に，小スリーブを使用して圧着マークを ○ にした。

ロ．直径 1.6 mm 1 本と直径 2.0 mm 1 本の接続に，小スリーブを使用して圧着マークを 小 にした。

ハ．直径 1.6 mm 4 本の接続に，中スリーブを使用して圧着マークを 中 にした。

二．直径 1.6 mm 1 本と直径 2.0 mm 2 本の接続に，中スリーブを使用して圧着マークを 中 にした。

直径 1.6 mm 4 本の接続には下表のとおり小スリーブを使用し，圧着マークを「小」とするのが適切です。

電線の断面積	電線の太さと組み合わせの例	スリーブ（刻印）
8mm²以下	1.6mmのみ2本	小（○）
	1.6mmのみ3～4本	小（小）
	2.0mmのみ2本	
	1.6mmを1～2本と2.0mmを1本	
8mm²超～ 14mm²未満	1.6mmのみ5～6本	中（中）
	2.0mmのみ3～4本	
	1.6mmを3～5本と2.0mmを1本	
	1.6mmを1～3本と2.0mmを2本	
14mm²以上	1.6mmのみ7本	大（大）
	2.0mmのみ5本	

答え

ハ

⑫で示すボックス内の接続をすべて圧着接続とする場合，使用するリングスリーブの種類と最少個数の組合せで，正しいものは。ただし，使用する電線はすべて VVF1.6 とする。

R5 年 上期午前 42

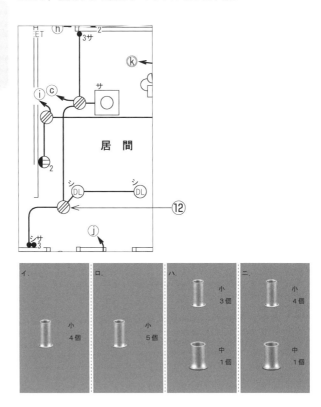

解説 528 ⑫の接続点の数に関係する部分を抜き出します。

 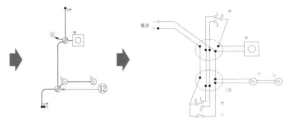

抜き出した単線図から複線図を描くと，⑫のボックス内の接続点
は 5 個であるため，リングスリーブを 5 個使います。問題文よ
り，使用する電線はすべて VVF1.6 であるため，電線の太さは 1.6
mm です。複線図より，2 本を接続する箇所が 5 箇所（小スリー
ブを使用）あり，リングスリーブの大きさは合計で小 5 個になり
ます。なお，リングスリーブの刻印はすべて○になります。

電線の断面積	電線の太さと組み合わせの例	スリーブ（刻印）
8mm²以下	1.6mmのみ2本	小（○）
	1.6mmのみ3～4本	小（小）
	2.0mmのみ2本	
	1.6mmを1～2本と2.0mmを1本	
8mm²超～14mm²未満	1.6mmのみ5～6本	中（中）
	2.0mmのみ3～4本	
	1.6mmを3～5本と2.0mmを1本	
14mm²以上	1.6mmのみ7本	大（大）
	2.0mmのみ5本	

CH 08

複線図

答え

□

⑰で示すボックス内の接続をリングスリーブで圧着接続した場合のリングスリーブの種類，個数及び圧着接続後の刻印との組合せで，正しいものは。

ただし，使用する電線はすべて VVF1.6 とする。

また，写真に示すリングスリーブ中央の〇，小，中は刻印を表す。

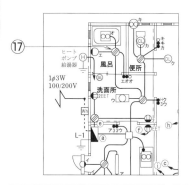

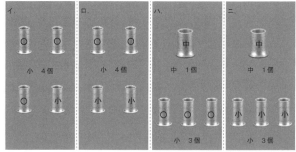

⑰の接続点の数に関係する部分を抜き出します。

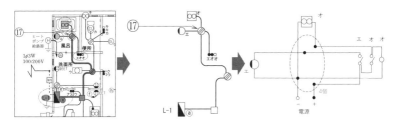

抜き出した単線図から複線図を描くと，⑰のボックス内の接続点
は4個であるため，リングスリーブを4個使います。

問題文より，使用する電線はすべて VVF1.6 であるため，電線
の太さは 1.6 mm です。複線図より，2本を接続している箇所
は3箇所あり，下表よりこの部分のリングスリーブの大きさは
小，刻印は○になります。また，4本を接続している箇所が1
箇所あり，下表よりこの部分のリングスリーブの大きさは小，刻
印は小になります。

以上より，リングスリーブは小が4個，刻印は○が3個，小が
1個の組合せが適切となります。

電線の断面積	電線の太さと組み合わせの例	スリーブ（刻印）
8mm²以下	1.6mmのみ2本	小（○）
	1.6mmのみ3~4本	小（小）
	2.0mmのみ2本	
	1.6mmを1~2本と2.0mmを1本	
8mm²超~ 14mm²未満	1.6mmのみ5~6本	中（中）
	2.0mmのみ3~4本	
	1.6mmを3~5本と2.0mmを1本	
14mm²以上	1.6mmのみ7本	大（大）
	2.0mmのみ5本	

答え

⑭で示すボックス内の接続をすべて圧着接続とする場合，使用するリングスリーブの種類と最少個数の組合せで，正しいものは。ただし，使用する電線は特記のないものは VVF1.6 とする。

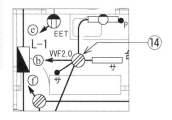

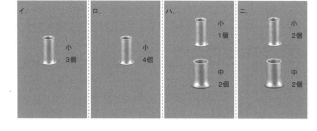

イ.
小
3個

ロ.
小
4個

ハ.
小
1個

中
2個

ニ.
小
2個

中
2個

解説
530

⑭の接続点の数に関係する部分を抜き出します。

STEP①指定されたボックスと，そのボックスに接続されている電気機器
STEP②①で抜き出した電気機器に関係する電気機器と，その電気機器がつながっているボックスに接続されているすべての電気機器
STEP③電源

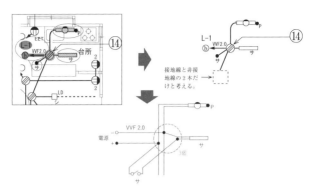

接地線と非接
地線の２本だ
けと考える。

抜き出した単線図から複線図を描くと，⑭のボックス内の接続点
は３個であるため，リングスリーブを３個使います。

問題文の図より，使用する電線は特記のないものは VVF1.6 で
あるため，電線の太さは，電源と接続している電線は 2.0 mm で，
その他の電線は 1.6 mm です。複線図より，2.0 mm １本と 1.6
mm ３本を接続する箇所が２箇所（中スリーブを使用），1.6
mm ２本を接続する箇所が１箇所（小スリーブを使用）あるた
め，リングスリーブは合計で小１個，中２個になります。

なお，リングスリーブの刻印は 2.0 mm １本と 1.6 mm ３本を
接続している箇所（２箇所）では中，1.6 mm ２本を接続してい
る箇所（１箇所）では〇になります。

電線の断面積	電線の太さと組み合わせの例	スリーブ（刻印）
8mm²以下	1.6mmのみ2本	小（〇）
	1.6mmのみ3～4本	小（小）
	2.0mmのみ2本	
	1.6mmを1～2本と2.0mmを1本	
8mm²超～ 14mm²未満	1.6mmのみ5～6本	中（中）
	2.0mmのみ3～4本	
	1.6mmを3～5本と2.0mmを1本	
14mm²以上	1.6mmのみ7本	大（大）
	2.0mmのみ5本	

答え

ハ

⑮で示すボックス内の接続をリングスリーブで圧着接続した場合のリングスリーブの種類，個数及び圧着接続後の刻印との組合せで，正しいものは。

ただし，使用する電線はすべて VVF1.6 とする。

また，写真に示すリングスリーブ中央の〇，小は刻印を表す。

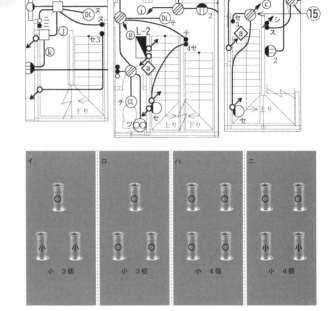

解説
531

⑮の接続点の数に関係する部分を抜き出します。

STEP①指定されたボックスと，そのボックスに接続されている電気機器
STEP②①で抜き出した電気機器に関係する電気機器と，その電気機器がつながっているボックスに接続されているすべての電気機器
STEP③電源

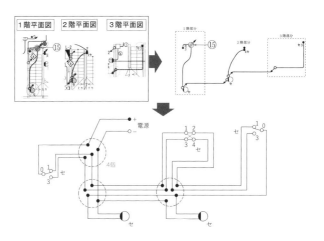

抜き出した単線図から複線図を描くと，⑮のボックス内の接続点は4個であるため，リングスリーブを4個使います。

問題文より，使用する電線はすべて VVF1.6 であるため，電線の太さは 1.6 mm です。複線図より，2本を接続している箇所は4箇所あり，下表よりこの部分のリングスリーブの大きさは小，刻印は○になります。

以上より，リングスリーブは小が4個，刻印が○が4個の組合せが適切となります。

電線の断面積	電線の太さと組み合わせの例	スリーブ（刻印）
8mm²以下	1.6mmのみ2本	小（○）
	1.6mmのみ3〜4本	小（小）
	2.0mmのみ2本	
	1.6mmを1〜2本と2.0mmを1本	
8mm²超〜14mm²未満	1.6mmのみ5〜6本	中（中）
	2.0mmのみ3〜4本	
	1.6mmを3〜5本と2.0mmを1本	
14mm²以上	1.6mmのみ7本	大（大）
	2.0mmのみ5本	

答え

ハ

⑫で示すボックス内の接続をすべて圧着接続とした場合のリングスリーブの種類，個数及び圧着接続後の刻印の組合せで，正しいものは。

ただし，使用する電線はすべて VVF1.6 とし，傍記 RAS の器具は 2 線式とする。

また，写真に示すリングスリーブ中央の○，小，中は刻印を表す。

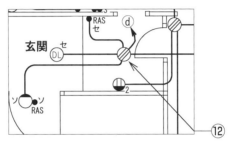

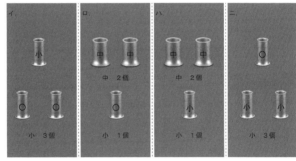

⑫の接続点の数に関係する部分を抜き出します。

STEP①指定されたボックスと，そのボックスに接続されている電気機器
STEP②①で抜き出した電気機器に関係する電気機器と，その電気機器がつながっているボックスに接続されているすべての電気機器
STEP③電源

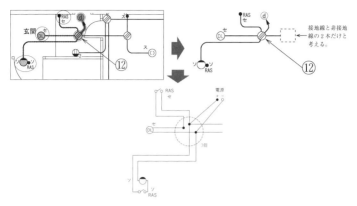

抜き出した単線図から複線図を描くと，⑫のボックス内の接続点は3個であるため，リングスリーブを3個使います。

問題文より，使用する電線はすべてVVF1.6であるため，電線の太さは1.6 mmです。複線図より，2本を接続している箇所は1箇所あり，下表よりこの部分のリングスリーブの大きさは小，刻印は〇になります。また，4本を接続している箇所が2箇所あり，下表よりこの部分のリングスリーブの大きさは小，刻印は小になります。

以上より，リングスリーブは小が3個，刻印は〇が1個，小が2個の組合せが適切となります。

電線の断面積	電線の太さと組み合わせの例	スリーブ（刻印）
8mm²以下	1.6mmのみ2本	小（〇）
	1.6mmのみ3～4本	小（小）
	2.0mmのみ2本	
	1.6mmを1～2本と2.0mmを1本	
8mm²超～14mm²未満	1.6mmのみ5～6本	中（中）
	2.0mmのみ3～4本	
	1.6mmを3～5本と2.0mmを1本	
14mm²以上	1.6mmのみ7本	大（大）
	2.0mmのみ5本	

答え

⑮で示すボックス内の接続をすべて圧着接続とする場合，使用するリングスリーブの種類と最少個数の組合せで，正しいものは。ただし，使用する電線はすべて VVF1.6 とする。

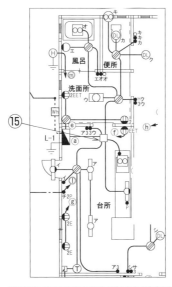

イ．	ロ．	ハ．	ニ．
小 6個	小 5個 / 中 1個	小 4個 / 中 2個	小 3個 / 中 3個

解説
533

⑮の接続点の数に関係する部分を抜き出します。

STEP①指定されたボックスと，そのボックスに接続されている電気機器
STEP②①で抜き出した電気機器に関係する電気機器と，その電気機器がつながっているボックスに接続されているすべての電気機器
STEP③電源

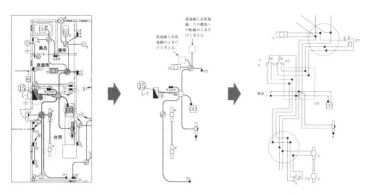

抜き出した単線図から複線図を描くと，⑮のボックス内の接続点は6個であるため，リングスリーブを6個使います。

問題文より，使用する電線はすべてVVF1.6であるため，電線の太さは1.6 mmです。複線図より，2本を接続する箇所が4箇所（小スリーブを使用），5本を接続する箇所が1箇所（中スリーブを使用），6本を接続する箇所が1箇所（中スリーブを使用）あり，リングスリーブの大きさは合計で小4個，中2個になります。

なお，リングスリーブの刻印は2本を接続している箇所（4箇所）では○，5本を接続している箇所（1箇所）では中，6本を接続している箇所（1箇所）では中になります。

電線の断面積	電線の太さと組み合わせの例	スリーブ（刻印）
8mm²以下	1.6mmのみ2本	小（○）
	1.6mmのみ3~4本	小（小）
	2.0mmのみ2本	
	1.6mmを1~2本と2.0mmを1本	
8mm²超~ 14mm²未満	1.6mmのみ5~6本	中（中）
	2.0mmのみ3~4本	
	1.6mmを3~5本と2.0mmを1本	
14mm²以上	1.6mmのみ7本	大（大）
	2.0mmのみ5本	

答え

⑫で示すボックス内の接続をリングスリーブで圧着接続した場合のリングスリーブの種類，個数及び圧着接続後の刻印との組合せで，正しいものは。

ただし，使用する電線はすべて VVF1.6 とする。

また，写真に示すリングスリーブ中央の○，小，中は刻印を表す。

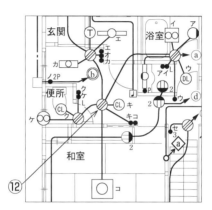

⑫の接続点の数に関係する部分を抜き出します。

STEP①指定されたボックスと，そのボックスに接続されている電気機器
STEP②①で抜き出した電気機器に関係する電気機器と，その電気機器がつながっているボックスに接続されているすべての電気機器
STEP③電源

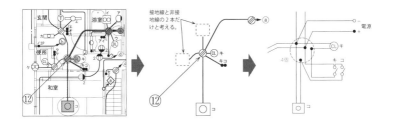

抜き出した単線図から複線図を描くと⑫のボックス内の接続点は
4個であるため、リングスリーブを4個使います。

問題文より、使用する電線はすべて VVF1.6 であるため、電線
の太さは 1.6 mm です。複線図より、1.6 mm 2 本を接続して
いる箇所が 2 箇所あり、リングスリーブの大きさは小、刻印は
○になります。1.6 mm 4 本を接続している箇所は 1 箇所あり、
リングスリーブの大きさは小、刻印は小になります。1.6 mm 5
本を接続している箇所は 1 箇所あり、リングスリーブの大きさ
は中、刻印は中になります。

以上より、リングスリーブは小が 3 個、中が 1 個、刻印は○が
2 個、小が 1 個、中が 1 個の組合せが適切となります。

電線の断面積	電線の太さと組み合わせの例	スリーブ（刻印）
8mm²以下	1.6mmのみ2本	小（○）
	1.6mmのみ3~4本	小（小）
	2.0mmのみ2本	
	1.6mmを1~2本と2.0mmを1本	
8mm²超~14mm²未満	1.6mmのみ5~6本	中（中）
	2.0mmのみ3~4本	
	1.6mmを3~5本と2.0mmを1本	
14mm²以上	1.6mmのみ7本	大（大）
	2.0mmのみ5本	

答え

□

⑭で示すボックス内の接続をすべて圧着接続とする場合，使用するリングスリーブの種類と最少個数の組合せで，正しいものは。ただし，使用する電線はすべて VVF1.6 とする。

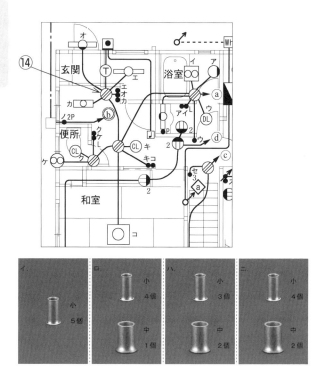

⑭の接続点の数に関係する部分を抜き出します。

STEP①指定されたボックスと，そのボックスに接続されている電気機器
STEP②①で抜き出した電気機器に関係する電気機器と，その電気機器がつながっているボックスに接続されているすべての電気機器
STEP③電源

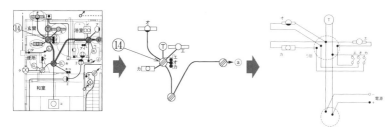

抜き出した単線図から複線図を描くと，⑭のボックス内の接続点は5個であるため，リングスリーブを5個使います。

問題文より，使用する電線はすべてVVF1.6であるため，電線の太さは1.6 mmです。複線図より，2本を接続する箇所が3箇所(小スリーブを使用)，3本を接続する箇所が1箇所(小スリーブを使用)，5本を接続する箇所が1箇所(中スリーブを使用)あり，リングスリーブの大きさは合計で小4個，中1個になります。

なお，リングスリーブの刻印は2本を接続している箇所(3箇所)では○，3本を接続している箇所(1箇所)では小，5本を接続している箇所(1箇所)では中になります。

電線の断面積	電線の太さと組み合わせの例	スリーブ（刻印）
8mm²以下	1.6mmのみ2本	小（○）
	1.6mmのみ3~4本	小（小）
	2.0mmのみ2本	
	1.6mmを1~2本と2.0mmを1本	
8mm²超~14mm²未満	1.6mmのみ5~6本	中（中）
	2.0mmのみ3~4本	
	1.6mmを3~5本と2.0mmを1本	
14mm²以上	1.6mmのみ7本	大（大）
	2.0mmのみ5本	

答え

□

⑮で示すジョイントボックス内の接続をすべて圧着接続とする場合，使用するリングスリーブの種類と最少個数の組合せで，正しいものは。

ただし，使用する電線はすべて VVF1.6 とする。

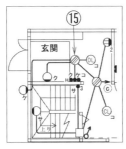

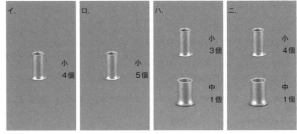

⑮の接続点の数に関係する部分を抜き出します。

STEP① 指定されたボックスと，そのボックスに接続されている電気機器
STEP② ①で抜き出した電気機器に関係する電気機器と，その電気機器がつながっているボックスに接続されているすべての電気機器
STEP③ 電源

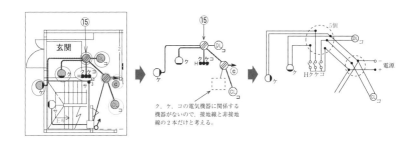

ク，ケ，コの電気機器に関係する
機器がないので，接地線と非接地
線の2本だけと考える。

抜き出した単線図から複線図を描くと，⑮のボックス内の接続点
は5個であるため，リングスリーブを5個使います。

問題文より，使用する電線はすべてVVF1.6であるため，電線
の太さは1.6 mmです。複線図より，1.6 mm 2本を接続する
箇所が3箇所（小スリーブ1.6 mmを使用），1.6 mm 3本を接
続する箇所が1箇所（小スリーブを使用），1.6mm 4本を接続す
る箇所が1箇所（小スリーブを使用）あり，リングスリーブは合
計で小5個になります。

なお，リングスリーブの刻印は2本を接続している箇所（3箇所）
では〇，3本を接続している箇所（1箇所）では小，4本を接続し
ている箇所（1箇所）では小になります。

電線の断面積	電線の太さと組み合わせの例	スリーブ（刻印）
8mm²以下	1.6mmのみ2本	小（〇）
	1.6mmのみ3～4本	小（小）
	2.0mmのみ2本	
	1.6mmを1～2本と2.0mmを1本	
8mm²超～14mm²未満	1.6mmのみ5～6本	中（中）
	2.0mmのみ3～4本	
	1.6mmを3～5本と2.0mmを1本	
	1.6mmを1～3本と2.0mmを2本	
14mm²以上	1.6mmのみ7本	大（大）
	2.0mmのみ5本	

複線図

答え

□

⑮で示すボックス内の接続をリングスリーブで圧着接続した場合のリングスリーブの種類，個数及び圧着接続後の刻印との組合せで，正しいものは。

ただし，使用する電線はすべて IV1.6 とする。また，写真に示すリングスリーブ中央の○，小，中は刻印を表す。

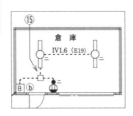

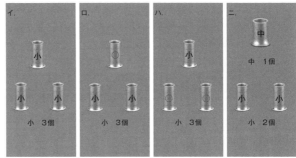

イ.	ロ.	ハ.	ニ.
小 小 小 小 3個	○ 小 小 小 3個	小 ○ ○ 小 3個	中 中 1個 小 小 小 2個

⑮の接続点の数に関係する部分を抜き出します。

STEP①指定されたボックスと，そのボックスに接続されている電気機器
STEP②①で抜き出した電気機器に関係する電気機器と，その電気機器がつながっているボックスに接続されているすべての電気機器
STEP③電源

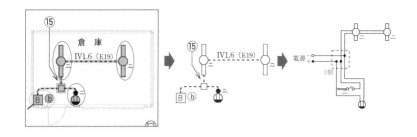

　抜き出した単線図から複線図を描くと，⑮のボックス内の接続点は 3 個であるため，リングスリーブを 3 個使います。

　問題文より，使用する電線はすべて IV1.6 であるため，電線の太さは 1.6 mm です。複線図より，1.6 mm 3 本を接続している箇所が 1 箇所あり，リングスリーブの大きさは小，刻印は小になります。1.6 mm 2 本を接続している箇所は 2 箇所あり，リングスリーブの大きさは小，刻印は〇になります。

　以上より，リングスリーブは小が 3 個，刻印は〇が 2 個，小が 1 個の組合せが適切となります。

電線の断面積	電線の太さと組み合わせの例	スリーブ（刻印）
8mm²以下	1.6mmのみ2本	小（〇）
	1.6mmのみ3~4本	小（小）
	2.0mmのみ2本	
	1.6mmを1~2本と2.0mmを1本	
8mm²超~ 14mm²未満	1.6mmのみ5~6本	中（中）
	2.0mmのみ3~4本	
	1.6mmを3~5本と2.0mmを1本	
	1.6mmを1~3本と2.0mmを2本	
14mm²以上	1.6mmのみ7本	大（大）
	2.0mmのみ5本	

CH
08

複線図

答え

⑪で示すジョイントボックス内の接続をすべて圧着接続とする場合，使用するリングスリーブの種類と最少個数の組合せで，正しいものは。

R4 年 上期午前 41,
R3 年 下期午後 42,
H28 年 下期 41

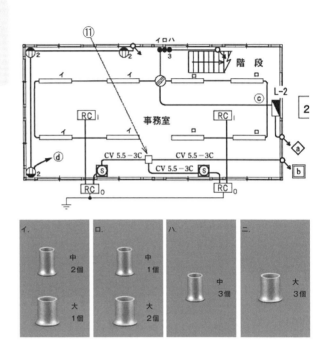

イ.
中 2個
大 1個

ロ.
中 1個
大 2個

ハ.
中 3個

ニ.
大 3個

⑪で示す部分では，断面積 5.5 mm^2，3 心の CV ケーブル（600 V 架橋ポリエチレン絶縁ビニルシースケーブル）3 本を，各相接続するため，一相あたりの心線の合計断面積は，

$$5.5 \times 3 = 16.5 \ mm^2$$

合計断面積が 14 mm^2 以上なのでリングスリーブの大きさは大，三相あるため，リングスリーブを 3 個使います。

以上より，使用するリングスリーブは大 3 個になります。

電線の断面積	電線の太さと組み合わせの例	スリーブ（刻印）
8mm^{2}以下	1.6mmのみ2本	小（○）
	1.6mmのみ3~4本	小（小）
	2.0mmのみ2本	
	1.6mmを1~2本と2.0mmを1本	
8mm^{2}超~ 14mm^{2}未満	1.6mmのみ5~6本	中（中）
	2.0mmのみ3~4本	
	1.6mmを3~5本と2.0mmを1本	
	1.6mmを1~3本と2.0mmを2本	
14mm^{2}以上	1.6mmのみ7本	大（大）
	2.0mmのみ5本	

答 え

問題 539

R3年 下期午前 47,
R1年 上期 44

⑰で示すボックス内の接続をすべて圧着接続とする場合，使用するリングスリーブの種類と最少個数の組合せで，正しいものは。ただし，使用する電線はすべて VVF1.6 とする。

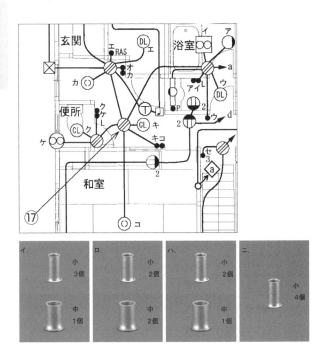

イ.
小 3個
中 1個

ロ.
小 2個
中 2個

ハ.
小 2個
中 1個

ニ.
小 4個

解説 539

⑰の接続点の数に関係する部分を抜き出します。

STEP① 指定されたボックスと，そのボックスに接続されている電気機器
STEP② ①で抜き出した電気機器に関係する電気機器と，その電気機器がつながっているボックスに接続されているすべての電気機器
STEP③ 電源

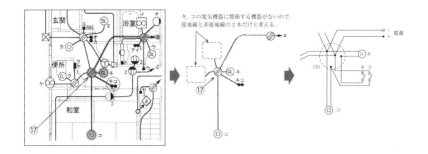

抜き出した単線図から，複線図を描くと⑰のボックス内の接続点は 4 個であるため，リングスリーブを 4 個使います。

問題文より，使用する電線はすべて VVF1.6 であるため，電線の太さは 1.6 mm です。複線図より，1.6 mm 2 本を接続する箇所が 2 箇所 (小スリーブを使用)，1.6 mm 4 本を接続する箇所が 1 箇所 (小スリーブを使用)，1.6 mm 5 本を接続する箇所が 1 箇所 (中スリーブを使用) あるため，リングスリーブは合計で小 3 個，中 1 個になります。

なお，リングスリーブの刻印は 2 本を接続している箇所 (2 箇所) では〇，4 本を接続している箇所 (1 箇所) では小，5 本を接続している箇所 (1 箇所) では中になります。

電線の断面積	電線の太さと組み合わせの例	スリーブ（刻印）
8mm²以下	1.6mmのみ2本	小 （〇）
	1.6mmのみ3~4本	小 （小）
	2.0mmのみ2本	
	1.6mmを1~2本と2.0mmを1本	
8mm²超~ 14mm²未満	1.6mmのみ5~6本	中 （中）
	2.0mmのみ3~4本	
	1.6mmを3~5本と2.0mmを1本	
	1.6mmを1~3本と2.0mmを2本	
14mm²以上	1.6mmのみ7本	大 （大）
	2.0mmのみ5本	

答え

イ

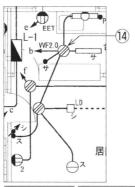

問題
540

R3年 下期午前44

⑭で示すボックス内の接続をリングスリーブで圧着接続した場合のリングスリーブの種類，個数及び圧着接続後の刻印との組合せで，正しいものは。

ただし，使用する電線は特記のないものは VVF1.6 とする。また，写真に示すリングスリーブ中央の○，小，中は刻印を表す。

イ.	ロ.	ハ.	ニ.

解説
540

⑭の接続点の数に関係する部分を抜き出します。

STEP①指定されたボックスと，そのボックスに接続されている電気機器
STEP②①で抜き出した電気機器に関係する電気機器と，その電気機器がつながっているボックスに接続されているすべての電気機器
STEP③電源

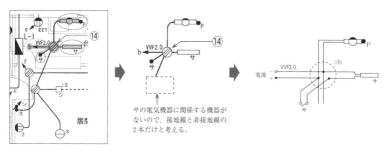

サの電気機器に関係する機器が
ないので，接地線と非接地線の
2本だけと考える。

抜き出した単線図から複線図を描くと，⑭のボックス内の接続点
は3個であるため，リングスリーブを3個使います。

問題文より，使用する電線は特記のないものは VVF1.6 である
ため，電線の太さは，電源と接続している電線は 2.0 mm で，
その他の電線は 1.6 mm です。複線図より，電源の接地側の接
続点では，2.0 mm 1本と 1.6 mm 3本を接続しているため，
リングスリーブの大きさは中，刻印は中になります。電源の非接
地側の接続点では，2.0 mm 1本と 1.6 mm 3本を接続してい
るため，リングスリーブの大きさは中，刻印は中になります。「サ」
の負荷の接続点では，1.6 mm 2本を接続しているため，リング
スリーブの大きさは小，刻印は○になります。

以上より，リングスリーブは小が1個，中が2個，刻印は○が
1個，中が2個の組合せが適切となります。

電線の断面積	電線の太さと組み合わせの例	スリーブ（刻印）
8mm²以下	1.6mmのみ2本	小（○）
	1.6mmのみ3〜4本	小（小）
	2.0mmのみ2本	
	1.6mmを1〜2本と2.0mmを1本	
8mm²超〜 14mm²未満	1.6mmのみ5〜6本	中（中）
	2.0mmのみ3〜4本	
	1.6mmを3〜5本と2.0mmを1本	
	1.6mmを1〜3本と2.0mmを2本	
14mm²以上	1.6mmのみ7本	大（大）
	2.0mmのみ5本	

答え

低圧屋内配線工事で，600 V ビニル絶縁電線（軟銅線）をリングスリーブ用圧着工具とリングスリーブ E 形を用いて終端接続を行った。接続する電線に適合するリングスリーブの種類と圧着マーク（刻印）の組合せで，a〜d のうちから不適切なものを全て選んだ組合せとして，正しいものは。

	接続する電線の 太さ（直径）及び本数	リングスリーブの 種類	圧着マーク （刻印）
a	1.6mm2本	小	○
b	1.6mm2本と2.0mm1本	中	中
c	1.6mm4本	中	中
d	1.6mm1本と2.0mm2本	中	中

イ．a，b

ロ．b，c

ハ．c，d

二．a，d

直径 1.6 mm 2 本と直径 2.0 mm 1 本の接続では下表のとおり
小スリーブを使用し，圧着マークを「小」とするのが適切です。
また，直径 1.6 mm 4 本の接続では下表のとおり小スリーブを
使用し，圧着マークを「小」とするのが適切です。

電線の断面積	電線の太さと組み合わせの例	スリーブ（刻印）
8mm²以下	1.6mmのみ2本	小（〇）
	1.6mmのみ3〜4本	小（小）
	2.0mmのみ2本	
	1.6mmを1〜2本と2.0mmを1本	
8mm²超〜 14mm²未満	1.6mmのみ5〜6本	中（中）
	2.0mmのみ3〜4本	
	1.6mmを3〜5本と2.0mmを1本	
	1.6mmを1〜3本と2.0mmを2本	
14mm²以上	1.6mmのみ7本	大（大）
	2.0mmのみ5本	

答え

⑱で示すボックス内の接続をリングスリーブで圧着接続した場合のリングスリーブの種類，個数及び圧着接続後の刻印との組合せで，正しいものは。

ただし，使用する電線はすべて VVF1.6 とする。また，写真に示すリングスリーブ中央の○，小，中は刻印を表す。

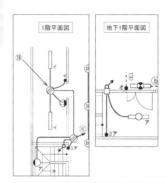

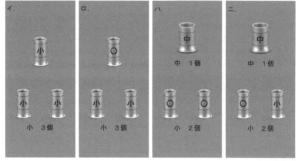

イ.　小　3個

ロ.　小　3個

ハ.　中　1個　小　2個

ニ.　中　1個　小　2個

⑱の接続点の数に関係する部分を抜き出します。

STEP①指定されたボックスと，そのボックスに接続されている電気機器
STEP②①で抜き出した電気機器に関係する電気機器と，その電気機器がつながっているボックスに接続されているすべての電気機器
STEP③電源

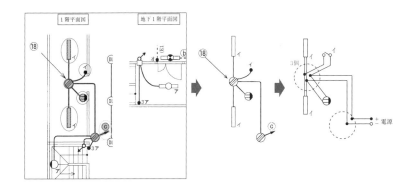

抜き出した単線図から複線図を描くと，⑱のボックス内の接続点は3個であるため，リングスリーブを3個使います。

問題文より，使用する電線はすべて VVF1.6 であるため，電線の太さは 1.6 mm です。複線図より，1.6 mm 3本を接続している箇所が2箇所あり，リングスリーブの大きさは小，刻印は小になります。1.6 mm 4本を接続している箇所は1箇所あり，リングスリーブの大きさは小，刻印は小になります。

以上より，リングスリーブは小が3個，刻印は小が3個の組合せが適切となります。

電線の断面積	電線の太さと組み合わせの例	スリーブ（刻印）
8mm²以下	1.6mmのみ2本	小（○）
	1.6mmのみ3～4本	小（小）
	2.0mmのみ2本	
	1.6mmを1～2本と2.0mmを1本	
8mm²超～14mm²未満	1.6mmのみ5～6本	中（中）
	2.0mmのみ3～4本	
	1.6mmを3～5本と2.0mmを1本	
	1.6mmを1～3本と2.0mmを2本	
14mm²以上	1.6mmのみ7本	大（大）
	2.0mmのみ5本	

答え

⑫で示すボックス内の接続をすべて圧着接続とする場合，使用するリングスリーブの種類と最少個数の組合せで，正しいものは。ただし，使用する電線はすべて VVF1.6 とし，地下1階へ至る配線の電線本数（心線数）は最少とする。

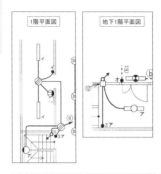

⑫の接続点の数に関係する部分を抜き出します。

STEP①指定されたボックスと，そのボックスに接続されている電気機器
STEP②①で抜き出した電気機器に関係する電気機器と，その電気機器がつながっているボックスに接続されているすべての電気機器
STEP③電源

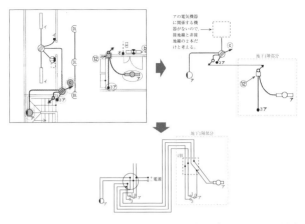

抜き出した単線図から複線図を描くと，⑫のボックス内の接続点は4個であるため，リングスリーブを4個使います。

問題文より，使用する電線はすべてVVF1.6であるため，電線の太さはすべて1.6 mmです。複線図より，1.6 mm 2本を接続する箇所が3箇所（小スリーブを使用），1.6 mm 3本を接続する箇所が1箇所（小スリーブを使用）あるため，リングスリーブは合計で小4個になります。

なお，リングスリーブの刻印は2本を接続している箇所（3箇所）では〇，3本を接続している箇所（1箇所）では小になります。

電線の断面積	電線の太さと組み合わせの例	スリーブ（刻印）
8mm²以下	1.6mmのみ2本	小（〇）
	1.6mmのみ3～4本	小（小）
	2.0mmのみ2本	
	1.6mmを1～2本と2.0mmを1本	
8mm²超～ 14mm²未満	1.6mmのみ5～6本	中（中）
	2.0mmのみ3～4本	
	1.6mmを3～5本と2.0mmを1本	
	1.6mmを1～3本と2.0mmを2本	
14mm²以上	1.6mmのみ7本	大（大）
	2.0mmのみ5本	

答え

ハ

⑰で示すボックス内の接続をすべて圧着接続とする場合，使用するリングスリーブの種類と最少個数の組合せで，正しいものは。ただし，使用する電線はすべて VVF1.6 とする。

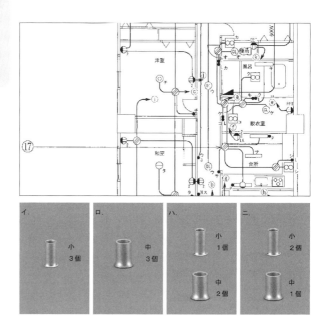

イ.
小 3個

ロ.
中 3個

ハ.
小 1個
中 2個

ニ.
小 2個
中 1個

解説
544

⑰の接続点の数に関係する部分を抜き出します。

STEP①指定されたボックスと，そのボックスに接続されている電気機器
STEP②①で抜き出した電気機器に関係する電気機器と，その電気機器がつながっているボックスに接続されているすべての電気機器
STEP③電源

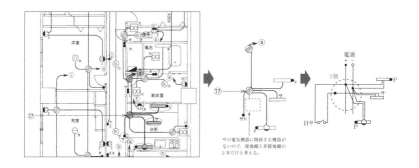

サの電気機器に関係する機器が
ないので，接地線と非接地線の
2本だけと考える。

抜き出した単線図から複線図を描くと，⑰のボックス内の接続点は3個であるため，リングスリーブを3個使います。

問題文より，使用する電線はすべて VVF1.6 であるため，電線の太さはすべて 1.6 mm です。複線図より，1.6 mm 2本を接続する箇所が1箇所（小スリーブを使用），1.6 mm 5本を接続する箇所が2箇所（中スリーブを使用）あるため，リングスリーブは小が1個，中が2個の組合せが適切となります。

なお，リングスリーブの刻印は2本を接続している箇所（1箇所）では〇，5本を接続している箇所（2箇所）では中になります。

電線の断面積	電線の太さと組み合わせの例	スリーブ（刻印）
8mm²以下	1.6mmのみ2本	小（〇）
	1.6mmのみ3～4本	小（小）
	2.0mmのみ2本	
	1.6mmを1～2本と2.0mmを1本	
8mm²超～14mm²未満	1.6mmのみ5～6本	中（中）
	2.0mmのみ3～4本	
	1.6mmを3～5本と2.0mmを1本	
	1.6mmを1～3本と2.0mmを2本	
14mm²以上	1.6mmのみ7本	大（大）
	2.0mmのみ5本	

CH
08

複線図

答え
ハ

627

⑯で示すボックス内の接続をすべて圧着接続した場合のリングスリーブの種類，個数及び圧着接続後の刻印との組合せで，正しいものは。

ただし，使用する電線はすべて VVF1.6 とする。また，写真に示すリングスリーブ中央の○，小，中は刻印を表す。

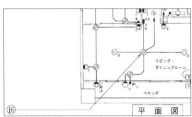

平 面 図

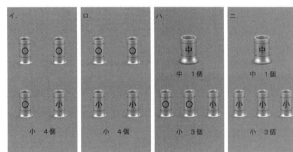

⑯の接続点の数に関係する部分を抜き出します。

STEP①指定されたボックスと，そのボックスに接続されている電気機器
STEP②①で抜き出した電気機器に関係する電気機器と，その電気機器がつながっているボックスに接続されているすべての電気機器
STEP③電源

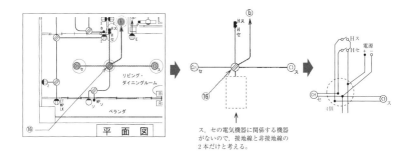

ス，セの電気機器に関係する機器
がないので，接地線と非接地線の
2本だけと考える。

抜き出した単線図から複線図を描くと，⑯のボックス内の接続点
は4個であるため，リングスリーブを4個使います。

問題文より，使用する電線はすべて VVF1.6 であるため，電線
の太さは 1.6 mm です。複線図より，1.6 mm 2本を接続して
いる箇所が2箇所あり，リングスリーブの大きさは小，刻印は
〇になります。1.6 mm 3本を接続している箇所は1箇所あり，
リングスリーブの大きさは小，刻印は小になります。1.6 mm 4
本を接続している箇所は1箇所あり，リングスリーブの大きさ
は小，刻印は小になります。

以上より，リングスリーブは小が4個，刻印は小が2個，〇が
2個の組合せが適切となります。

電線の断面積	電線の太さと組み合わせの例	スリーブ（刻印）
8mm²以下	1.6mmのみ2本	小（〇）
	1.6mmのみ3〜4本	小（小）
	2.0mmのみ2本	
	1.6mmを1〜2本と2.0mmを1本	
8mm²超〜14mm²未満	1.6mmのみ5〜6本	中（中）
	2.0mmのみ3〜4本	
	1.6mmを3〜5本と2.0mmを1本	
	1.6mmを1〜3本と2.0mmを2本	
14mm²以上	1.6mmのみ7本	大（大）
	2.0mmのみ5本	

答え

問題 546

R2年 下期午後 47

⑰で示すボックス内の接続をすべて圧着接続とする場合，使用するリングスリーブの種類，個数及び刻印の組合せで，正しいものは。

ただし，使用する電線は特記のないものは VVF1.6 とする。また，写真に示すリングスリーブ中央の○，小，中は刻印を表す。

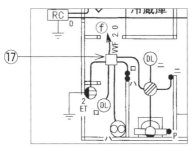

イ.　小 4個

ロ.　小 2個　中 2個

ハ.　小 2個　中 2個

ニ.　小 3個　中 1個

解説 546

⑰の接続点の数に関係する部分を抜き出します。

STEP①指定されたボックスと，そのボックスに接続されている電気機器
STEP②①で抜き出した電気機器に関係する電気機器と，その電気機器がつながっているボックスに接続されているすべての電気機器
STEP③電源

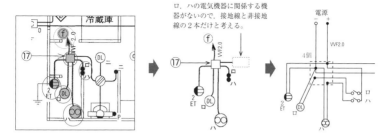

ロ，ハの電気機器に関係する機器がないので，接地線と非接地線の2本だけと考える。

抜き出した単線図から複線図を描くと，⑰のボックス内の接続点は4個であるため，リングスリーブを4個使います。

問題文より，使用する電線は特記のないものは VVF1.6 であるため，電線の太さは，電源と接続している電線は 2.0 mm で，その他の電線は 1.6 mm です。複線図より，電源の接地側の接続点では，2.0 mm 1 本と 1.6 mm 4 本を接続しているため，リングスリーブの大きさは**中**，刻印は**中**になります。電源の非接地側の接続点では，2.0 mm 1 本と 1.6 mm 3 本を接続しているため，リングスリーブの大きさは**中**，刻印は**中**になります。「ロ」及び「ハ」の負荷のそれぞれの接続点では，1.6 mm 2 本を接続しているため，リングスリーブの大きさは**小**，刻印は**○**になります。

以上より，リングスリーブは**小が 2 個，中が 2 個，刻印は○が2 個，中が 2 個**の組合せが適切となります。

電線の断面積	電線の太さと組み合わせの例	スリーブ（刻印）
8mm²以下	1.6mmのみ2本	小（○）
	1.6mmのみ3〜4本	小（小）
	2.0mmのみ2本	
	1.6mmを1〜2本と2.0mmを1本	
8mm²超〜14mm²未満	1.6mmのみ5〜6本	中（中）
	2.0mmのみ3〜4本	
	1.6mmを3〜5本と2.0mmを1本	
	1.6mmを1〜3本と2.0mmを2本	
14mm²以上	1.6mmのみ7本	大（大）
	2.0mmのみ5本	

答え

ハ

631

⑫で示す部分の接続作業に使用される組合せは。

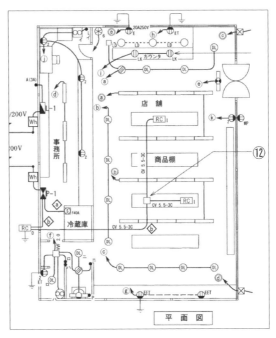

⑫で示す部分では，断面積 5.5 mm^2，3 心の CV ケーブル（600 V架橋ポリエチレン絶縁ビニルシースケーブル）3 本を，各相接続するため，一相あたりの心線の合計断面積は，

$$5.5 × 3=16.5 \ mm^2$$

合計断面積が 14 mm^2 以上なので，リングスリーブの大きさは大，三相あるため，リングスリーブを 3 個使います。また，接続作業には握る部分が黄色のリングスリーブ用圧着工具を使用します。

電線の断面積	電線の太さと組み合わせの例	スリーブ（刻印）
8mm²以下	1.6mmのみ2本	小（○）
	1.6mmのみ3～4本	小（小）
	2.0mmのみ2本	
	1.6mmを1～2本と2.0mmを1本	
8mm²超～ 14mm²未満	1.6mmのみ5～6本	中（中）
	2.0mmのみ3～4本	
	1.6mmを3～5本と2.0mmを1本	
	1.6mmを1～3本と2.0mmを2本	
14mm²以上	1.6mmのみ7本	大（大）
	2.0mmのみ5本	

答え
ハ

⑱で示すボックス内の接続をすべて圧着接続とする場合，使用するリングスリーブの種類と最少個数の組合せで，正しいものは。ただし，使用する電線は特記のないものは VVF1.6 とする。

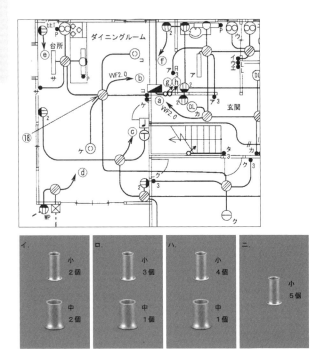

イ.
小 2個

中 2個

ロ.
小 3個

中 1個

ハ.
小 4個

中 1個

ニ.
小 5個

解説
548

⑱の接続点の数に関係する部分を抜き出します。

STEP①指定されたボックスと，そのボックスに接続されている電気機器
STEP②①で抜き出した電気機器に関係する電気機器と，その電気機器がつながっているボックスに接続されているすべての電気機器
STEP③電源

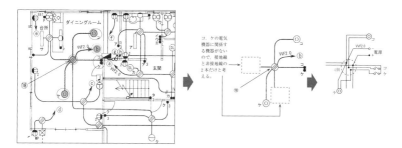

抜き出した単線図から複線図を描くと，⑱のボックス内の接続点は4個であるため，リングスリーブを4個使います。

問題文より，使用する電線は特記のないものは VVF1.6 であるため，電線の太さは，電源と接続している電線は 2.0 mm で，その他の電線は 1.6 mm です。複線図より，2.0 mm 1本と1.6 mm 4本を接続する箇所が1箇所（中スリーブを使用），2.0 mm 1本と1.6 mm 3本を接続する箇所が1箇所（中スリーブを使用），1.6 mm 2本を接続する箇所が2箇所（小スリーブを使用）あるため，リングスリーブは合計で**小2個，中2個**になります。

なお，リングスリーブの刻印は 2.0 mm 1本と1.6 mm 4本を接続している箇所（1箇所）では中，2.0 mm 1本と1.6 mm 3本を接続している箇所（1箇所）では中，1.6 mm 2本を接続している箇所（2箇所）では○になります。

電線の断面積	電線の太さと組み合わせの例	スリーブ（刻印）
8mm²以下	1.6mmのみ2本	小（○）
	1.6mmのみ3～4本	小（小）
	2.0mmのみ2本	
	1.6mmを1～2本と2.0mmを1本	
8mm²超～14mm²未満	1.6mmのみ5～6本	中（中）
	2.0mmのみ3～4本	
	1.6mmを3～5本と2.0mmを1本	
	1.6mmを1～3本と2.0mmを2本	
14mm²以上	1.6mmのみ7本	大（大）
	2.0mmのみ5本	

答え

⑪で示すボックス内の接続をリングスリーブで圧着接続した場合のリングスリーブの種類，個数及び圧着接続後の刻印との組合せで，正しいものは。

ただし，使用する電線は特記のないものは VVF1.6 とする。また，写真に示すリングスリーブ中央の○，小，中は刻印を表す。

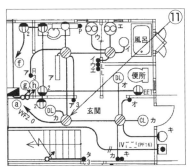

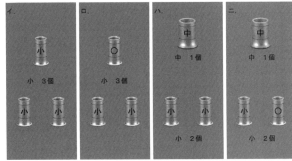

イ.

小 3個

小 小

ロ.

小 3個

小 小

ハ.

中 1個

小 2個

二.

中 1個

小 2個

⑪の接続点の数に関係する部分を抜き出します。

STEP①指定されたボックスと，そのボックスに接続されている電気機器
STEP②①で抜き出した電気機器に関係する電気機器と，その電気機器がつながっているボックスに接続されているすべての電気機器
STEP③電源

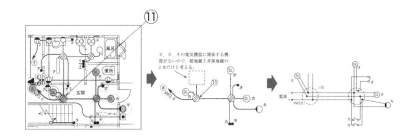

抜き出した単線図から複線図を描くと，⑪のボックス内の接続点は3個であるため，リングスリーブを3個使います。

問題文より，使用する電線は特記のないものは VVF1.6 であるため，電線の太さは，電源と接続している電線は 2.0 mm で，その他の電線は 1.6 mm です。複線図より，電源の接地側の接続点では，2.0 mm 1本と 1.6 mm 3本を接続しているため，リングスリーブの大きさは中，刻印は中になります。電源の非接地側の接続点では，2.0 mm 1本と 1.6 mm 2本を接続しているため，リングスリーブの大きさは小，刻印は小になります。「カ」の負荷の接続点では，1.6 mm 2本を接続しているため，リングスリーブの大きさは小，刻印は〇になります。

以上より，リングスリーブは小が2個，中が1個，刻印は〇が1個，小が1個，中が1個の組合せが適切となります。

電線の断面積	電線の太さと組み合わせの例	スリーブ（刻印）
8mm²以下	1.6mmのみ2本	小（〇）
	1.6mmのみ3～4本	小（小）
	2.0mmのみ2本	
	1.6mmを1～2本と2.0mmを1本	
8mm²超～14mm²未満	1.6mmのみ5～6本	中（中）
	2.0mmのみ3～4本	
	1.6mmを3～5本と2.0mmを1本	
	1.6mmを1～3本と2.0mmを2本	
14mm²以上	1.6mmのみ7本	大（大）
	2.0mmのみ5本	

答え

二

問題
550

R1 年 下期 47

⑰で示すボックス内の接続をリングスリーブ小 3 個を使用して圧着接続した場合の圧着接続後の刻印の組合せで, 正しいものは。ただし, 使用する電線はすべて VVF1.6 とする。また, 写真に示すリングスリーブ中央の○, 小は刻印を表す。

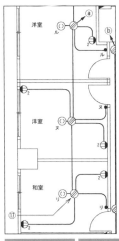

解説
550

⑰の接続点の数に関係する部分を抜き出します。

STEP①指定されたボックスと, そのボックスに接続されている電気機器
STEP②①で抜き出した電気機器に関係する電気機器と, その電気機器がつながっているボックスに接続されているすべての電気機器
STEP③電源

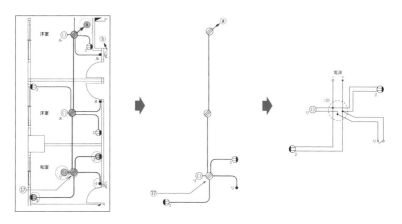

抜き出した単線図から複線図を描くと，⑰のボックス内の接続点は3個であるため，リングスリーブを3個使います。

問題文より，使用する電線はすべてVVF1.6であるため，電線の太さは1.6 mmです。複線図より，1.6 mm 2本を接続している箇所が1箇所あり，リングスリーブの大きさは小，刻印は○になります。1.6 mm 4本を接続している箇所は2箇所あり，リングスリーブは小，刻印は小になります。

以上より，リングスリーブは小が3個，刻印は○が1個，小が2個の組合せが適切となります。

電線の断面積	電線の太さと組み合わせの例	スリーブ（刻印）
8mm²以下	1.6mmのみ2本	小（○）
	1.6mmのみ3〜4本	小（小）
	2.0mmのみ2本	
	1.6mmを1〜2本と2.0mmを1本	
8mm²超〜14mm²未満	1.6mmのみ5〜6本	中（中）
	2.0mmのみ3〜4本	
	1.6mmを3〜5本と2.0mmを1本	
	1.6mmを1〜3本と2.0mmを2本	
14mm²以上	1.6mmのみ7本	大（大）
	2.0mmのみ5本	

答え

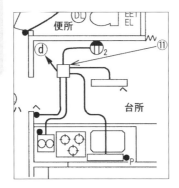

⑪で示すボックス内の接続をすべて圧着接続とする場合，使用するリングスリーブの種類と最少個数の組合せで，正しいものは。ただし，使用する電線はすべて VVF1.6 とする。

イ．
小
1個

中
2個

ロ．
小
3個

中
1個

ハ．
小
3個

ニ．
小
4個

解説
551

⑪の接続点の数に関係する部分を抜き出します。

STEP①指定されたボックスと，そのボックスに接続されている電気機器
STEP②①で抜き出した電気機器に関係する電気機器と，その電気機器がつながっているボックスに接続されているすべての電気機器
STEP③電源

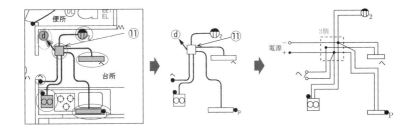

抜き出した単線図から複線図を描くと、⑪のボックス内の接続点は3個であるため、リングスリーブを3個使います。

問題文より、使用する電線はすべて VVF1.6 であるため、電線の太さは 1.6 mm です。複線図より、1.6 mm 2本を接続する箇所が1箇所(小スリーブを使用)、1.6 mm 5本を接続する箇所が2箇所(中スリーブを使用)あるため、リングスリーブは合計で小1個、中2個になります。

なお、リングスリーブの刻印は2本を接続している箇所(1箇所)では○、5本を接続している箇所(2箇所)では中になります。

電線の断面積	電線の太さと組み合わせの例	スリーブ（刻印）
8mm²以下	1.6mmのみ2本	小（○）
	1.6mmのみ3～4本	小（小）
	2.0mmのみ2本	
	1.6mmを1～2本と2.0mmを1本	
8mm²超～ 14mm²未満	1.6mmのみ5～6本	中（中）
	2.0mmのみ3～4本	
	1.6mmを3～5本と2.0mmを1本	
	1.6mmを1～3本と2.0mmを2本	
14mm²以上	1.6mmのみ7本	大（大）
	2.0mmのみ5本	

答え

低圧屋内配線工事で, 600 V ビニル絶縁電線 (軟銅線) をリング
スリーブ用圧着工具とリングスリーブ (E 形) を用いて終端接続
を行った。接続する電線に適合するリングスリーブの種類と圧着
マーク (刻印) の組合せで, 不適切なものは。

イ. 直径 2.0 mm 3 本の接続に, 中スリーブを使用して圧着マー
   クを 中 にした。

ロ. 直径 1.6 mm 3 本の接続に, 小スリーブを使用して圧着マー
   クを 小 にした。

ハ. 直径 2.0 mm 2 本の接続に, 中スリーブを使用して圧着マー
   クを 中 にした。

ニ. 直径 1.6 mm 1 本と直径 2.0 mm 2 本の接続に, 中スリー
   ブを使用して圧着マークを 中 にした。

直径 2.0 mm 2 本の接続では下表のとおり小スリーブを使用し，圧着マークを「小」とするのが適切です。

●リングスリーブのサイズと圧着マーク（刻印）

電線の断面積	電線の太さと組み合わせの例	スリーブ（刻印）
8mm²以下	1.6mmのみ2本	小（○）
	1.6mmのみ3～4本	小（小）
	2.0mmのみ2本	
	1.6mmを1～2本と2.0mmを1本	
8mm²超～14mm²未満	1.6mmのみ5～6本	中（中）
	2.0mmのみ3～4本	
	1.6mmを3～5本と2.0mmを1本	
	1.6mmを1～3本と2.0mmを2本	
14mm²以上	1.6mmのみ7本	大（大）
	2.0mmのみ5本	

答え

ハ

⑱で示す VVF 用ジョイントボックス内の接続をすべて圧着接続とする場合，使用するリングスリーブの種類と最少個数の組合せで，正しいものは。

ただし，接地配線も含まれているものとする。

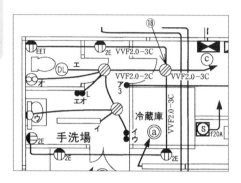

⑱の接続点の数に関係する部分を抜き出します。

STEP①指定されたボックスと，そのボックスに接続されている電気機器
STEP②①で抜き出した電気機器に関係する電気機器と，その電気機器がつながっているボックスに接続されているすべての電気機器
STEP③電源

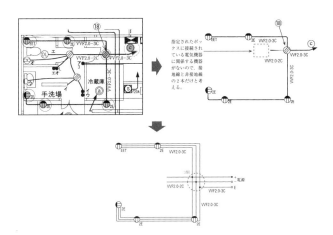

抜き出した単線図から複線図を描くと，⑱のボックス内の接続点は3個であるため，リングスリーブを3個使います。

問題の図より，使用する電線はVVF2.0-2C及びVVF2.0-3C（接地配線が含まれる）であるため，電線の太さは2.0 mmです。複線図より，2.0 mm 3本を接続する箇所が1箇所（中スリーブを使用），2.0 mm 4本を接続する箇所が2箇所（中スリーブを使用）あるため，リングスリーブは合計で中3個になります。

なお，リングスリーブの刻印は3本を接続している箇所（1箇所）では中，4本を接続している箇所（2箇所）では中になります。

複線図

電線の断面積	電線の太さと組み合わせの例	スリーブ（刻印）
8mm²以下	1.6mmのみ2本	小（○）
	1.6mmのみ3～4本	小（小）
	2.0mmのみ2本	
	1.6mmを1～2本と2.0mmを1本	
8mm²超～14mm²未満	1.6mmのみ5～6本	中（中）
	2.0mmのみ3～4本	
	1.6mmを3～5本と2.0mmを1本	
	1.6mmを1～3本と2.0mmを2本	
14mm²以上	1.6mmのみ7本	大（大）
	2.0mmのみ5本	

答え

⑪で示す部分の接続工事をリングスリーブで圧着接続する場合の
リングスリーブの種類，個数及び刻印の組合せで，正しいものは。
ただし，写真に示すリングスリーブ中央の○，小，中は刻印を表
す。

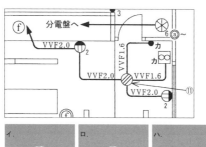

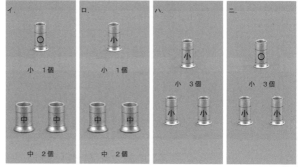

解説
554

⑪の接続点の数に関係する部分を抜き出します。

STEP①指定されたボックスと，そのボックスに接続されている電気機器
STEP②①で抜き出した電気機器に関係する電気機器と，その電気機器がつ
ながっているボックスに接続されているすべての電気機器
STEP③電源

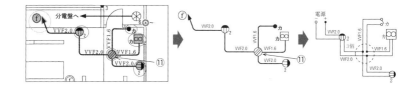

抜き出した単線図から複線図を描くと，⑪のボックス内の接続点は3個であるため，リングスリーブを3個使います。

問題文の図より，電線の太さは，VVF2.0の表記がある電線は2.0mmで，VVF1.6の表記がある電線は1.6mmです。複線図より，電源の接地側の接続点では，2.0mm2本と1.6mm1本を接続しているため，リングスリーブの大きさは中，刻印は中になります。電源の非接地側の接続点では，2.0mm2本と1.6mm1本を接続しているため，リングスリーブの大きさは中，刻印は中になります。「カ」の負荷のそれぞれの接続点では，1.6mm2本を接続しているため，リングスリーブの大きさは小，刻印は○になります。

以上より，リングスリーブは小が1個，中が2個，刻印は○が1個，中が2個の組合せが適切となります。

電線の断面積	電線の太さと組み合わせの例	スリーブ（刻印）
8mm²以下	1.6mmのみ2本	小（○）
	1.6mmのみ3～4本	小（小）
	2.0mmのみ2本	
	1.6mmを1～2本と2.0mmを1本	
8mm²超～14mm²未満	1.6mmのみ5～6本	中（中）
	2.0mmのみ3～4本	
	1.6mmを3～5本と2.0mmを1本	
	1.6mmを1～3本と2.0mmを2本	
14mm²以上	1.6mmのみ7本	大（大）
	2.0mmのみ5本	

CH 08

複線図

答え

問題
555

H30 年 上期 46,
H26 年 下期 44

⑯で示すプルボックス内の接続をすべて圧着接続とする場合，使用するリングスリーブの種類と最少個数の組合せで，正しいものは。

ただし，使用する電線はすべて IV1.6 とする。

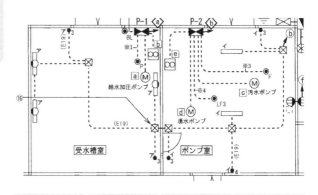

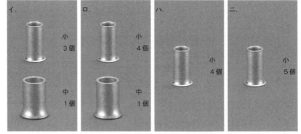

解説
555

⑯の接続点の数に関係する部分を抜き出します。

STEP①指定されたボックスと，そのボックスに接続されている電気機器
STEP②①で抜き出した電気機器に関係する電気機器と，その電気機器がつながっているボックスに接続されているすべての電気機器
STEP③電源

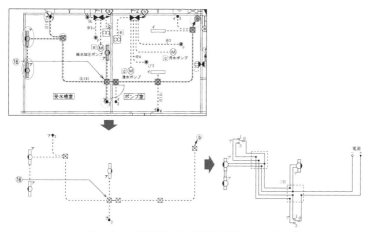

抜き出した単線図から複線図を描くと，⑯のボックス内の接続点
は5個であるため，リングスリーブを5個使います。

問題文より，使用する電線はすべてIV1.6であるため，電線の
太さは1.6 mmです。複線図より，1.6 mm 2本を接続する箇
所が4箇所（小スリーブを使用），1.6 mm 3本を接続する箇所
が1箇所（小スリーブを使用）あるため，リングスリーブは合計
で小5個になります。

なお，リングスリーブの刻印は2本を接続している箇所（4箇所）
では〇，3本を接続している箇所（1箇所）では小になります。

電線の断面積	電線の太さと組み合わせの例	スリーブ（刻印）
8mm²以下	1.6mmのみ2本	小（〇）
	1.6mmのみ3～4本	小（小）
	2.0mmのみ2本	
	1.6mmを1～2本と2.0mmを1本	
8mm²超～ 14mm²未満	1.6mmのみ5～6本	中（中）
	2.0mmのみ3～4本	
	1.6mmを3～5本と2.0mmを1本	
	1.6mmを1～3本と2.0mmを2本	
14mm²以上	1.6mmのみ7本	大（大）
	2.0mmのみ5本	

答え

⑪で示す部分の接続工事をリングスリーブ小3個を使用して圧着接続する場合の刻印は。

ただし，使用する電線はすべて VVF1.6 とする。また，写真に示すリングスリーブ中央の○，小は刻印を表す。

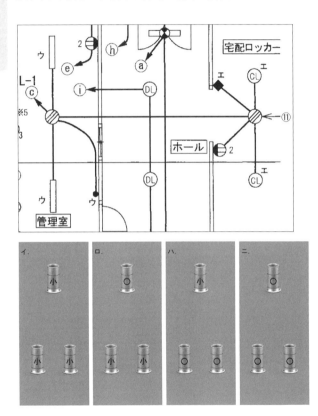

解説 556 ⑪の接続点の数に関係する部分を抜き出します。

STEP①指定されたボックスと，そのボックスに接続されている電気機器
STEP②①で抜き出した電気機器に関係する電気機器と，その電気機器がつ
ながっているボックスに接続されているすべての電気機器
STEP③電源

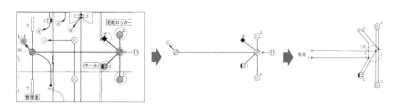

抜き出した単線図から複線図を描くと，⑪のボックス内の接続点
は 3 個であるため，リングスリーブを 3 個使います。

問題文より，使用する電線はすべて VVF1.6 であるため，電線
の太さは 1.6 mm です。複線図より，1.6 mm 3 本を接続して
いる箇所が 2 箇所あり，リングスリーブの大きさは小，刻印は
小になります。1.6 mm 4 本を接続している箇所は 1 箇所あり，
リングスリーブの大きさは小，刻印は小になります。

以上より，リングスリーブは小が 3 個，刻印は小が 3 個の組合
せが適切となります。

電線の断面積	電線の太さと組み合わせの例	スリーブ（刻印）
8mm²以下	1.6mmのみ2本	小（○）
	1.6mmのみ3~4本	小（小）
	2.0mmのみ2本	
	1.6mmを1~2本と2.0mmを1本	
8mm²超~ 14mm²未満	1.6mmのみ5~6本	中（中）
	2.0mmのみ3~4本	
	1.6mmを3~5本と2.0mmを1本	
	1.6mmを1~3本と2.0mmを2本	
14mm²以上	1.6mmのみ7本	大（大）
	2.0mmのみ5本	

CH 08

複線図

答え

⑯で示す部分の接続工事をリングスリーブ小3個を使用して圧着接続した場合の圧着接続後の刻印の組合せで，正しいものは。ただし，使用する電線はすべてVVF1.6とする。また，写真に示すリングスリーブ中央の○，小は接続後の刻印を表す。

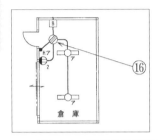

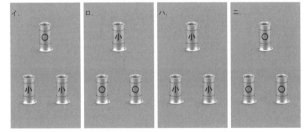

⑯の接続点の数に関係する部分を抜き出します。

STEP①指定されたボックスと，そのボックスに接続されている電気機器
STEP②①で抜き出した電気機器に関係する電気機器と，その電気機器がつながっているボックスに接続されているすべての電気機器
STEP③電源

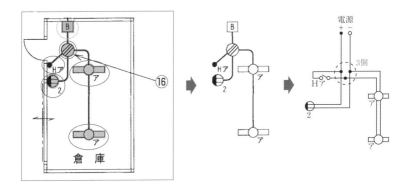

抜き出した単線図から複線図を描くと，⑯のボックス内の接続点は3個であるため，リングスリーブを3個使います。

問題文より，使用する電線はすべて VVF1.6 であるため，電線の太さは1.6 mm です。複線図より，1.6 mm 2本を接続している箇所が1箇所あり，リングスリーブの大きさは小，刻印は○になります。1.6 mm 3本を接続している箇所は2箇所あり，リングスリーブの大きさは小，刻印は小になります。

以上より，リングスリーブは小が3個，刻印は○が1個，小が2個の組合せが適切となります。

電線の断面積	電線の太さと組み合わせの例	スリーブ（刻印）
8mm²以下	1.6mmのみ2本	小（○）
	1.6mmのみ3〜4本	小（小）
	2.0mmのみ2本	
	1.6mmを1〜2本と2.0mmを1本	
8mm²超〜14mm²未満	1.6mmのみ5〜6本	中（中）
	2.0mmのみ3〜4本	
	1.6mmを3〜5本と2.0mmを1本	
	1.6mmを1〜3本と2.0mmを2本	
14mm²以上	1.6mmのみ7本	大（大）
	2.0mmのみ5本	

答え

⑪で示す VVF 用ジョイントボックス内の接続をすべて圧着接続とする場合，使用するリングスリーブの種類と最少個数の組合せで，適切なものは。

ただし，使用する電線はすべて VVF1.6 とする。

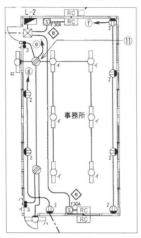

イ.	ロ.	ハ.	ニ.

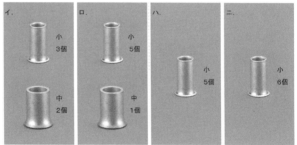

イ. 小 3個 / 中 2個

ロ. 小 5個 / 中 1個

ハ. 小 5個

ニ. 小 6個

解説
558

⑪の接続点の数に関係する部分を抜き出します。

STEP①指定されたボックスと，そのボックスに接続されている電気機器
STEP②①で抜き出した電気機器に関係する電気機器と，その電気機器がつながっているボックスに接続されているすべての電気機器
STEP③電源

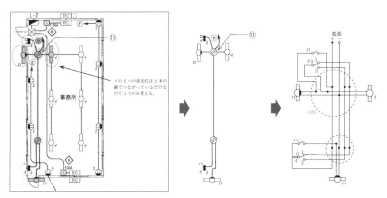

抜き出した単線図から複線図を描くと，⑪のボックス内の接続点は6個であるため，リングスリーブを6個使います。

問題文より，使用する電線はすべて VVF1.6 であるため，電線の太さは 1.6 mm です。複線図より，1.6 mm 2本を接続する箇所が4箇所（小を使用），1.6 mm 3本を接続する箇所が1箇所（小を使用），1.6 mm 4本を接続する箇所が1箇所（小を使用）あるため，リングスリーブは合計で小6個になります。

なお，リングスリーブの刻印は2本を接続している箇所（4箇所）では○，3本を接続している箇所（1箇所）では小，4本を接続している箇所（1箇所）では小になります。

電線の断面積	電線の太さと組み合わせの例	スリーブ（刻印）
8mm²以下	1.6mmのみ2本	小（○）
	1.6mmのみ3~4本	小（小）
	2.0mmのみ2本	
	1.6mmを1~2本と2.0mmを1本	
8mm²超~ 14mm²未満	1.6mmのみ5~6本	中（中）
	2.0mmのみ3~4本	
	1.6mmを3~5本と2.0mmを1本	
	1.6mmを1~3本と2.0mmを2本	
14mm²以上	1.6mmのみ7本	大（大）
	2.0mmのみ5本	

答え

⑱で示す VVF 用ジョイントボックス内の接続をすべて圧着接続とする場合，使用するリングスリーブの種類と最少個数の組合せで，適切なものは。

ただし，使用する電線はすべて VVF1.6 とする。

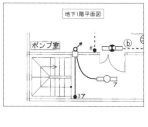

 イ. 小 3個 / 中 1個

 ロ. 小 2個 / 中 1個

 ハ. 小 4個

 ニ. 小 3個

⑱の接続点の数に関係する部分を抜き出します。

STEP①指定されたボックスと，そのボックスに接続されている電気機器
STEP②①で抜き出した電気機器に関係する電気機器と，その電気機器がつながっているボックスに接続されているすべての電気機器
STEP③電源

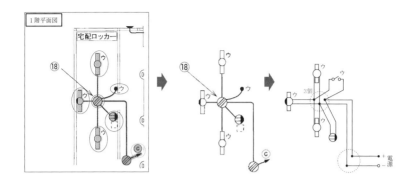

抜き出した単線図から複線図を描くと，⑱のボックス内の接続点は3個であるため，リングスリーブを3個使います。

問題文より，使用する電線はすべてVVF1.6であるため，電線の太さは1.6 mmです。複線図より，1.6 mm 3本を接続する箇所が1箇所（小を使用），1.6 mm 4本を接続する箇所が1箇所（小を使用），1.6 mm 5本を接続している箇所が1箇所（中を使用）あるため，リングスリーブは合計で小2個，中1個になります。

なお，リングスリーブの刻印は3～4本を接続している箇所（2箇所）では小，5本を接続している箇所（1箇所）では中になります。

電線の断面積	電線の太さと組み合わせの例	スリーブ（刻印）
8mm²以下	1.6mmのみ2本	小（○）
	1.6mmのみ3～4本	小（小）
	2.0mmのみ2本	
	1.6mmを1～2本と2.0mmを1本	
8mm²超～14mm²未満	1.6mmのみ5～6本	中（中）
	2.0mmのみ3～4本	
	1.6mmを3～5本と2.0mmを1本	
	1.6mmを1～3本と2.0mmを2本	
14mm²以上	1.6mmのみ7本	大（大）
	2.0mmのみ5本	

答え

⑫で示す部分の天井内のジョイントボックス内において，接続工事をリングスリーブで圧着接続した場合のリングスリーブの種類，個数及び接続後の刻印との組合せで，正しいものは。

ただし，使用する電線はすべて VVF1.6 とする。また，写真に示すリングスリーブ中央の○，小，中は接続後の刻印を表す。

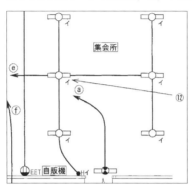

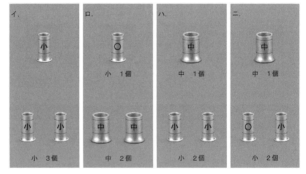

イ．

小

小 3個

ロ．

○

小 1個

中 2個

ハ．

中

中 1個

小 2個

ニ．

中

中 1個

小 2個

⑫の接続点の数に関係する部分を抜き出します。

STEP①指定されたボックスと，そのボックスに接続されている電気機器
STEP②①で抜き出した電気機器に関係する電気機器と，その電気機器がつながっているボックスに接続されているすべての電気機器
STEP③電源

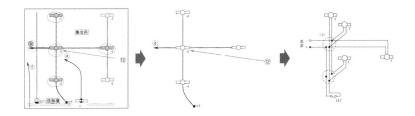

　抜き出した単線図から複線図を描くと, ⑫のボックス内の接続点は3個であるため, リングスリーブを3個使います。

　問題文より, 使用する電線はすべてVVF1.6であるため, 電線の太さは1.6 mmです。複線図より, 1.6 mm 2本を接続している箇所は1箇所あり, リングスリーブの大きさは小, 刻印は○になります。1.6 mm 4本を接続している箇所は1箇所あり, リングスリーブの大きさは小, 刻印は小になります。さらに, 1.6 mm 5本を接続している箇所は1箇所あり, リングスリーブの大きさは中, 刻印は中になります。

　以上より, リングスリーブは小が2個, 中が1個, 刻印は○が1個, 小が1個, 中が1個の組合せが適切となります。

電線の断面積	電線の太さと組み合わせの例	スリーブ（刻印）
8mm²以下	1.6mmのみ2本	小（○）
	1.6mmのみ3~4本	小（小）
	2.0mmのみ2本	
	1.6mmを1~2本と2.0mmを1本	
8mm²超~ 14mm²未満	1.6mmのみ5~6本	中（中）
	2.0mmのみ3~4本	
	1.6mmを3~5本と2.0mmを1本	
	1.6mmを1~3本と2.0mmを2本	
14mm²以上	1.6mmのみ7本	大（大）
	2.0mmのみ5本	

CH
08

複線図

答え

ニ

659

⑪で示す部分の接続工事をリングスリーブで圧着接続した場合の
リングスリーブの種類，個数及び刻印との組合せで，正しいもの
は。

ただし，使用する電線はすべて VVF1.6 とし，写真に示すリン
グスリーブ中央の○，小，中は接続後の刻印を表す。

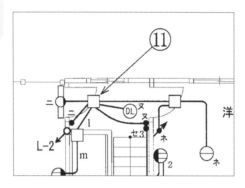

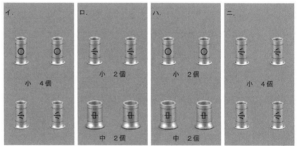

解説
561

⑪の接続点の数に関係する部分を抜き出します。

STEP①指定されたボックスと，そのボックスに接続されている電気機器
STEP②①で抜き出した電気機器に関係する電気機器と，その電気機器がつ
ながっているボックスに接続されているすべての電気機器
STEP③電源

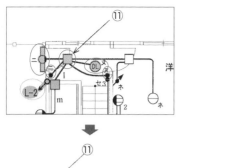

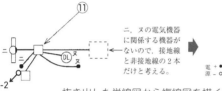

ニ，ヌの電気機器
に関係する機器が
ないので，接地線
と非接地線の2本
だけと考える。

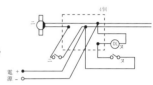

抜き出した単線図から複線図を描くと，⑪のボックス内の接続点は4個であるため，リングスリーブを4個使います。

問題文より，使用する電線はすべてVVF1.6であるため，電線の太さは1.6 mmです。複線図より，1.6 mm 2本を接続している箇所が2箇所あり，リングスリーブの大きさは小，刻印は○になります。1.6 mm 4本を接続している箇所は2箇所あり，リングスリーブの大きさは小，刻印は小になります。

以上より，リングスリーブは小が4個，刻印は○が2個，小が2個の組合せが適切となります。

電線の断面積	電線の太さと組み合わせの例	スリーブ（刻印）
8mm²以下	1.6mmのみ2本	小（○）
	1.6mmのみ3~4本	小（小）
	2.0mmのみ2本	
	1.6mmを1~2本と2.0mmを1本	
8mm²超~ 14mm²未満	1.6mmのみ5~6本	中（中）
	2.0mmのみ3~4本	
	1.6mmを3~5本と2.0mmを1本	
	1.6mmを1~3本と2.0mmを2本	
14mm²以上	1.6mmのみ7本	大（大）
	2.0mmのみ5本	

答え

イ

⑰で示すボックス内の接続をすべて圧着接続とする場合，使用するリングスリーブの種類と最少個数の組合せで，適切なものは。ただし，使用する電線は VVF1.6 とし，ボックスを経由する電線は，すべて接続箇所を設けるものとする。

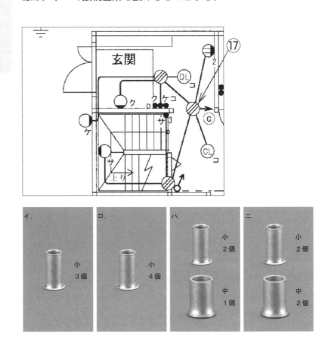

イ.	ロ.	ハ.	ニ.
小 3個	小 4個	小 2個 中 1個	小 2個 中 2個

⑰の接続点の数に関係する部分を抜き出します。

STEP① 指定されたボックスと，そのボックスに接続されている電気機器
STEP② ①で抜き出した電気機器に関係する電気機器と，その電気機器がつ
ながっているボックスに接続されているすべての電気機器
STEP③ 電源

抜き出した単線図から複線図を描くと，⑰のボックス内の接続点
は3個であるため，リングスリーブを3個使います。

問題文より，使用する電線はすべてVVF1.6であるため，電線の
太さは1.6mmです。複線図より，1.6mm2本を接続する箇所
が1箇所（小を使用），1.6mm4本を接続する箇所が1箇所（小
を使用），1.6mm5本を接続する箇所が1箇所（中を使用）あり，
リングスリーブは合計で小2個，中1個になります。

なお，リングスリーブの刻印は2本を接続している箇所（1箇所）
では○，4本を接続している箇所（1箇所）では小，5本を接続し
ている箇所（1箇所）では中になります。

電線の断面積	電線の太さと組み合わせの例	スリーブ（刻印）
8mm²以下	1.6mmのみ2本	小（○）
	1.6mmのみ3～4本	小（小）
	2.0mmのみ2本	
	1.6mmを1～2本と2.0mmを1本	
8mm²超～14mm²未満	1.6mmのみ5～6本	中（中）
	2.0mmのみ3～4本	
	1.6mmを3～5本と2.0mmを1本	
	1.6mmを1～3本と2.0mmを2本	
14mm²以上	1.6mmのみ7本	大（大）
	2.0mmのみ5本	

問題

563

R5年 下期午後 43,
H27年 上期 43

⑬で示すボックス内の接続をすべて圧着接続とする場合，使用するリングスリーブの種類と最少個数の組合せで，適切なものは。ただし，使用する電線は VVF1.6 とし，ボックスを経由する電線は，すべて接続箇所を設けるものとする。

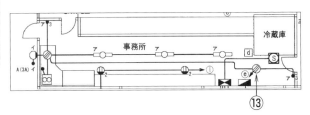

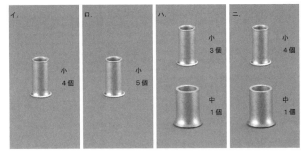

解説

563

⑬の接続点の数に関係する部分を抜き出します。

STEP①指定されたボックスと，そのボックスに接続されている電気機器
STEP②①で抜き出した電気機器に関係する電気機器と，その電気機器がつながっているボックスに接続されているすべての電気機器
STEP③電源

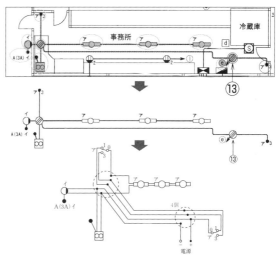

抜き出した単線図から複線図を描くと，⑬のボックス内の接続点は4個であるため，リングスリーブを4個使います。

問題文より，使用する電線はすべてVVF1.6であるため，電線の太さは1.6 mmです。複線図より，1.6 mm 2本を接続する箇所が3箇所（小を使用），1.6 mm 3本を接続する箇所が1箇所（小を使用）あるため，リングスリーブは合計で小4個になります。

なお，リングスリーブの刻印は2本を接続している箇所（3箇所）では○，3本を接続している箇所（1箇所）では小になります。

電線の断面積	電線の太さと組み合わせの例	スリーブ（刻印）
8mm²以下	1.6mmのみ2本	小（○）
	1.6mmのみ3〜4本	小（小）
	2.0mmのみ2本	
	1.6mmを1〜2本と2.0mmを1本	
8mm²超〜14mm²未満	1.6mmのみ5〜6本	中（中）
	2.0mmのみ3〜4本	
	1.6mmを3〜5本と2.0mmを1本	
	1.6mmを1〜3本と2.0mmを2本	
14mm²以上	1.6mmのみ7本	大（大）
	2.0mmのみ5本	

答え

問題
564

R5年 上期午前 41

⑪で示すボックス内の接続をすべて差込形コネクタとする場合，使用する差込形コネクタの種類と最少個数の組合せで，正しいものは。

ただし，使用する電線はすべて VVF1.6 とする。

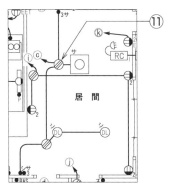

イ.　3個　1個

ロ.　4個　1個

ハ.　4個

ニ.　5個

⑪の接続点の数に関係する部分を抜き出します。

STEP①指定されたボックスと，そのボックスに接続されている電気機器
STEP②①で抜き出した電気機器に関係する電気機器と，その電気機器がつ
　　　ながっているボックスに接続されているすべての電気機器
STEP③電源

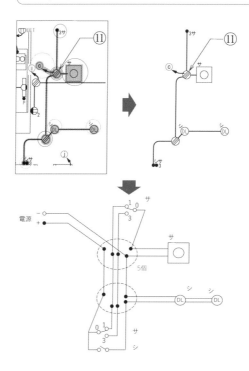

抜き出した単線図から複線図を描くと，⑪のボックス内の接続点は
5個であるため，差込形コネクタを5個使います。複線図より，2
本を接続している箇所が4箇所，3本を接続している箇所が1箇
所あるため，使用する差込形コネクタは2本用が4個，3本用が
1個になります。

答え

667

⑰で示すボックス内の接続をすべて差込形コネクタとする場合,
使用する差込形コネクタの種類と最少個数の組合せで,正しいも
のは。

ただし,使用する電線はすべて VVF1.6 とする。

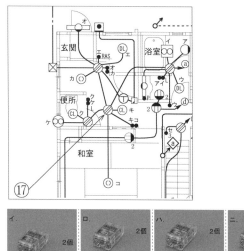

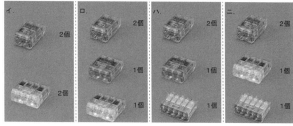

イ.	ロ.	ハ.	ニ.
2個	2個	2個	2個
2個	1個	1個	1個
	1個	1個	1個

⑰の接続点の数に関係する部分を抜き出します。

STEP①指定されたボックスと，そのボックスに接続されている電気機器
STEP②①で抜き出した電気機器に関係する電気機器と，その電気機器がつ
　　　ながっているボックスに接続されているすべての電気機器
STEP③電源

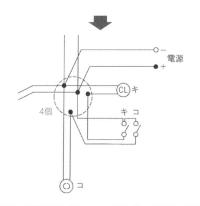

接地線と非接
地線の2本だ
けと考える。

抜き出した単線図から複線図を描くと，⑰のボックス内の接続点
は4個であるため，差込形コネクタを4個使います。複線図より，
2本を接続している箇所が2箇所，4本を接続している箇所が1
箇所，5本を接続している箇所が1箇所あるため，使用する差
込形コネクタは2本用が2個，4本用が1個，5本用が1個に
なります。

答え
二

⑰で示すボックス内の接続をすべて差込形コネクタとする場合，使用する差込形コネクタの種類と最少個数の組合せで，正しいものは。

ただし，使用する電線はすべて VVF1.6 とする。

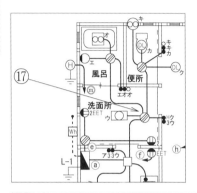

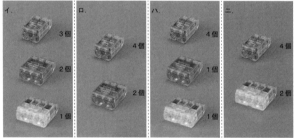

イ.	ロ.	ハ.	ニ.
3個	4個	4個	4個
2個	1個	1個	2個
1個	2個	1個	

⑰の接続点の数に関係する部分を抜き出します。

STEP①指定されたボックスと，そのボックスに接続されている電気機器
STEP②①で抜き出した電気機器に関係する電気機器と，その電気機器がつながっているボックスに接続されているすべての電気機器
STEP③電源

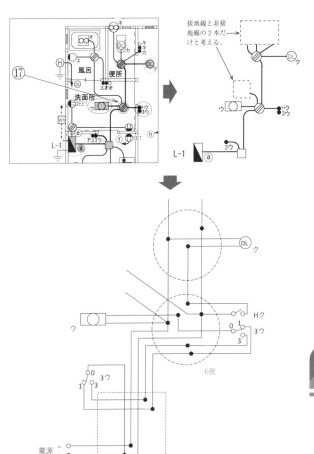

接地線と非接地線の2本だけと考える。

抜き出した単線図から複線図を描くと，⑰のボックス内の接続点は6個であるため，差込形コネクタを6個使います。複線図より，2本を接続している箇所が4箇所，4本を接続している箇所が2箇所あるため，使用する差込形コネクタは2本用が4個，4本用が2個になります。

答え

二

問題 **567**

R4年 下期午後 41

⑪で示すボックス内の接続をすべて差込形コネクタとする場合，使用する差込形コネクタの種類と最少個数の組合せで，正しいものは。

ただし，使用する電線はすべて VVF1.6 とする。

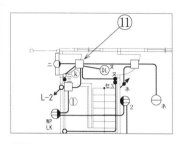

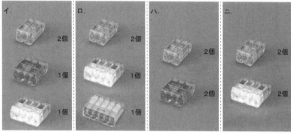

イ.　　　　　ロ.　　　　　ハ.　　　　　ニ.

2個　　　　　2個　　　　　2個　　　　　2個

1個　　　　　1個　　　　　2個　　　　　2個

1個　　　　　1個

⑪の接続点の数に関係する部分を抜き出します。

STEP①指定されたボックスと，そのボックスに接続されている電気機器
STEP②①で抜き出した電気機器に関係する電気機器と，その電気機器がつ
　　　ながっているボックスに接続されているすべての電気機器
STEP③電源

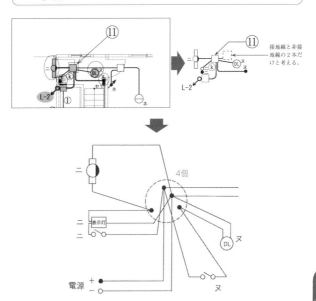

抜き出した単線図から複線図を描くと，⑪のボックス内の接続点
は4個であるため，差込形コネクタを4個使います。複線図より，
2本を接続している箇所が2箇所，4本を接続している箇所が1
箇所，5本を接続している箇所が1箇所あるため，使用する差
込形コネクタは2本用が2個，4本用が1個，5本用が1個に
なります。

答え
ロ

⑫で示すボックス内の接続をすべて差込形コネクタとする場合，使用する差込形コネクタの種類と最少個数の組合せで，正しいものは。

ただし，使用する電線はすべて VVF1.6 とする。

1階平面図

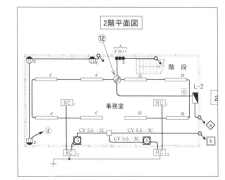

2階平面図

イ. 2個 / 1個

ロ. 2個 / 2個

ハ. 3個 / 1個

ニ. 3個 / 1個

⑫の接続点の数に関係する部分を抜き出します。

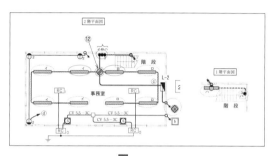

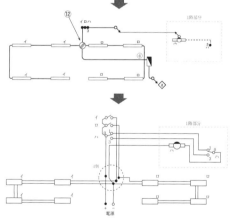

抜き出した単線図から複線図を描くと，⑫のボックス内の接続点
は4個であるため，差込形コネクタを4個使います。複線図より，
2本を接続している箇所が3箇所，4本を接続している箇所が1
箇所あるため，使用する差込形コネクタは2本用が3個，4本
用が1個になります。

答え

⑯で示すボックス内の接続をすべて差込形コネクタとする場合，使用する差込形コネクタの種類と最少個数の組合せで，正しいものは。

ただし，使用する電線はすべて VVF1.6 とする。

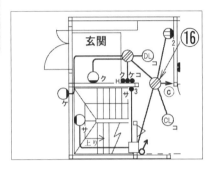

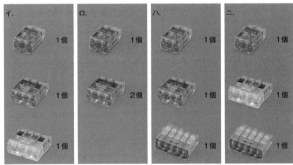

イ.　1個　1個　1個
ロ.　1個　2個
ハ.　1個　1個　1個
ニ.　1個　1個　1個

⑯の接続点の数に関係する部分を抜き出します。

STEP① 指定されたボックスと，そのボックスに接続されている電気機器
STEP② ①で抜き出した電気機器に関係する電気機器と，その電気機器がつ
ながっているボックスに接続されているすべての電気機器
STEP③ 電源

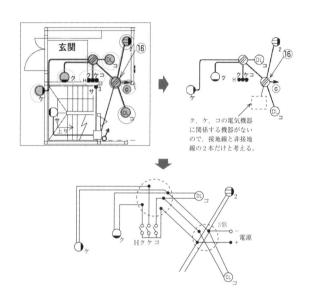

ク，ケ，コの電気機器
に関係する機器がない
ので，接地線と非接地
線の2本だけと考える。

抜き出した単線図から複線図を描くと，⑯のボックス内の接続点は3個であるため，差込形コネクタを3個使います。複線図より，2本を接続している箇所が1箇所，4本を接続している箇所が1箇所，5本を接続している箇所が1箇所あるため，使用する差込形コネクタは2本用が1個，4本用が1個，5本用が1個になります。

答え

⑮で示すボックス内の接続をすべて差込形コネクタとする場合,
使用する差込形コネクタの種類と最少個数の組合せで,正しいも
のは。

ただし,使用する電線はすべて VVF1.6 とする。

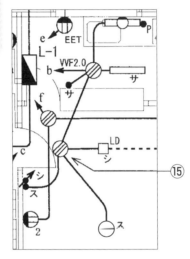

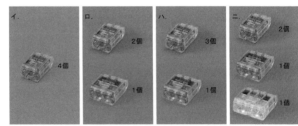

⑮の接続点の数に関係する部分を抜き出します。

STEP① 指定されたボックスと，そのボックスに接続されている電気機器
STEP②①で抜き出した電気機器に関係する電気機器と，その電気機器がつ
ながっているボックスに接続されているすべての電気機器
STEP③ 電源

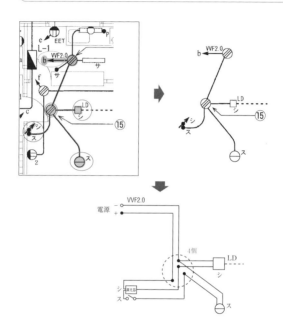

抜き出した単線図から複線図を描くと，⑮のボックス内の接続点
は4個であるため，差込形コネクタを4個使います。複線図より，
2本を接続している箇所が3箇所，3本を接続している箇所が1
箇所あるため，使用する差込形コネクタは2本用が3個，3本
用が1個になります。

答え
ハ

⑱で示すボックス内の接続をすべて差込形コネクタとする場合，使用する差込形コネクタの種類と最少個数の組合せで，正しいものは。

ただし，使用する電線はすべて VVF1.6 とする。

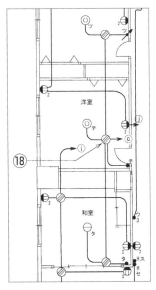

⑱の接続点の数に関係する部分を抜き出します。

STEP① 指定されたボックスと，そのボックスに接続されている電気機器
STEP② ①で抜き出した電気機器に関係する電気機器と，その電気機器がつ
ながっているボックスに接続されているすべての電気機器
STEP③ 電源

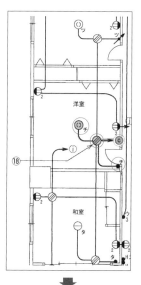

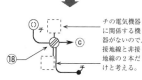

チの電気機器に関係する機器がないので，接地線と非接地線の2本だけと考える。

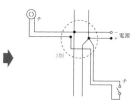

抜き出した単線図から複線図を描くと，⑱のボックス内の接続点は3個であるため，差込形コネクタを3個使います。複線図より，2本を接続している箇所が1箇所，4本を接続している箇所が2箇所あるため，使用する差込形コネクタは2本用が1個，4本用が2個になります。

答え

□

⑰で示すボックス内の接続をすべて差込形コネクタとする場合，使用する差込形コネクタの種類と最少個数の組合せで，正しいものは。

ただし，使用する電線はすべて VVF1.6 とし，地下 1 階に至る配線の電線本数（心線数）は最少とする。

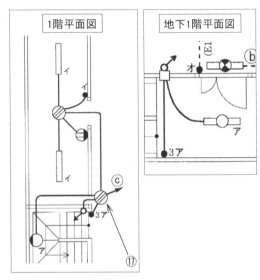

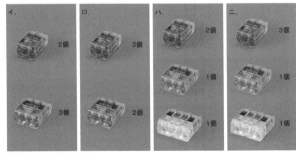

⑰の接続点の数に関係する部分を抜き出します。

STEP①指定されたボックスと，そのボックスに接続されている電気機器
STEP②①で抜き出した電気機器に関係する電気機器と，その電気機器がつ
　　　ながっているボックスに接続されているすべての電気機器
STEP③電源

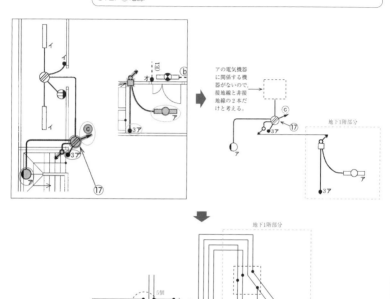

抜き出した単線図から複線図を描くと，⑰のボックス内の接続点
は5個であるため，差込形コネクタを5個使います。複線図より，
2本を接続している箇所が3箇所，3本を接続している箇所が1
箇所，4本を接続している箇所が1箇所あるため，使用する差
込形コネクタは2本用が3個，3本用が1個，4本用が1個に
なります。

答え

⑬で示すボックス内の接続をすべて差込形コネクタとする場合、使用する差込形コネクタの種類と最少個数の組合せで、正しいものは。

ただし、使用する電線は VVF1.6 とする。

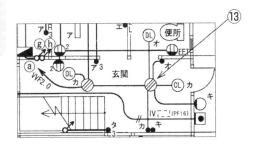

⑬の接続点の数に関係する部分を抜き出します。

STEP①指定されたボックスと，そのボックスに接続されている電気機器
STEP②①で抜き出した電気機器に関係する電気機器と，その電気機器がつ
ながっているボックスに接続されているすべての電気機器
STEP③電源

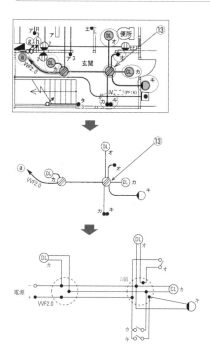

抜き出した単線図から複線図を描くと，⑬のボックス内の接続点
は5個であるため，差込形コネクタを5個使います。複線図より，
2本を接続している箇所が2箇所，3本を接続している箇所が2
箇所，4本を接続している箇所が1箇所あるため，使用する差
込形コネクタは2本用が2個，3本用が2個，4本用が1個に
なります。

答え

⑮で示すボックス内の接続をすべて差込形コネクタとする場合，使用する差込形コネクタの種類と最少個数の組合せで，正しいものは。

ただし，使用する電線は VVF1.6 とする。

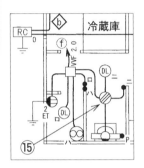

イ．　1個
　　　2個

ロ．　2個
　　　1個

ハ．　3個
　　　1個

ニ．　3個
　　　1個

⑮の接続点の数に関係する部分を抜き出します。

STEP①指定されたボックスと，そのボックスに接続されている電気機器
STEP②①で抜き出した電気機器に関係する電気機器と，その電気機器がつ
　　　ながっているボックスに接続されているすべての電気機器
STEP③電源

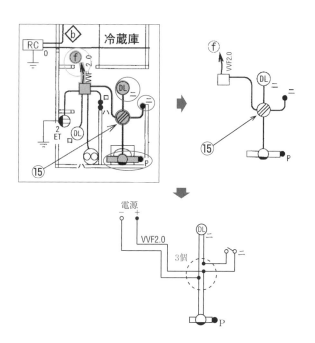

抜き出した単線図から複線図を描くと，⑮のボックス内の接続点
は3個であるため，差込形コネクタを3個使います。複線図より，
2本を接続している箇所が1箇所，3本を接続している箇所が2
箇所あるため，使用する差込形コネクタは**2本用が1個，3本
用が2個**になります。

答え

⑲で示すボックス内の接続をすべて差込形コネクタとする場合，使用する差込形コネクタの種類と最少個数の組合せで，正しいものは。

ただし，使用する電線はすべて VVF1.6 とする。

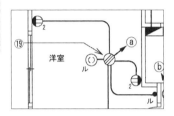

イ.	ロ.	ハ.	ニ.
2個	2個	1個	1個
1個	1個	2個	2個

⑲の接続点の数に関係する部分を抜き出します。

STEP①指定されたボックスと，そのボックスに接続されている電気機器
STEP②①で抜き出した電気機器に関係する電気機器と，その電気機器がつ
　　　ながっているボックスに接続されているすべての電気機器
STEP③電源

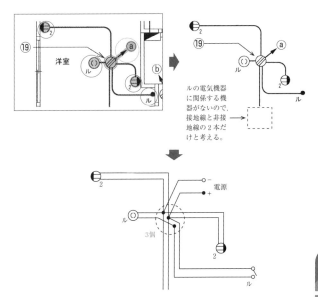

ルの電気機器
に関係する機
器がないので，
接地線と非接
地線の2本だ
けと考える。

抜き出した単線図から複線図を描くと，⑲のボックス内の接続点
は3個であるため，差込形コネクタを3個使います。複線図より，
2本を接続している箇所が1箇所，5本を接続している箇所が2
箇所あるため，使用する差込形コネクタは2本用が1個，5本
用が2個になります。

答え

二

⑰で示すボックス内の接続をすべて差込形コネクタとする場合，使用する差込形コネクタの種類と最少個数の組合せで，正しいものは。

ただし，使用する電線は，すべて VVF1.6 とする。

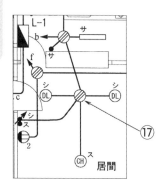

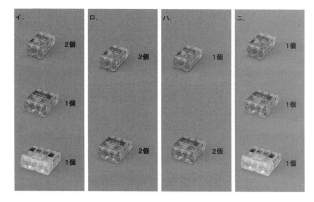

解説 576

⑰の接続点の数に関係する部分を抜き出します。

STEP①指定されたボックスと，そのボックスに接続されている電気機器
STEP②①で抜き出した電気機器に関係する電気機器と，その電気機器がつ
　　　ながっているボックスに接続されているすべての電気機器
STEP③電源

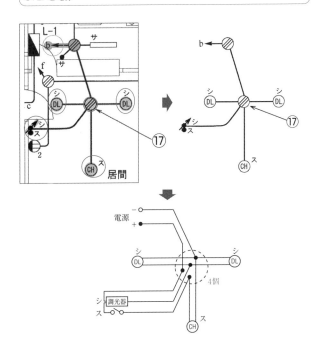

抜き出した単線図から複線図を描くと，⑰のボックス内の接続点
は4個であるため，差込形コネクタを4個使います。複線図より，
2本を接続している箇所が2箇所，3本を接続している箇所が1
箇所，4本を接続している箇所が1箇所あるため，使用する差
込形コネクタは2本用が2個，3本用が1個，4本用が1個に
なります。

CH
08

複線図

答え

691

⑲で示す VVF 用ジョイントボックス内の接続をすべて差込形コネクタとする場合，使用する差込形コネクタの種類と最少個数の組合せで，正しいものは。

ただし，使用する電線はすべて VVF1.6 とする。

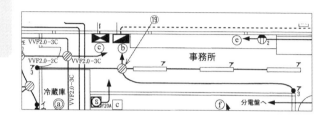

⑲の接続点の数に関係する部分を抜き出します。

STEP①指定されたボックスと，そのボックスに接続されている電気機器
STEP②①で抜き出した電気機器に関係する電気機器と，その電気機器がつ
　　　ながっているボックスに接続されているすべての電気機器
STEP③電源

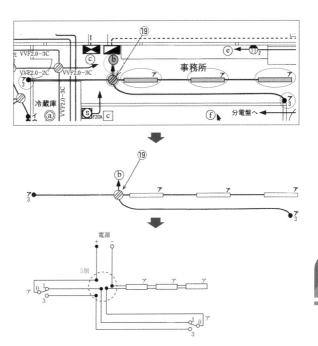

抜き出した単線図から複線図を描くと，⑲のボックス内の接続点
は5個であるため，差込形コネクタを5個使います。複線図より，
2本を接続している箇所が5箇所あるため，使用する差込形コ
ネクタは2本用が5個になります。

答え
□

問題
578

H30 年 上期 47.
H26 年 下期 46

⑰で示すプルボックス内の接続をすべて差込形コネクタとする場合，使用する差込形コネクタの種類と最少個数の組合せで，正しいものは。

ただし，使用する電線はすべて IV1.6 とする。

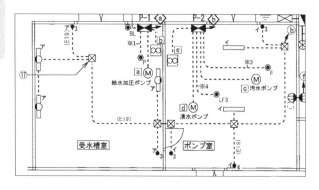

⑰の接続点の数に関係する部分を抜き出します。

STEP①指定されたボックスと，そのボックスに接続されている電気機器
STEP②①で抜き出した電気機器に関係する電気機器と，その電気機器がつながっているボックスに接続されているすべての電気機器
STEP③電源

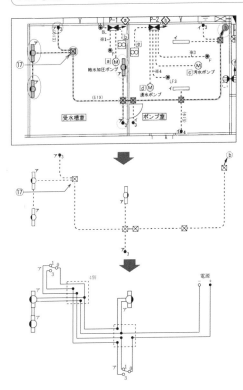

抜き出した単線図から複線図を描くと，⑰のボックス内の接続点は4個であるため，差込形コネクタを4個使います。複線図より，2本を接続している箇所が3箇所，3本を接続している箇所が1箇所あるため，使用する差込形コネクタは2本用が3個，3本用が1個になります。

答え
□

⑭で示す VVF 用ジョイントボックス内の接続をすべて差込形コネクタとする場合，使用する差込形コネクタの種類と最少個数の組合せで，適切なものは。

ただし，使用する電線はすべて VVF1.6 とする。

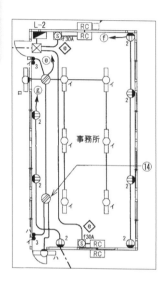

⑭の接続点の数に関係する部分を抜き出します。

STEP①指定されたボックスと，そのボックスに接続されている電気機器
STEP②①で抜き出した電気機器に関係する電気機器と，その電気機器がつ
　　　ながっているボックスに接続されているすべての電気機器
STEP③電源

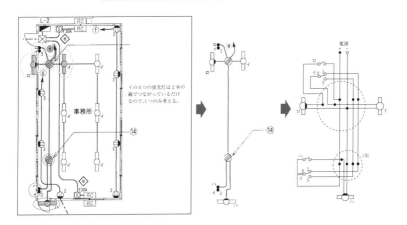

イの6つの蛍光灯は2本の
線でつながっているだけ
なので，1つのみ考える。

抜き出した単線図から複線図を描くと，⑭のボックス内の接続点
は5個であるため，差込形コネクタを5個使います。複線図より，
2本を接続している箇所が5箇所あるため，使用する差込形コ
ネクタは2本用が5個になります。

なお，本問では電源からの非接地電線を上側の3路スイッチに
つないでしまうと，必要な差込形コネクタが6個になるため，
下側の3路スイッチに電源からの非接地電線をつなぐ必要があ
ります。

答え
□

⑰で示す VVF 用ジョイントボックス内の接続をすべて差込形コネクタとする場合，使用する差込形コネクタの種類と最少個数の組合せで，適切なものは。

ただし，使用する電線はすべて VVF1.6 とし，地下 1 階に至る配線の電線本数（心線数）は最少とする。

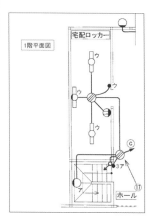

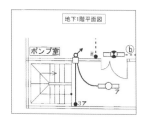

⑰の接続点の数に関係する部分を抜き出します。

STEP①指定されたボックスと，そのボックスに接続されている電気機器
STEP②①で抜き出した電気機器に関係する電気機器と，その電気機器がつながっているボックスに接続されているすべての電気機器
STEP③電源

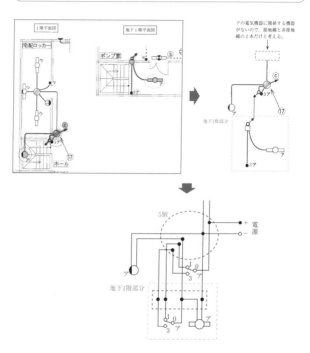

抜き出した単線図から複線図を描くと，⑰のボックス内の接続点は5個であるため，差込形コネクタを5個使います。複線図より，2本を接続している箇所が3箇所，3本を接続している箇所が1箇所，4本を接続している箇所が1箇所あるため，使用する差込形コネクタは2本用が3個，3本用が1個，4本用が1個になります。

答え
ハ

⑬で示す VVF 用ジョイントボックス内の接続をすべて差込形コネクタとする場合，使用する差込形コネクタの種類と最少個数の組合せで，適切なものは。

H28 年 上期 43

ただし，使用する電線はすべて VVF1.6 とする。

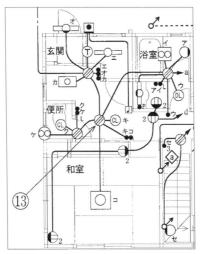

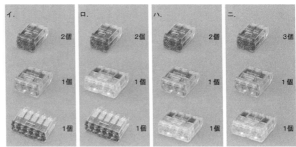

700

⑬の接続点の数に関係する部分を抜き出します。

STEP①指定されたボックスと，そのボックスに接続されている電気機器
STEP②①で抜き出した電気機器に関係する電気機器と，その電気機器がつ
　　　ながっているボックスに接続されているすべての電気機器
STEP③電源

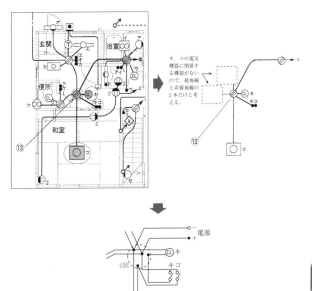

抜き出した単線図から複線図を描くと，⑬のボックス内の接続点は4個であるため，差込形コネクタを4個使います。複線図より，2本を接続している箇所が2箇所，4本を接続している箇所が1箇所，5本を接続している箇所が1箇所あるため，使用する差込形コネクタは2本用が2個，4本用が1個，5本用が1個になります。

答え
□

⑯で示すボックス内の接続をすべて差込形コネクタとする場合，使用する差込形コネクタの種類と最少個数の組合せで，適切なものは。

ただし，使用する電線は VVF1.6 とし，ボックスを経由する電線は，すべて接続箇所を設けるものとする。

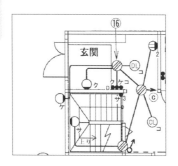

⑯の接続点の数に関係する部分を抜き出します。

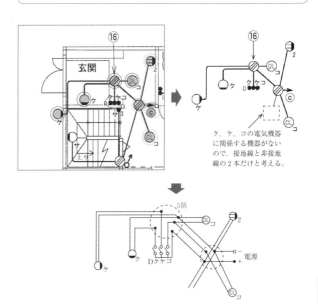

ク，ケ，コの電気機器
に関係する機器がない
ので，接地線と非接地
線の2本だけと考える。

抜き出した単線図から複線図を描くと，⑯のボックス内の接続点
は5個であるため，差込形コネクタを5個使います。複線図より，
2本を接続している箇所が3箇所，3本を接続している箇所が1
箇所，4本を接続している箇所が1箇所あるため，使用する差
込形コネクタは2本用が3個，3本用が1個，4本用が1個に
なります。

CH
08

複線図

答え

⑰で示すボックス内の接続をすべて差込形コネクタとする場合，使用する差込形コネクタの種類と最少個数の組合せで，正しいものは。
ただし，使用する電線はすべて VVF1.6 とする。

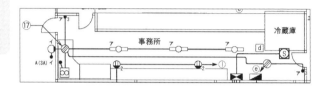

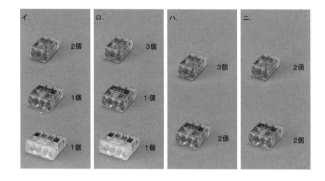

⑰の接続点の数に関係する部分を抜き出します。

STEP①指定されたボックスと，そのボックスに接続されている電気機器
STEP②①で抜き出した電気機器に関係する電気機器と，その電気機器がつ
ながっているボックスに接続されているすべての電気機器
STEP③電源

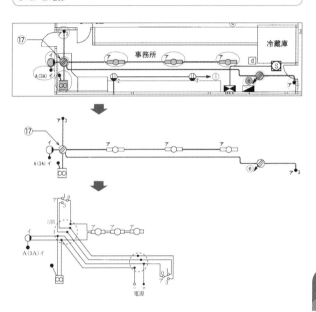

抜き出した単線図から複線図を描くと，⑰のボックス内の接続点は5個であるため，差込形コネクタを5個使います。複線図より，2本を接続している箇所が3箇所，3本を接続している箇所が1箇所，4本を接続している箇所が1箇所あるため，使用する差込形コネクタは2本用が3個，3本用が1個，4本用が1個になります。

答え

□

⑬で示す VVF 用ジョイントボックス内の接続をすべて差込形コネクタとする場合，使用する差込形コネクタの種類と最少個数の組合せで，適切なものは。

ただし，使用する電線は VVF1.6 とする。

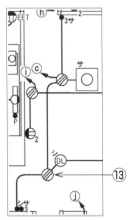

イ. 3個 / 1個

ロ. 2個 / 2個

ハ. 4個

ニ. 5個

⑬の接続点の数に関係する部分を抜き出します。

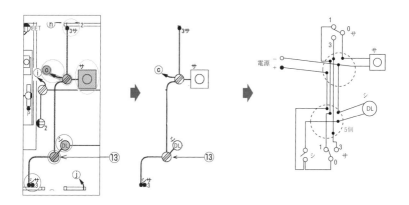

抜き出した単線図から複線図を描くと，⑬のボックス内の接続点は5個であるため，差込形コネクタを5個使います。複線図より，2本を接続している箇所が5箇所あるため，使用する差込形コネクタは2本用が5個になります。

なお，本問では電源からの非接地電線を上側の3路スイッチにつないでしまうと，必要な差込形コネクタが6個になるため，下側の3路スイッチに電源からの非接地電線をつなぐ必要があります。

まとめノート

| 一般配線の図記号

天井隠ぺい配線	————————	床隠ぺい配線	- - - - - - -
露出配線	-------------	地中配線	— · — · — · —
立上り	♂	素通し	♂
引下げ	♂	VVF 用 ジョイントボックス	⊘
ジョイントボックス (アウトレットボックス、 コンクリートボックスなど)	□	プルボックス	⊠
ライティングダクト	□·········· LD	ケーブルラック	CR または ‖‖‖‖
接地端子	⊜	接地極	⏚
受電点	⚡		

| さまざまな機器や器具の図記号

電動機	Ⓜ	コンデンサ	⊤
ルームエアコン屋内 ユニット	RC_I	ルームエアコン屋外 ユニット	RC_O
換気扇	壁付 ∞ ∞ 天井付	電熱器	Ⓗ
小型変圧器	Ⓣ	リモコン変圧器	Ⓣ_R
ベル変圧器	Ⓣ_B	ネオン変圧器	Ⓣ_N
蛍光灯用安定器	Ⓣ_F	HID 灯用安定器	Ⓣ_H
開閉器 (カバー付ナイフスイッチ、 電磁開閉器など)	S	電流計付開閉器	Ⓢ
配線用遮断器	B	配線用遮断器 (モータブレーカ)	B_M または Ⓑ
漏電遮断器	一般 過負荷保護付 E BE	漏電警報器	⊘_G
漏電火災警報器	⊘_F	電磁開閉器用押しボタン	一般 確認表示灯付 ●_B ●_{BL}

圧力スイッチ	P	フロートスイッチ	F
フロートレススイッチ電極	LF	タイムスイッチ	TS
電力量計	箱入り又はフード付き (Wh) Wh	押しボタン	一般 壁付
握り押しボタン		ベル	
ブザー		チャイム	

| 照明器具の図記号

引掛シーリング	角 丸 ( ) (○)	白熱灯	一般 壁付 ○
ペンダント	⊖	シーリングライト	(CL)
ダウンライト(埋込器具)	(DL)	シャンデリヤ	(CH)
蛍光灯	ボックス付 ボックスなし 一般 壁付	屋外灯 (庭園灯など)	
誘導灯	白熱灯 蛍光灯	非常用照明	白熱灯 蛍光灯
水銀灯	○ H	ナトリウム灯	○ N
メタルハライド灯	○ M		

| コンセントの図記号

コンセント (天井付)		コンセント (壁付)	
2口コンセント	2	3極コンセント	3P
接地極付コンセント	E	接地端子付コンセント	ET
接地極付接地端子付コンセント	EET	抜け止め形コンセント	LK
引掛形コンセント	T	防雨形コンセント	WP
漏電遮断器付コンセント	EL	医用コンセント	H
フロアコンセント(床面コンセント)		二重床用コンセント	

コンセントの刃受けの形状

	15A用	20A用	15A・20A兼用
単相100V	／ 接地極付き	／ 接地極付き	／ 接地極付き
単相200V	／ 接地極付き		／ 接地極付き
三相200V		接地極付き ／ 引掛形	引掛形 接地極付き

※傍記表示がないコンセントは単相100V15A用のコンセントを表す。

スイッチ（点滅器）の図記号

単極スイッチ	●	2極スイッチ	●2P
3路スイッチ	●3	4路スイッチ	●4
確認表示灯内蔵スイッチ	●L	位置表示灯内蔵スイッチ	3路 ●H ●3H
自動点滅器	●A	プルスイッチ	●P
防雨形スイッチ	●WP	タイマ付スイッチ	●T
防爆形スイッチ	●EX	熱線式自動スイッチ	●RAS
遅延スイッチ	●D	熱線式自動スイッチ（センサ分離形）	●RA
遅延スイッチ（照明・換気扇用）	●DF	熱線式自動スイッチ用センサ	▽S
パイロットランプ（確認表示灯）	○	ワイドハンドル形スイッチ	◆
調光器	一般 ワイド形	リモコンスイッチ	●R
リモコンセレクタスイッチ	⊗	リモコンリレー	1個 複数個 ▲ ▲▲▲

CH2 （一部 CH1 含む）

電気機器と器具

| 機器等の写真

⊘ VVF用 ジョイントボックス

内部でVVFケーブル同士を接続するための箱。隠ぺい場所で利用される。

☐ アウトレットボックス （ジョイントボックス）

内部で電線を接続するための箱。電線管やケーブルを差し込む打ち抜き穴がある。

⊠ プルボックス

多数の金属管が集合する場所等で，電線の引き入れを行いやすくするために用いる。接続する箇所に穴をあけて使う。

☐ コンクリートボックス

┄┄┄┄ ライティングダクト

照明器具を取り付けるためのダクト。ダクトに電気が通っており，照明器具を自由な位置に動かすことができる。一般的に天井に取り付けられる。

Ⓦ 電力量計

Wh

箱入り，またはフード付き

消費された電力の量である電力量[Wh]を表示する計器。各家庭の受電点に設置された電力量計を見ることで，消費電力量がわかる。

◢ 分電盤

B 配線用遮断器 （2極1素子）

2極2素子 配線用遮断器 （2極2素子）

ブレーカとも呼ばれ，過電流（大きすぎる電流）が流れた際に回路を遮断する。配電方式や回路の電圧により極と素子の数が異なる。

E 一般

BE 過負荷 保護付

漏電遮断器

内蔵した零相変流器により地絡（漏電）を検知し，電路を遮断する。過負荷保護付の漏電遮断器は地絡電流だけでなく過電流も遮断する。

TS タイムスイッチ

() ○ 引掛シーリング

角 丸

○ ◑ 白熱灯

一般 壁付

⊖ ペンダント

ⒸⓁ シーリングライト

⌷DL ダウンライト（埋込器具）

⌷CH シャンデリヤ

蛍光灯（ボックス付）
一般　壁付

誘導灯
白熱灯　蛍光灯

⌷ フロアコンセント

⌷E 接地極付コンセント

⌷ET 接地端子付コンセント

⌷EET 接地極付接地端子付コンセント

⌷LK 抜け止め形コンセント

接地端子

接地極と接地端子の両方がある
コンセント。

⌷T 引掛形コンセント

⌷WP 防雨形コンセント

⊕ 接地端子

ED D種接地極

● 単極スイッチ（一般）

●2P 2極スイッチ

●₃ 3路スイッチ

●₄ 4路スイッチ

●ᴸ 確認表示灯内蔵スイッチ

●ₕ ●₃ₕ 位置表示灯内蔵スイッチ
3路

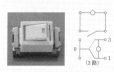

(3路)

●ᴅ ●ᴅꜰ 遅延スイッチ
照明・換気扇用

スイッチを押した後，一定時間経過してから動作する機能を持ったスイッチ。

○ パイロットランプ

スイッチと組み合わせる

◆ ワイドハンドル形スイッチ

調光器
一般　ワイド型

●ᴀ 自動点滅器

周囲の光に反応するセンサを内蔵し，明るさに応じて屋外灯などを点灯・消灯させるのに用いる。

●ᴾ プルスイッチ

●ᴿ リモコンスイッチ

▲ ▲▲▲ リモコンリレー
1個　複数個

単極　2極

接点が1つ（100 V用）　接点が2つ（200 V用）

リモコンスイッチから信号を受け取り機器のON，OFFを行う継電器（リレー）。

⊗ リモコンセレクタスイッチ

Ⓣᴿ リモコントランス（リモコン変圧器）

リモコン配線の操作電源変圧器として用いる。

Ⓜ 電動機

⊥ コンデンサ

電動機の力率改善などのために取り付けられる。試験では「低圧進相コンデンサ」として出題されることが多く、「μF」の表示に注意。

S カバー付ナイフスイッチ

Ⓢ 電流計付箱開閉器

電動機の手元開閉器として用いる。ナイフスイッチとヒューズを内蔵する。過電流を遮断できるが地絡電流や不平衡電流は遮断できない。

B_M B 配線用遮断器
（モータブレーカ）

BE 漏電遮断器（過負荷保護付）
テストボタン

（欠相保護付）

過負荷保護付の漏電遮断器は、地絡電流（漏電）でも過電流でも電路を遮断する。配線用遮断器と見た目が似ているので、テストボタンの有無や漏電ブレーカの表記で判別する。

Ⓐ_G Ⓐ_F 漏電警報器

漏電　　漏電火災
警報器　　警報器

地絡電流を検出し、警報を発するのに用いられる。

S 電磁開閉器

d 電磁接触器

⊐ 熱動継電器

⦿_B ⦿_BL 電磁開閉器用押し
ボタン
一般　確認表示灯付

⦿_F フロートスイッチ

⦿_LF フロートレススイッチ
電極

RC_I ルームエアコン屋内
ユニット

RC_O ルームエアコン屋外
ユニット

T 小型変圧器
（チャイム用変圧器）

換気扇

壁付　天井付

丸が目印 → ⊗

四角が目印 ⊗

ペンチ

電線をつまんで曲げたり、切ったりする工具。

ケーブルカッタ

ボルトクリッパ

硬度のある銅線、より線などの切断を行うための工具。

油圧式ケーブルカッタ

油圧の力を使うことで、太くて硬い電線などを簡単に切断することができる工具。

電工ナイフ

電線の絶縁被覆やケーブルのシースをはぎとる電気工事専用のナイフ。

ワイヤストリッパ

心線を傷つけずに電線の絶縁被覆をはぎとるための工具。

フラットケーブル用ストリッパ

心線を傷つけずにVVFケーブルなどの平たいケーブルのシースや絶縁被覆をはぎとるための工具。シース用の平たいくぼみがある。

差込形コネクタ

被覆をむいた電線を差し込んで接続を行う器具。2本用、3本用、4本用などがある。

リングスリーブ

E形　　P形

電線を接続する部品。リングスリーブに被覆をはいだ心線を差し込んで、リングスリーブを圧着工具で潰し、電線をリングスリーブで挟んでくっつける（圧着する）。

リングスリーブ用圧着工具

リングスリーブ（E形）をつぶす工具。黄色の握る部分が目印。

裸圧着端子用圧着工具

銅線用裸圧着端子

圧着端子やリングスリーブ（P形）を電線に取り付ける際に使用する。握る部分は黄色以外の色。

手動油圧式圧着器

太い電線をリングスリーブ（P形）で圧着接続する際や、圧着端子を太い電線に取り付ける際に使用する。油圧の力を使って圧着する。

手動油圧式圧縮器

太い電線を油圧の力を使って圧縮接続する際に使用する。手動油圧式圧着器との見た目の違いに注意。

ケーブルラック

`CR`または`|||||||`

ケーブル工事において，分電盤などからたくさん出ているケーブルを整理して配線するために使う棚。

ゴムブッシング

金属製のボックスに電線を引き入れたりする際に，電線が傷つかないようにする器具。

ステープル

木造の建物や柱などにVVFケーブルなどの平たいケーブルを固定するための器具。

げんのう（金づち）

ステープルを打ち込むためなどに使う工具。

木工用ドリル

木材に穴をあけるときに使う工具。電動ドリルの先端に取り付けて使う。

羽根ぎり

木材に手動で穴をあけるときに使う工具。クリックボールの先端に取り付けて使う。

クリックボール

羽根ぎりやリーマを取り付けて穴あけや面取りを行う工具。

合成樹脂管用カッタ

合成樹脂管を切断する工具。ハサミのような仕組みで管を押し切る。

合成樹脂管用面取り器

硬質塩化ビニル電線管（VE）のバリを取るのに使う。

ガストーチランプ

硬質塩化ビニル電線管（VE）を熱して曲げるための工具。一般的なガスバーナー。

PF管用ボックスコネクタ

PF管とボックスを接続する際に使用する。

FEP管用ボックスコネクタ

FEP管とボックスを接続する際に使用する。

2号ボックスコネクタ

硬質塩化ビニル電線管（VE）とボックスを接続する際に使用する。

PF管用カップリング

PF管どうしを接続する際に使用する。

TSカップリング

硬質塩化ビニル電線管（VE）どうしを接続する際に使用する。

718

コンビネーションカップリング

異なる種類の電線管どうしを接続するときに使う部品。写真の部品はPF管とVE管の接続に使用する。

パイプバイス

電線管などのパイプを切断する際に，パイプが動かないように固定する工具。

金切りのこ（弓ノコ）

電線管などを切断する工具（のこぎり）。

パイプカッタ

金属管を切断する工具。

高速切断機

金属管などを切断する電動工具。

リーマ

傘のような形のリーマは金属管の内側のバリを取ることができる。クリックボールの先端に取り付けて使用する。

やすり

金属管などの切断面や外側のバリを取るのに使う。

パイプベンダ

金属管を曲げる工具。

リード形ねじ切り器とダイス

金属管の表面にねじを切る工具。

ウォータポンププライヤ

管をつかむ大きなペンチ。

パイプレンチ

金属管をつかんで回すためのレンチ。

ノックアウトパンチャ

金属性キャビネットや鋼板などに油圧の力を使って穴をあける工具。

ホルソ

電動ドリル等に取り付けて鉄板などの穴あけに使用する。

タップとタップハンドル

穴の内側にねじを切る工具。

ねじなし管用ボックスコネクタ

ねじなし電線管をボックスに接続するときに使う部品。

719

ロックナット

ボックスコネクタや電線管をボックスに固定する部品。薄鋼電線管とねじなし電線管のどちらでも使う。

絶縁ブッシング

電線管の端に取り付ける部品。電線が接触しても傷つかないように丸みを帯びている。薄鋼電線管とねじなし電線管のどちらでも使う。

リングレジューサ

金属管を通す穴が金属管より大きいときに、金属管がぐらぐらしないように穴の大きさをちょうどよくするための板。薄鋼電線管とねじなし電線管のどちらでも使う。

カップリング

薄鋼電線管どうしを接続するときに使う部品。

ユニオンカップリング

薄鋼電線管どうしを接続するときに使う部品。

ねじなし管用カップリング

ねじなし電線管どうしを接続するときに使う部品。止めねじで管を押さえつけて固定する。

コンビネーションカップリング（ねじなし電線管と2種金属製可とう電線管用）

異なる種類の電線管どうしを接続するときに使う部品。

ノーマルベンド

電線管を直角につなぎたいときに使用する部品。薄鋼電線管用のものにはねじが切ってあり、ねじなし電線管用のものには止めねじがついている。

ユニバーサル

電線管を直角につなぎたいときに使用する部品。

ねじなしブッシング

ねじなし電線管の端に取り付ける部品。ねじなし電線管に取り付けるための止めねじがついている。

エントランスキャップ

屋外で使用する部品。電線管の端に取り付け、電線を引き入れたり、引き出したりする。電線の出入り口が雨水の侵入を防ぐことができる角度になっている。

ターミナルキャップ

屋外で使用する部品。電線管の端に取り付け、電線を引き入れたり、引き出したりする。水平配管の場合のみ使用する。

接地金具（ラジアスクランプ）

ボンド線を金属管に接続するための部品。

ストレートボックスコネクタ

2種金属製可とう電線管をボックスに接続するときに使う部品。

プリカナイフ

2種金属製可とう電線管（プリカチューブ）を切断する工具。よく曲がる電線管に力を加えて切ると変形してしまうため、特殊なナイフを使う。

サドル

電線管を造営材に固定するときに使う部品。

カールプラグ

コンクリートなどの硬い素材に木ねじを止めるときに使う補助的な部品。

電線管支持金具

鉄骨などに電線管を取り付けるときに使う部品。

コードサポート

ネオン電線を支持するために使用するがいし。支持点間の距離は1m以下にする。

チューブサポート

ネオン管を支持するために使用するがいし。

ネオン変圧器

ネオン放電灯用の高電圧をつくる変圧器。ネオン変圧器の外箱にはD種接地工事を施す。

埋込形スイッチボックス（合成樹脂製）

壁の内部に埋め込んで埋込連用器具を取り付けるボックス。

露出形スイッチボックス

金属管用　合成樹脂管用

ねじなし電線管用　硬質塩化ビニル電線管用

止めねじ

露出場所で埋込連用器具を取り付けるボックス。

塗りしろカバー

金属製埋込形ボックスに取り付けるカバー。埋込形ボックスに塗りしろカバーを取り付けた上から埋込連用取付枠を取り付ける。

埋込連用取付枠

コンセントやスイッチ、パイロットランプなどの埋込連用器具を取り付ける枠。

プレート

埋込連用取付枠にかぶせて、埋込連用器具の取り付け部分を隠す部品。埋込連用器具の数によって数種類のプレートを使い分ける。

張線器

架空電線のたるみを調整するために使用する工具。

呼び線挿入器

電線管に電線を通すために使用する。

引留がいし

引込用ビニル絶縁電線（DV線）を引き留めるときに使用するがいし。

蛍光灯用安定器

蛍光灯の電流や電圧を調整する機器。

レーザ墨出し器

スイッチやコンセントなどを取り付けるための基準線を投影する器具。

埋込形フィードインキャップ

ライティングダクトに電源を引き込むために使用する器具

絶縁抵抗計（メガー）

絶縁抵抗を測定する際に使用する。EとLの端子がある。絶縁抵抗計で電圧をかけて絶縁抵抗を調べる。MΩの表記がある。

接地抵抗計（アーステスタ）

E，P，Cの3つの接地極を使って接地抵抗を測定する。

回路計（テスタ）

ダイヤルを回して測定したいもの（電流，電圧，抵抗など）を選択することで，様々な値を測ることができる。

クランプ形電流計

電流が流れるとその周りに磁界ができることを利用して，電線に流れる電流を測定することができる。漏れ電流や負荷電流の測定などに用いる。

検相器

三相交流の相順（相回転）を調べることができる。

検電器

電路の充電・帯電の有無について音や光によって確認することができる。電路に電圧があるかどうかがわかる。接地されている相には反応しないので，電路の充電の有無を確認するためは，すべての相を調べる必要がある。

変流器

交流電流計の測定範囲を拡大することができる。

照度計

明るさを表す量の一つである照度を測定することができる。

周波数計

交流の周波数を測定することができる。

| 絶縁電線の種類

名称	使われているところ
600Vビニル絶縁電線 (IV)	屋内配線に使われる。
引込用ビニル絶縁電線 (DV)	電柱から住宅に引き込む引込線用として使われる。
屋外用ビニル絶縁電線 (OW)	屋外の架空配線に使われる。硬くて丈夫。
600V二種ビニル絶縁電線 (HIV)	IVよりも耐熱性を高めたもの。屋内配線に使われる。
600V耐燃性ポリエチレン絶縁電線 (EM-IE)	エコな電線。屋内配線に使われる。
600Vゴム絶縁電線 (RB)	屋内配線に使われる。

| ケーブルの種類

名称	使われているところ
600Vビニル絶縁ビニルシースケーブル平形 (VVF)	屋内や屋外，地中など，ほとんどすべての場所で使われる。
600Vビニル絶縁ビニルシースケーブル丸形 (VVR)	
ビニルキャブタイヤケーブル (VCT)	移動電線用として，屋内や屋外で使われる。
キャブタイヤケーブル (CT)	
600Vポリエチレン絶縁耐燃性ポリエチレンシースケーブル平形 (EM-EEF)	エコなケーブル。屋内や屋外，地中で使われる。
600V架橋ポリエチレン絶縁ビニルシースケーブル (CV)	耐熱性に優れており，屋内や屋外，地中などで使われる。
無機絶縁ケーブル (MI)	耐熱性がとても高く，コンクリート内などの高温になる場所で使われる。

| 絶縁物の最高許容温度

絶縁物	最高許容温度	対応する電線やケーブルの例
ビニル	60℃	600Vビニル絶縁電線 (IV)，600Vビニル絶縁ビニルシースケーブル (VVF，VVR)
二種ビニル	75℃	600V二種ビニル絶縁電線 (HIV)
ポリエチレン		600Vポリエチレン絶縁耐燃性ポリエチレンシースケーブル平形 (EM-EEF)
架橋ポリエチレン	90℃	600V架橋ポリエチレン絶縁ビニルシースケーブル (CV)

※ビニルコードを移動電線として使用する場合は，電熱を利用しない電気扇風機などに限り使用できる。

723

┃ 電線管の種類

名称	表記	写真
薄鋼電線管，厚鋼電線管	なし	
ねじなし電線管	E	
2種金属製可とう電線管	F2	
硬質塩化ビニル電線管	VE	
合成樹脂製可とう電線管	PF，CD	 PF管　　　CD管
耐衝撃性硬質塩化ビニル電線管	HIVE	
耐衝撃性硬質塩化ビニル管	HIVP	
波付硬質合成樹脂管	FEP	

┃ 光源の比較

光源	特徴
白熱電球	・寿命が短い ・発光効率が悪い ・力率が良い
蛍光灯	白熱電球と比較して… ・寿命が長い ・発光効率が高い ・力率が悪い ・放電を安定させるために安定器が必要 ・安定器などが原因で電磁雑音が発生する
LED	白熱電球と比較して… ・寿命がとても長い ・発光効率が高い ・力率が悪い　　・高価

※ナトリウムランプは，霧の濃い場所やトンネル等の照明に適している。

誘導電動機に関する公式と知識

同期速度の公式…同期速度 $N_s = \dfrac{120 \times f}{p} [\text{min}^{-1}]$ f: 周波数 p: 極数

※同期速度は，周波数 f に比例する。そのため，電源の周波数が増加すると同期速度（回転速度）も増加し，周波数が減少すると同期速度（回転速度）も減少する。
※三相誘導電動機は，三相電源の 3 本の結線のうち，いずれか 2 線を入れ替えると，逆回転させることができる。
※三相かご形誘導電動機はスターデルタ始動ができる。
※スターデルタ始動は，全電圧始動（じか入れ始動）と比較して始動電流を小さく抑えることができる。

| 電圧の種別

種別	範囲
低圧	直流 750V 以下 (交流 600V 以下)
高圧	直流 750V 超 (交流 600V 超) 〜 7000V 以下
特別高圧	7000V 超

| 一般用電気工作物の該当条件

① 低圧 (600V 以下の電圧) で受電し，受電場所と同一の構内で使用するもの
② 同一構内に小規模発電設備を備えるもの
※一般用電気工作物の定義は電気事業法で定められている。

| 小規模発電設備

発電設備の種類	出力の要件
太陽電池発電設備	50kW 未満
風力発電設備	20kW 未満
水力発電設備 (ダムを除く)	
内燃力発電設備	10kW 未満
燃料電池発電設備	
スターリングエンジン発電設備	

+ ・発電電圧 600 V 以下
・設備の出力の合計が
　50 kW 未満

※小規模発電設備の内，出力 10 kW 〜 50 kW 未満の太陽電池発電設備と風力発電設備については
　小規模事業用電気工作物となり，その他は一般用電気工作物となる。

| 電気工事法の主な目的

「電気工事の欠陥による災害発生の防止に寄与する」ことである。

| 電気工事士の義務

① 電気設備に関する技術基準を定める省令に適合するように作業をする。
② 電気工事の作業に従事するときは，電気工事士免状等を携帯していなければならない。
③ 電気用品安全法に定める適正な表示がある電気用品を使用する。

| 電気工事士の免状について

　電気工事士が氏名を変更したときには、その免状を交付した都道府県知事に申請して免
状の書き換えをしてもらわなければならない。
※住所のみを変更した場合は，免状の書き換えの申請をする必要はない。

電気工事士でなければできない作業

① 電線どうしを接続する作業

② がいしに電線を取り付ける，または取り外す作業

③ 電線を直接造営材などに取り付ける，または取り外す作業

④ 電線管，線ぴ，ダクトなどに電線を収める作業

⑤ 配線器具を造営材などに取り付ける，または取り外す作業
　または配線器具に電線を接続する作業

⑥ 電線管を曲げる，またはねじ切りする作業
　または電線管どうしや電線管とボックスなどとを接続する作業

⑦ 金属製のボックスを造営材などに取り付ける，または取り外す作業

⑧ 電線，電線管，線ぴ，ダクトなどが造営材を貫通する部分に金属製の防護装置を取り付ける，または取り外す作業

⑨ 金属製の電線管，線ぴ，ダクトなどを，建造物のメタルラス張り，ワイヤラス張りまたは金属板張りの部分に取り付ける，または取り外す作業

⑩ 配電盤を造営材に取り付ける，または取り外す作業

⑪ 接地線を自家用電気工作物（最大電力 500 kW 未満かつ電圧 600 V 以下で使用するものを除く）に取り付ける，
　または取り外し，接地線どうしや接地線と接地極とを接続する作業
　または接地極を地面に埋設する作業

⑫ 電圧 600 V を超えて使用する電気機器に電線を接続する作業

第二種電気工事士免状の交付を受けている者であっても従事できない電気工事（作業）

第二種電気工事士ではできない電気工事（作業）
・自家用電気工作物（最大電力 500 kW 未満）の工事
・自家用電気工作物（最大電力 500 kW 未満）の低圧部分の工事（簡易電気工事）
・自家用電気工作物（最大電力 500 kW 未満）の非常用予備発電装置の工事（特殊電気工事）
・自家用電気工作物（最大電力 500 kW 未満）のネオン工事（特殊電気工事）
・自家用電気工作物（最大電力 500 kW 未満）の低圧部分の電線相互を接続する作業（簡易電気工事の作業）

※「自家用電気工作物（最大電力 500 kW 未満の需要設備）の地中電線用の管を設置する作業」などの資格がないものでもできる工事や作業（軽微な電気工事）は、免状の有無に関わらず従事することができる。

電気用品の分類

	特定電気用品	特定電気用品以外の電気用品
マーク	 または ＜PS＞E	 または （PS）E
適用	危険性の高いもの	危険性の低いもの
例	【電線類】 ・絶縁電線（公称断面積 100 mm² 以下） ・ケーブル（公称断面積 22 mm² 以下，線心 7 本以下） ・コード ・キャブタイヤケーブル（公称断面積 100 mm² 以下，線心 7 本以下） 【配線器具など】 ・配線用遮断器，漏電遮断器等（100 A 以下） ・タンブラースイッチ，タイムスイッチ（30 A 以下） ・ヒューズ（1 A 以上 200 A 以下） ・差込み接続器 ・小型単相変圧器（500 V・A 以下） ・放電灯用安定器（500 W 以下） ・携帯発電機	・電線管 ・換気扇 ・テレビ ・蛍光ランプ（40 W 以下） ・インターホン ・モバイルバッテリー ・ケーブル配線用スイッチボックス ・カバー付ナイフスイッチ（100 A 以下） ・ライティングダクト ・電磁開閉器

※電気工事士は，適法な表示が付されているものでなければ，電気用品を電気工作物の設置等の工事に使用してはならない（経済産業大臣の承認を受けた特定の用途に使用される電気用品を除く）。

電気用品に表示する必要がある事項

① 記号（PSE マーク）

② 定格電圧，定格電流など

③ 届出事業者名

④ 登録検査機関名
　（特定電気用品の場合）

登録検査機関名
定格電圧などの情報
事業者名

特定電気用品

定格電圧などの情報
事業者名

特定電気用品以外の
電気用品

※製造年月などは表示を要求されていません。

電気工事業者の登録

　一般用電気工作物を含む電気工事業を営もうとする者（登録電気工事業者）は，登録を受けなければならない。なお、登録の有効期限は 5 年である。

CH4
電気工事の施工方法

| 電線どうしを接続するときの条件

① 電線の電気抵抗を増加させないこと

② 電線の引張強さを 20 % 以上減少させないこと

③ 接続部分にはリングスリーブや差込形コネクタを使うか，直接ろう付けすること

④ 絶縁電線の絶縁物と同等以上の絶縁効力のあるもので十分被覆すること

⑤ ジョイントボックスなどの接続箱の中で接続すること

| 太さ 1.6mm の絶縁電線の被覆の仕方

絶縁テープの種類	太さ 1.6mm の絶縁電線の被覆の仕方
ビニルテープ（厚さ約 0.2 mm）	半幅以上重ねて 2 回（4 層）以上巻く
黒色粘着性ポリエチレン絶縁テープ（厚さ約 0.5 mm）	半幅以上重ねて 1 回（2 層）以上巻く
自己融着性絶縁テープ（厚さ約 0.5 mm）	半幅以上重ねて 1 回（2 層）以上巻いた上に保護テープ（厚さ約 0.2 mm）を半幅以上重ねて 1 回（2 層）以上巻く

| 接地工事の種類

・A 種接地工事 ··· 高圧または特別高圧の電気機器の外箱の接地

・B 種接地工事 ··· 高圧または特別高圧と低圧を結合する変圧器の低圧側中性点の接地

・C 種接地工事 ··· 低圧で 300 V を超える電気機器の外箱の接地

・D 種接地工事 ··· 低圧で 300 V 以下の電気機器の外箱の接地

|C 種接地工事と D 種接地工事の接地抵抗値と接地線の太さ

施工条件	接地抵抗値		接地線の太さ
C 種接地工事	10 Ω以下	地絡時に 0.5 秒以内に自動的に電路を遮断する装置がある場合は 500 Ω以下	1.6mm 以上
D 種接地工事	100 Ω以下		

D 種接地工事の省略条件

対象	D 種接地工事を省略できる場合
金属製外箱等	対地電圧 150 V 以下の機械器具を乾燥した場所に施設する場合
	低圧用の機械器具を乾燥した木製の床など絶縁性のものの上で取り扱うように施設する場合
	電気用品安全法の適用を受ける二重絶縁構造の機械器具を施設する場合
	低圧用の機械器具に電気を供給する電路の電源側に絶縁変圧器(二次側線間電圧 300 V 以下かつ容量が 3 kV・A 以下)を施設し,かつ,当該絶縁変圧器の負荷側(二次側)の電路を接地しない場合
	水気のある場所以外に施設する低圧用の機械器具に電気を供給する電路に,電気用品安全法の適用を受ける漏電遮断器(定格感度電流 15 mA 以下で動作時間 0.1 秒以下の電流動作型)を施設する場合
金属管	4 m 以下の金属管を乾燥した場所に施設する場合
	対地電圧 150 V 以下で 8 m 以下の金属管に簡易接触防護措置を施すとき又は乾燥した場所に施設する場合

※ コンクリートの床は湿気や水分を吸い込んで電気を通すため,D 種接地工事を省略することはできません。

漏電遮断器の取り付けを省略できる場合

・機械器具に簡易接触防護措置を施す場合

・機械器具を乾燥した場所に施設する場合

・機械器具の対地電圧が 150 V 以下で,水気のある場所以外に施設する場合

・電気用品安全法の適用を受ける二重絶縁構造の機械器具である場合

・機械器具に施された C 種または D 種接地工事の接地抵抗値が 3 Ω 以下の場合

・電路の電源側に絶縁変圧器(二次側線間電圧 300 V 以下)を施設し,かつ,当該絶縁変圧器の負荷側(二次側)の電路を接地しない場合

接触防護措置と簡易接触防護措置

	いずれかに該当すること	
簡易接触防護措置	設備を,屋内にあっては床上 1.8 m 以上,屋外にあっては地表上 2 m 以上の高さに,かつ,人が通る場所から容易に触れることのない範囲に施設すること。	設備に人が接近又は接触しないよう,さく,へい等を設け,又は設備を金属管に収める等の防護措置を施すこと。
接触防護措置	設備を,屋内にあっては床上 2.3 m 以上,屋外にあっては地表上 2.5 m 以上の高さに,かつ,人が通る場所から手を伸ばしても触れることのない範囲に施設すること。	

がいし引き工事のポイント

①屋外用ビニル絶縁電線 (OW) や引込用ビニル絶縁電線 (DV) は使えない

②がいし引き工事の電線どうしの間隔は 6 cm 以上

③電線と造営材との距離は 300 V 以下の場合は 2.5 cm 以上

　300 V を超える場合は 4.5 cm 以上 (300 V 超えでも乾燥した場所なら 2.5 cm 以上)

④支持点間の距離は 2 m 以下

　300 V を超える場合で造営材に沿わさずに配線するときは 6 m 以下

⑤他の配線や弱電流電線・水道管・ガス管との距離は 10 cm 以上

　または絶縁できる壁を設けるか，他の配線などを絶縁できる管に収める

合成樹脂管工事のポイント

①屋外用ビニル絶縁電線 (OW) は使えない

②管内に電線の接続点を設けない (管内で電線を接続しない)

③管の内側の曲げ半径は管の内径の 6 倍以上

④管どうしや管とボックスを直接接続するときの管の差し込み深さは管の外径の 1.2 倍以上，接着剤を使用する場合は 0.8 倍以上

⑤支持点間の距離は 1.5 m 以下

⑥弱電流電線・水道管・ガス管と接触しないように施設する

⑦ CD 管は直接コンクリートに埋めて施設する

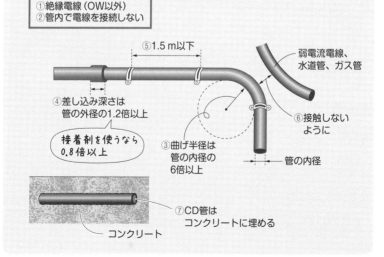

①絶縁電線 (OW以外)
②管内で電線を接続しない

⑤1.5 m以下

弱電流電線、水道管、ガス管

④差し込み深さは管の外径の1.2倍以上

接着剤を使うなら0.8倍以上

③曲げ半径は管の内径の6倍以上

⑥接触しないように

管の内径

⑦CD管はコンクリートに埋める

コンクリート

金属管工事・金属可とう電線管工事のポイント

①屋外用ビニル絶縁電線（OW）は使えない

②管内に電線の接続点を設けない（管内で電線を接続しない）

③管の内側の曲げ半径は管の内径の 6 倍以上

④１つの回路の電線を同じ電線管に挿入する

⑤ターミナルキャップは水平配管の場合にのみ使用する

⑥コンビネーションカップリングは，異なる種類の電線管どうしの接続に使う

⑦弱電流電線・水道管・ガス管と接触しないように施設する

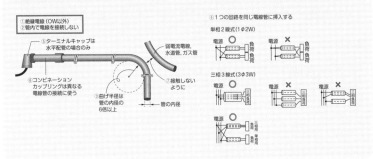

直接埋設式の施設

	車両その他の重量物の圧力を受けるおそれがある場所	その他の場所
埋設深さ	1.2 m 以上	0.6 m 以上
防護装置	ケーブルを堅ろうなトラフその他の防護物に収める	ケーブルの上部を堅ろうな板又はといで覆う

ケーブル工事のポイント

①地中配線にはケーブルのみ使うことができる

②屈曲部の内側の半径は，ケーブル外径の 6 倍以上

③支持点間の距離は 2 m 以下

　ただし，接触防護措置を施した場所において垂直に取り付ける場合は 6 m 以下

④重量物の圧力や著しい機械的衝撃を受ける場所では適当な防護装置を設ける

⑤弱電流電線・水道管・ガス管などと接触しないように施設する

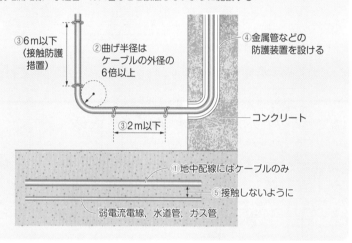

③6 m 以下（接触防護措置）

②曲げ半径はケーブルの外径の6倍以上

④金属管などの防護装置を設ける

コンクリート

③2 m 以下

①地中配線にはケーブルのみ

⑤接触しないように

弱電流電線，水道管，ガス管

金属線ぴ工事のポイント

①屋外用ビニル絶縁電線（OW）は使えない

②基本的に線ぴ内に電線の接続点を設けない

③弱電流電線・水道管・ガス管と接触しないように施設する

④ 1 種金属製線ぴの幅は 40 mm 未満，2 種金属製線ぴの幅は 40 mm 以上 50 mm 以下

40 mm 未満

1 種金属製線ぴ

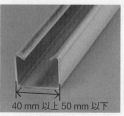

40 mm 以上 50 mm 以下

2 種金属製線ぴ

| 金属ダクト工事のポイント

①屋外用ビニル絶縁電線（OW）は使えない

②基本的にダクト内に電線の接続点を設けない

③ダクトに収める電線の断面積の合計は，ダクトの内部断面積の 20 ％ 以下

④支持点間の距離は 3 m 以下

　取扱者以外の者が出入りできないような場所に垂直に取り付ける場合は 6 m 以下

⑤弱電流電線・水道管・ガス管と接触しないように施設する

⑥接地工事は省略できない

| ライティングダクト工事のポイント

①ダクトの支持点間の距離は 2 m 以下

②ダクトの終端部は閉そくする

③ダクトの開口部は原則として下に向けて施設する

④ライティングダクトの電路には漏電遮断器を施設する

　ただし，簡易接触防護措置を施せば省略できる

終端部は
閉そくする

造営材の支持点間を 2 m 以下として
堅ろうに取り付ける

ライティングダクト

エンドキャップ

開口部は，
原則下向きに
施設する
（上向き禁止）

・原則として D 種接地工事を施す
・造営材を貫通して施設しない
・電路には漏電遮断器等を施設する（簡易接触防護措置を施せば省略可）

| 施設場所 によって行うことのできる工事の種類

施設場所		がいし引き	合成樹脂管 金属管 金属可とう電線管 ケーブル	金属線ぴ ライティングダクト	金属ダクト
展開した場所	乾燥した場所	○	○	○ (300 V 以下)	○
	湿気の多い場所 水気のある場所	○	○	×	×
点検できる隠ぺい場所	乾燥した場所	○	○	○ (300 V 以下)	○
	湿気の多い場所 水気のある場所	○	○	×	×
点検できない隠ぺい場所	乾燥した場所	×	○	×	×
	湿気の多い場所 水気のある場所	×	○	×	×

※1種金属製可とう電線管を用いた金属可とう電線管工事は，乾燥した展開した場所，乾燥した点検できる隠ぺい場所でのみ行うことができる。

※バスダクト工事を行える場所は金属ダクト工事とほぼ同じですが，金属ダクト工事に加えて使用電圧 300 V 以下の湿気の多い（水気のある）展開した場所でも行うことができる。

※フロアダクト工事は使用電圧 300 V 以下の乾燥した点検できない隠ぺい場所でのみ行うことができる。

※平形保護層工事と呼ばれる工事は，300 V 以下のものに限り，乾燥した点検できる隠ぺい場所でのみ行うことができる。

※合成樹脂管のうち CD 管は燃えやすいため，原則として露出した場所（木造の床下や天井裏など）には施設できず，直接コンクリートに埋め込んで施設する。

特殊な場所で行うことのできる工事の種類

特殊な場所	合成樹脂管	金属管	ケーブル	がいし引き 金属可とう電線管 金属ダクト
可燃性のガスまたは引火性物質のある場所	×	○	○ （管に収めるか，MIケーブルやがい装ケーブルを使う）	×
危険物等のある場所	○	○		×
爆燃性粉じんのある場所	×	○		×
可燃性粉じんのある場所	○	○		×
その他の粉じんの多い場所	○	○	○	○

可燃性のガスまたは引火性物質…プロパンガス，塗料　など
危険物等…石油類　など
爆燃性粉じん…マグネシウム，火薬類の粉末　など
可燃性粉じん…小麦粉　など
※金属線ぴ工事は特殊な場所では行えません。

ルームエアコンの施設（対地電圧を300 V以下にすることができる条件）

①簡易接触防護措置を施す

②電気機械器具を，屋内配線と直接接続して施設する（コンセントを使わない）

③専用の開閉器及び過電流遮断器を施設する（専用の配線遮断器又は，専用の漏電遮断器（過負荷保護付）を施設する）

④漏電遮断器を施設する

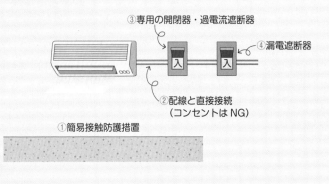

③専用の開閉器・過電流遮断器

④漏電遮断器

②配線と直接接続（コンセントはNG）

①簡易接触防護措置

| メタルラス張りなどの壁を貫通するときのポイント

①金属板張りやメタルラス張りなどを
十分に切り開く

②合成樹脂管などの絶縁管に収める
などして，電気的に絶縁する

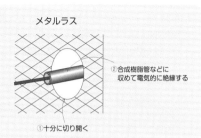

メタルラス

②合成樹脂管などに
収めて電気的に絶縁する

①十分に切り開く

|1000 V を超えるネオン放電灯の施設のポイント

①ネオン電線を使う

②電線どうしの間隔は 6 cm 以上

③支持点間の距離は 1 m 以下

④他の配線や弱電流電線・水道管・ガス管との距離は 10 cm 以上
または絶縁できる壁を設けるか，他の配線などを絶縁できる管に収める

⑤電源回路は専用回路とし，20 A 配線用遮断器もしくは 15 A 過電流遮断器を設置する

⑥接地工事は省略できない

※ネオン変圧器はネオン放電灯で使用する。高圧水銀灯には水銀灯用の安定器が必要で，ネオン変圧器を組み合わせることはない。

| 小勢力回路の施設のポイント

①小勢力回路で使用できる電圧の最大値は，60 V

②小勢力回路の電線を造営材に取り付けて施設する場合，ケーブル以外の電線には直径 0.8 mm 以上の軟銅線を使う

| 引込線のポイント

①引込線取付点の高さは原則 4 m 以上
ただし技術上やむを得ない場合で，交通に支障がない場合は 2.5 m 以上

②架空引込線は直径 2.6 mm 以上の硬銅線
ただし，径間が 15 m 以下なら直径 2.0 mm 以上の硬銅線

屋側配線・屋外配線のポイント

①木造の建物の屋側配線では金属管工事や金属がい装ケーブルを使用した工事は禁止

②屋側配線・屋外配線の開閉器や遮断器は原則屋内配線のものと兼用できない

　ただし，配線の長さが屋内電路の分岐点から8m以下で，配線用遮断器の定格電流が20A以下の場合は兼用できる

③屋側配線・屋外配線では金属ダクト工事や金属線ぴ工事は禁止

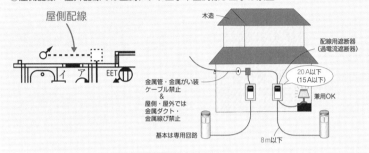

引込口開閉器を省略できる場合

以下のすべてを満たす場合，引込口開閉器を省略できる

①低圧屋内電路（住居）の使用電圧が300V以下

②他の低圧屋内電路（物置小屋）が定格電流が15Aを超え20A以下の配線用遮断器（または15A以下の過電流遮断器）で保護されている

③低圧屋内電路（住居）と他の低圧屋内電路（物置小屋）の間の電路の長さが15m以下

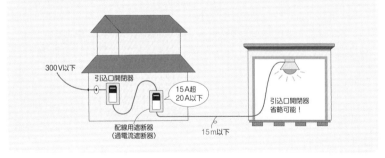

CH5
一般電気工作物の検査方法

| **一般用電気工作物の低圧屋内配線工事が完了したときの検査（竣工検査）の手順**

① 目視点検　　② 絶縁抵抗の測定　　三相回路の場合は相順測定も行う。
③ 接地抵抗の測定　④ 導通試験　　②と③の順番は入れ替わっても構わない。
※一般に、竣工検査では絶縁耐力試験は行わない。

| **低圧電路の絶縁抵抗**

電路の使用電圧の区分		絶縁抵抗値	
300 V 以下	対地電圧 150 V 以下の場合	0.1 M Ω以上	←単相200 V回線はこっち
	その他の場合	0.2 M Ω以上	←三相3線200 V回線はこっち
300 V を超えるもの		0.4 M Ω以上	

| **漏えい電流の測定**

ブレーカは入れたまま

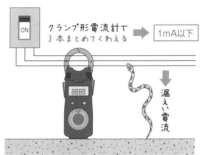

クランプ形電流計で3本まとめてくわえる ➡ 1mA以下

漏えい電流

| **接地抵抗値**

施工条件		接地抵抗値
C 種接地工事（300 V 超）	10 Ω以下	地絡時に 0.5 秒以内に自動的に電路を遮断する装置がある場合は 500 Ω以下
D 種接地工事（300 V 以下）	100 Ω以下	

接地抵抗の測定

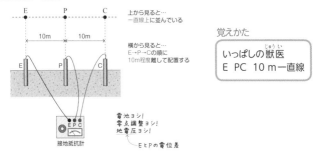

上から見ると…
一直線上に並んでいる

10m　10m

横から見ると…
E→P→Cの順に
10m程度離して配置する

覚えかた

いっぱしの獣医
E PC 10 m一直線

接地抵抗計

電池ヨシ！
零点調整ヨシ！
地電圧ヨシ！

EとPの電位差

電流計，電圧計，電力計の配置

計器	記号	接続方法
電流計	Ⓐ	負荷と直列に接続する
電圧計	Ⓥ	負荷と並列に接続する
電力計	Ⓦ	電流コイルは負荷と直列に接続し， 電圧コイルは負荷と並列に接続する

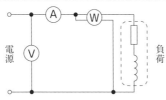

電源

負荷

計器の目盛板記号

回路の種類	記号
直流	⎓
交流	∿
直流及び交流	≂
三相交流	≋

計器の動作原理	記号	回路
可動コイル形	⌓	直流
可動鉄片形		交流
整流形	▶︎	交流
誘導形	◉	交流

計器の置き方	記号
鉛直	⊥
水平	⊏
傾斜 （例：60°）	∠60°

CH6
電気工事に関する基礎理論

| 電気抵抗の基本公式

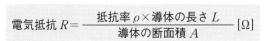

$$電気抵抗\ R = \frac{抵抗率\ \rho \times 導体の長さ\ L}{導体の断面積\ A}\ [\Omega]$$

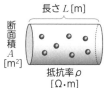

長さ L [m]
断面積 A [m²]
抵抗率 ρ [Ω・m]

| 導線の抵抗と抵抗率の公式

$$電気抵抗\ R = \frac{4\rho L}{\pi D^2} \times 10^6 [\Omega]$$

$$抵抗率\ \rho = \frac{\pi D^2 R}{4L \times 10^6}\ [\Omega \cdot m]$$

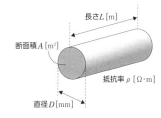

長さ L [m]
断面積 A [m²]
抵抗率 ρ [Ω・m]
直径 D [mm]

赤い部分を覚えておくと
解けることが多いよ。

A の面積は, $\dfrac{\pi D^2}{4} \times 10^{-6}$ [m²]
なので左の公式を導ける…けど難しいので
丸暗記しよう

| 合成抵抗の公式（直列接続）

$$R_1 + R_2 + \cdots + R_n$$

| 合成抵抗の公式（並列接続）

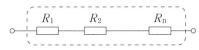

$$\cfrac{1}{\dfrac{1}{R_1} + \dfrac{1}{R_2} + \cdots + \dfrac{1}{R_n}}$$

→ 抵抗が2個のときだけ,
$$\frac{R_1 R_2}{R_1 + R_2}$$ で計算できる

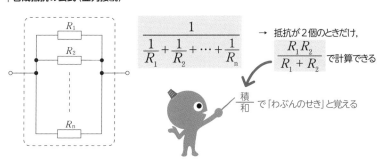

$\dfrac{積}{和}$ で「わぶんのせき」と覚える

| オームの法則

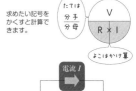

求めたい記号を
かくすと計算で
きます。

$V = RI[\text{V}]$ ←押し流す力＝流れにくさ×流れる勢い

$R = \dfrac{V}{I}[\Omega]$ ←流れにくさ＝押し流す力÷流れる勢い

$I = \dfrac{V}{R}[\text{A}]$ ←流れる勢い＝押し流す力÷流れにくさ

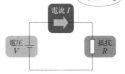

| ジュールの公式（発熱量を求める公式）

$$\underset{Q}{\underset{発熱量}{}} = \underset{I^2}{\underset{電流の2乗}{}} \times \underset{R}{\underset{抵抗}{}} \times \underset{t\,秒}{\underset{時間}{}} = I^2Rt\ [\text{J}]$$

$$= \underset{P}{\underset{電力}{}} \times \underset{t\,秒}{\underset{時間}{}} = Pt\ [\text{J}]$$

| 電力と電力量の公式

$$\underset{P}{\underset{電力}{}} = \underset{V}{\underset{電圧}{}} \times \underset{I}{\underset{電流}{}} \ [\text{W}]$$

$$= \underset{I^2}{\underset{電流の2乗}{}} \times \underset{R}{\underset{抵抗}{}} \ [\text{W}]$$

$$\underset{W}{\underset{電力量}{}} = \underset{P}{\underset{電力}{}} \times \underset{t\,秒}{\underset{時間}{}} \ [\text{W}\cdot\text{s}]$$

$3\,600\ \text{W}\cdot\text{s} = 1\ \text{W}\cdot\text{h}$

| 水の温度を上昇させるのに必要な電力量の公式

$$\underset{W}{\underset{電力量}{}} = \underset{m}{\underset{質量}{}} \times \underset{c}{\underset{比熱}{}} \times \underset{t}{\underset{\underset{温度}{上昇させたい}}{}} \div 熱効率\ [\text{W}\cdot\text{s}]$$

| 実効値と最大値の関係

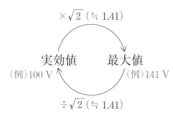

$\times\sqrt{2}\ (\fallingdotseq 1.41)$

実効値　　　最大値

（例）100 V　　（例）141 V

$\div\sqrt{2}\ (\fallingdotseq 1.41)$

| リアクタンスの公式

リアクタンス

$$X_{\mathrm{L}} = 2\pi fL \ [\Omega]$$

$$X_{\mathrm{C}} = \frac{1}{2\pi fC} \ [\Omega]$$

X_L ：コイルのリアクタンス
X_C ：コンデンサのリアクタンス
f ：周波数
L ：インダクタンス
C ：静電容量

| 抵抗とコイルを直列接続した回路の合成インピーダンスの公式

$$Z = \sqrt{R^2 + X_{\mathrm{L}}^2} \ [\Omega]$$

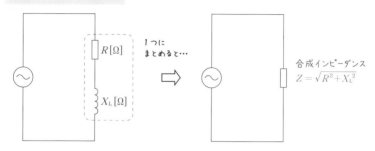

1つに
まとめると…

$R[\Omega]$

$X_{\mathrm{L}}[\Omega]$

合成インピーダンス
$Z = \sqrt{R^2 + X_{\mathrm{L}}^2}$

| 交流回路のオームの法則

$$電圧\ V = インピーダンス\ Z \times 電流\ I\ [\mathrm{V}]$$

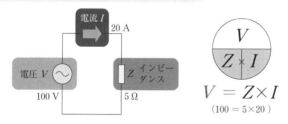

電流 I
20 A

電圧 V

Z インピーダンス

100 V

5 Ω

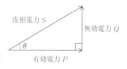

$$V = Z \times I$$
$$(100 = 5 \times 20)$$

| 皮相電力、有効電力、無効電力の公式

$$皮相電力\ S = 電圧\ V \times 電流\ I\ [\mathrm{V \cdot A}]$$
（ボルトアンペア）

$$有効電力\ P = 電圧\ V \times 電流\ I \times \cos\theta\ [\mathrm{W}]$$
（ワット）

$$無効電力\ Q = 電圧\ V \times 電流\ I \times \sin\theta\ [\mathrm{var}]$$
（バール）

※有効電力は消費電力とも呼ばれる。

皮相電力 S

無効電力 Q

θ

有効電力 P

力率の計算

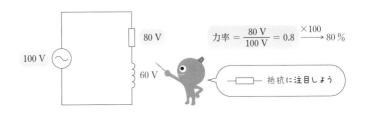

力率 $= \dfrac{80\ \text{V}}{100\ \text{V}} = 0.8 \xrightarrow{\times 100} 80\ \%$

抵抗に注目しよう

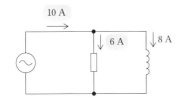

これも ── 抵抗に注目

力率 $= \dfrac{6\ \text{A}}{10\ \text{A}} = 0.6 \xrightarrow{\times 100} 60\ \%$

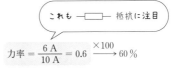

力率 $= \dfrac{R}{Z} \times 100 = \dfrac{100\,R}{\sqrt{R^2 + X^2}}$ [%]

力率の改善

コンデンサを設置すると　①電流が小さくなる　②電圧が大きくなる

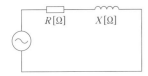

線間電圧を相電圧に変換する公式

$$相電圧\ E = \dfrac{線間電圧\ V}{\sqrt{3}}\ [\text{V}]$$

| **全消費電力（三相電力）の公式**

全消費電力 $P_3 = 3 \times$ 相電流の2乗 $I_\mathrm{p}^2 \times$ 負荷抵抗 $R = 3I_\mathrm{p}^2 R$ [W]　　電力の公式を3
倍しただけです。

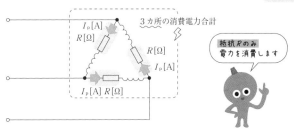

| **電力損失（三相3線式）の公式**

電力損失 $P_{損失} = 3 \times$ 線電流 $I_\mathrm{L}^2 \times$ 電線1線あたりの抵抗 $r = 3I_\mathrm{L}^2 r$ [W]

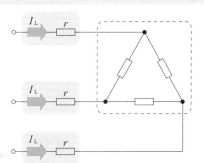

これも電力の公式を
3倍しただけです。

配電理論および配線設計

| 電圧降下と電力損失の基本公式

電圧降下$(V_s - V_r)$＝電線の抵抗r×電流$I = rI$[V]

電力損失 P_L＝電流I×電圧降下$(V_s - V_r)$[W]

$\qquad$＝電流I^2×電線の抵抗r[W]

$\qquad$＝$I^2 r$

| 単相2線式の電圧降下と電力損失の公式

電圧降下 $(V_s - V_r)$＝電線の抵抗r×電流I×電線2[本]＝$2rI$[V]

電力損失 P_L＝電流I^2×電線の抵抗r×電線2[本]＝$2I^2 r$[W]

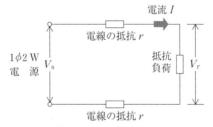

| 単相3線式の電線相互間及び電線と大地間の電圧

　中性線は接地されているため，中性線と大地の間の電圧は0Vである。

　また，電線相互間や電線と大地の間の電圧は次のようになる。

黒線と赤線の間	200 V
白線と大地間	0 V
赤線（黒線）と大地間	100 V

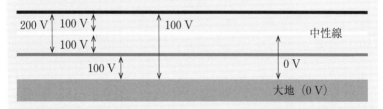

　黒線を100 V，赤線を−100 V，中性線（大地）を0 Vと考えて，それぞれの差をとると電圧が出る。

単相 3 線式の電圧降下と電力損失の公式（中性線に電流が流れない場合）

電圧降下 $v = (V_s - V_r) =$ 電線の抵抗 $r \times$ 電流 $I = rI\,[\text{V}]$

電力損失 $P_L =$ 電流 $I^2 \times$ 電線の抵抗 $r \times$ 電線 2 [本] $= 2I^2 r\,[\text{W}]$

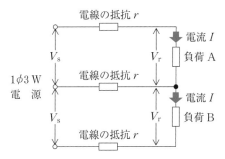

単相 3 線式の電圧降下（中性線に電流が流れる場合）の公式

電圧降下 $v = (V_s - V_r) =$ 電線の抵抗 $r \times$ 電流 $I_A +$ 電線の抵抗 $r \times$ 電流 $(I_A - I_B)$

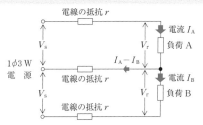

三相 3 線式の電圧降下と電力損失の公式

電圧降下 $(V_s - V_r) = \sqrt{3} \times$ 電線の抵抗 $r \times$ 電流 $I = \sqrt{3}\,rI\,[\text{V}]$

電力損失 $P_L =$ 電線 3 [本] $\times$ 電流 $I^2 \times$ 電線の抵抗 $r = 3I^2 r\,[\text{W}]$

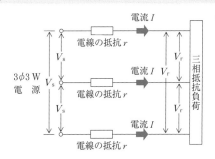

747

| 絶縁電線の許容電流

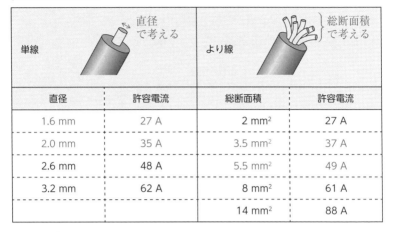

単線		より線	
直径	許容電流	総断面積	許容電流
1.6 mm	27 A	2 mm²	27 A
2.0 mm	35 A	3.5 mm²	37 A
2.6 mm	48 A	5.5 mm²	49 A
3.2 mm	62 A	8 mm²	61 A
		14 mm²	88 A

| 電流減少係数

同一管内の電線数	電流減少係数
3本以下	0.70
4本	0.63
5本または6本	0.56

| 電線 1 本当たりの許容電流の公式

電線 1 本当たりの許容電流 ＝ 許容電流×電流減少係数

| 低圧幹線の許容電流の計算式

条件		低圧幹線の 許容電流 I_W	
$I_M \leqq I_L$		$I_W \geqq I_M + I_L$	パターン①→出題されに くい
$I_M > I_L$	$I_M \leqq 50\,A$	$I_W \geqq 1.25 I_M + I_L$	パターン②→よく出る
	$I_M > 50\,A$	$I_W \geqq 1.1 I_M + I_L$	パターン③→よく出る

※以下は，パターン②，③に絞った解き方

電動機の定格流の合計が I_M

I_M が 50 A 以下なら　I_M を 1.25 倍する
I_M が 50 A 超なら　　I_M を 1.1 倍する ⎫①

電動機以外の定格電流の合計が I_L ⎫② (+

幹線は①＋②に耐えられる必要がある

| 分岐回路の過電流遮断器の施設

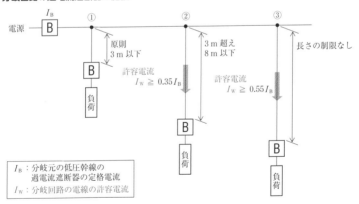

I_B ：分岐元の低圧幹線の
　　　過電流遮断器の定格電流
I_W ：分岐回路の電線の許容電流

| 分岐回路の電線の太さとコンセントの組合せ

配線用遮断器の種類	コンセントの定格電流	電線（軟銅線）の太さ
定格電流20 A以下	20 A以下	直径1.6 mm以上 （断面積2 mm²以上）
定格電流20 Aを超え30 A 以下	20 A以上30 A以下	直径2.6 mm以上 （断面積5.5 mm²以上）

漏電遮断器の感度電流

高感度形漏電遮断器とは，定格感度電流が 30 mA 以下の漏電遮断器のことをいう。

配線用遮断器の遮断時間

配線用遮断器の定格電流	時間	
	定格電流の1.25倍の電流	定格電流の2倍の電流
30 A以下	60分以内	2分以内
30 Aを超え50 A以下		4分以内

ヒューズの溶断時間

ヒューズの定格電流	時間	
	定格電流の1.6倍の電流	定格電流の2倍の電流
30 A以下	60分以内	2分以内
30 Aを超え60 A以下		4分以内

CH8
複線図

| 単線を組み合わせる場合のリングスリーブのサイズ

電線の断面積	電線の太さと組合せの例	スリーブ（刻印）
8.0 mm²以下	1.6 mmのみ2本	小（○）
	1.6 mmのみ3～4本	小（小）
	2.0 mmのみ2本	
	1.6 mmを1～2本と2.0 mmを1本	
8.0 mm²超～14.0 mm²未満	1.6 mmのみ5～6本	中（中）
	2.0 mmのみ3～4本	
	1.6 mmを3～5本と2.0 mmを1本	
	1.6 mmを1～3本と2.0 mmを2本	
14.0 mm²以上	1.6 mmのみ7本	大（大）
	2.0 mmのみ5本	

※断面積の値は単線を組み合わせる場合の目安である。

| より線を接続する場合のポイント

① 「5.5 mm² のみを 3 本接続する場合」は，リングスリーブ大（刻印も大）で接続する。
② 「14 mm² の電線どうしを重ね合わせて接続する場合」は，リングスリーブ（P 形）と呼ばれるもので接続する
③ リングスリーブ（P 形）はリングスリーブ用圧着工具ではなく，手動油圧式圧着器を使って接続する

| 差込形コネクタの選び方

接続点で結ぶ電線の数が，
2 本なので 2 本用差込形
コネクタを使う。

電源

接続点で結ぶ
電線の数が，
3 本なので
3 本用差込形コネクタを使う。

2本用　　3本用　　4本用

執筆者

中山 義久

和田 光司

加藤 史彦

鈴木 兼人

装丁

黒瀬 章夫 (Nakaguro Graph)

本文デザイン

エイブルデザイン

写真提供

一般財団法人電気技術者試験センター

みんなが欲しかった！ 電気工事士シリーズ

2024年度版　みんなが欲しかった！
第二種電気工事士　学科試験の過去問題集

（2023年度試験対策　2023年2月25日　初版　第1刷発行）

2024年2月25日　初　版　第1刷発行

編　著　者	ＴＡＣ出版開発グループ	
発　行　者	多　　田　　敏　　男	
発　行　所	ＴＡＣ株式会社　出版事業部	
	（ＴＡＣ出版）	

〒101-8383
東京都千代田区神田三崎町3-2-18
電話　03（5276）9492（営業）
FAX　03（5276）9674
https://shuppan.tac-school.co.jp

組　　　版	株式会社　エイブルデザイン	
印　　　刷	株式会社　光　　　　邦	
製　　　本	東 京 美 術 紙 工 協 業 組 合	

© TAC 2024　　　Printed in Japan

ISBN 978-4-300-10886-4
N.D.C. 544.07

✏ TAC電気工事士講座のご案内

TACでは、学科試験対策から技能試験対策までしっかり対策！

学科試験対策では、書店で大人気の『みんなが欲しかった！第二種電気工事士学科試験の教科書&問題集』を教材として使用しますので、すでにお持ちの方はテキストなしコースでお得にお申込みいただけます。また、技能試験対策では、候補問題全13課題すべてに対応！TACオリジナルテキストを使用し、教室講座、通信講座ともに安心のフォロー体制で「わかる、できる」ようになるまで徹底対応します！

『みんなが欲しかった！第二種電気工事士
学科試験の教科書&問題集』（TAC出版）
※写真は2024年度版

だからこんな方にオススメです！

学科
‖ 試験に出るポイントを効率よく学習したい
‖ 丸暗記ではなく理解した上で覚えたい

技能
‖ 全13課題を作成できるようになりたい
‖ 自分の作品を講師に添削してもらいたい

⚡TAC電気工事士講座（学科対策・技能対策）の特徴

TACの電気工事士講座はココが違う！ 特に知っていただきたい3つの特徴をご紹介します！

学科（CBT／筆記）対策

☑ ポイントを凝縮した「合格するため」の講義

TACの講義では絵と写真を多用し視覚的に理解できるように工夫されたフルカラーのテキストを使用し、経験豊富な講師が初学者にもわかりやすく丁寧な講義を行います。
さらに、CBT試験対策に役立つ「Webトレーニング」標準装備でしっかり対策できます。

技能対策

☑ 教室講座は複数名の講師・スタッフで受講生全員を徹底指導

電気工事士試験で最大の難関「技能試験」。どんなに課題作成の手際が良くても、欠陥が一つでもあったら合格はできません。TACの技能対策教室講座では、全員に目が届くように定員を設け、1教室につき講師・スタッフを複数名配置することで皆様を徹底指導し、合格へ導きます。

技能対策

☑ 通信講座でも安心の技能対策3つの添削で皆様をバックアップ

TACでは、通信で学習する皆様にも3つの添削で教室生と同じレベルの指導を行います。
・「メール」：課題画像をメールでお送りいただき添削
・「対面」：校舎にご来校いただき直接添削
・「オンライン」：皆様と講師をオンラインでつなぎ添削
日本中どこにいても、TACの指導を受けることができます。

⚡TACの優秀な講師陣

電気工事士試験を知り尽くした講師陣が、皆様を合格へと導きます。

三原政次 講師
第二種電気工事士は電気関連のベースとなる資格です。試験範囲の中には暗記をする項目が多い科目や計算問題がある科目もありますが、物理や計算が不得意な方でも「暗記をするポイント」「計算問題の解くポイント」を解りやすく説明します。合格を目指して一緒に頑張りましょう。

TAC出版 書籍のご案内

TAC出版では、資格の学校TAC各講座の定評ある執筆陣による資格試験の参考書をはじめ、資格取得者の開業法や仕事術、実務書、ビジネス書、一般書などを発行しています!

TAC出版の書籍

*一部書籍は、早稲田経営出版のブランドにて刊行しております。

資格・検定試験の受験対策書籍

- ✿日商簿記検定
- ✿建設業経理士
- ✿全経簿記上級
- ✿税 理 士
- ✿公認会計士
- ✿社会保険労務士
- ✿中小企業診断士
- ✿証券アナリスト

- ✿ファイナンシャルプランナー(FP)
- ✿証券外務員
- ✿貸金業務取扱主任者
- ✿不動産鑑定士
- ✿宅地建物取引士
- ✿賃貸不動産経営管理士
- ✿マンション管理士
- ✿管理業務主任者

- ✿司法書士
- ✿行政書士
- ✿司法試験
- ✿弁理士
- ✿公務員試験(大卒程度・高卒者)
- ✿情報処理試験
- ✿介護福祉士
- ✿ケアマネジャー
- ✿社会福祉士 ほか

実務書・ビジネス書

- ✿会計実務、税法、税務、経理
- ✿総務、労務、人事
- ✿ビジネススキル、マナー、就職、自己啓発
- ✿資格取得者の開業法、仕事術、営業術
- ✿翻訳ビジネス書

一般書・エンタメ書

- ✿ファッション
- ✿エッセイ、レシピ
- ✿スポーツ
- ✿旅行ガイド (おとな旅プレミアム/ハルカナ)
- ✿翻訳小説

書籍の正誤に関するご確認とお問合せについて

書籍の記載内容に誤りではないかと思われる箇所がございましたら、以下の手順にてご確認とお問合せをしてくださいますよう、お願い申し上げます。

なお、正誤のお問合せ以外の**書籍内容に関する解説および受験指導などは、一切行っておりません。**
そのようなお問合せにつきましては、お答えいたしかねますので、あらかじめご了承ください。

1 「Cyber Book Store」にて正誤表を確認する

TAC出版書籍販売サイト「Cyber Book Store」の
トップページ内「正誤表」コーナーにて、正誤をご確認ください。

CYBER TAC出版書籍販売サイト
BOOK STORE

URL：https://bookstore.tac-school.co.jp/

2 1の正誤表がない、あるいは正誤表に該当箇所の記載がない ⇒下記①、②のどちらかの方法で文書にて問合せをする

★ご注意ください★

お電話でのお問合せは、お受けいたしません。

①、②のどちらの方法でも、お問合せの際には、「お名前」とともに、
「対象の書籍名（○級・第○回対策も含む）およびその版数（第○版・○○年度版など）」
「お問合せ該当箇所の頁数と行数」
「誤りと思われる記載」
「正しいとお考えになる記載とその根拠」
を明記してください。

なお、回答までに1週間前後を要する場合もございます。あらかじめご了承ください。

① ウェブページ「Cyber Book Store」内の「お問合せフォーム」より問合せをする

【お問合せフォームアドレス】

https://bookstore.tac-school.co.jp/inquiry/

② メールにより問合せをする

【メール宛先　TAC出版】

syuppan-h@tac-school.co.jp

※土日祝日はお問合せ対応をおこなっておりません。
※正誤のお問合せ対応は、該当書籍の改訂版刊行月末日までといたします。

乱丁・落丁による交換は、該当書籍の改訂版刊行月末日までといたします。なお、書籍の在庫状況等により、お受けできない場合もございます。

また、各種本試験の実施の延期、中止を理由とした本書の返品はお受けいたしません。返金もいたしかねますので、あらかじめご了承くださいますようお願い申し上げます。

（2022年7月現在）